Gangjiegou Gouzao Yu Shitu
钢结构构造与识图

马瑞强　郭　猛　何林生　主编

人民交通出版社股份有限公司

北京

内 容 提 要

本书根据国家现行的《建筑制图标准》《房屋建筑制图统一标准》《建筑结构制图标准》和《钢结构设计制图深度和表示方法》等规范、标准进行编写,涵盖了识读钢结构设计施工图所需的基本知识。书中主要讲解了轻型门式刚架、多层及高层钢结构、网架网壳工程、管桁架工程等常见的钢结构施工图的识读。

本书的主要读者对象是高等院校土木工程专业的在校学生,以及刚刚从事钢结构设计与施工的工程技术人员。

图书在版编目(CIP)数据

钢结构构造与识图 / 马瑞强,郭猛,何林生主编 . —北京:
人民交通出版社,2010.9
ISBN 978-7-114-08496-6

Ⅰ.①钢⋯ Ⅱ.①马⋯ ②何⋯ Ⅲ.①钢结构—建筑
构造②钢结构—建筑工程—识图法 Ⅳ.①
TU391②TU758.11

中国版本图书馆 CIP 数据核字(2010)第 182527 号

书 名	:	钢结构构造与识图
著 作 者	:	马瑞强　郭　猛　何林生
责任编辑	:	王　霞(wx@ccpress.com.cn)
出版发行	:	人民交通出版社股份有限公司
地　　址	:	(100011)北京市朝阳区安定门外外馆斜街 3 号
网　　址	:	http://www.ccpcl.com.cn
销售电话	:	(010)59757973
总 经 销	:	人民交通出版社股份有限公司发行部
经　　销	:	各地新华书店
印　　刷	:	北京虎彩文化传播有限公司
开　　本	:	787×1092　1/16
印　　张	:	18
字　　数	:	450 千
版　　次	:	2010 年 9 月第 1 版
印　　次	:	2020 年 12 月第 11 次印刷
书　　号	:	ISBN 978-7-114-08496-6
定　　价	:	38.00 元

(有印刷、装订质量问题的图书,由本公司负责调换)

前　言

　　土木工程图纸是土木工程技术人员表述工程结构物的书面语言。熟练掌握钢结构施工图的基本知识和正确理解钢结构施工图纸，是参加钢结构工程施工的技术人员必备的基本技能。

　　钢结构建筑以其强度高、抗震性能好、施工周期短等优点，在我们国家的工程中的使用呈现快速上升的趋势，但掌握钢结构技术的技术人员和工人却相对较少。对于刚参加工程建设的技术人员，也迫切希望了解钢结构房屋建筑的基本构造，看懂建筑施工图纸的需求。为了帮助钢结构技术人员快速识读钢结构施工图，编写了此书。

　　本书根据国家现行的《建筑制图标准》《房屋建筑制图统一标准》《建筑结构制图标准》和《钢结构设计制图深度和表示方法》等规范、标准进行编写，涵盖了识读钢结构设计施工图所需的基本知识。在编写过程不追求知识的系统性，讲求知识的实用性与灵活性，书中主要讲解了轻型门式刚架、多层及高层钢结构、网架网壳工程、管桁架工程等常见的钢结构施工图的识读。在编写中，我们尽量以图文并茂的方式，来呈现给读者，使读者对所学内容有更加清晰、明了的认识，降低学习的难度，提高学习的效率。

　　全书共分 9 章：第 1、2、3、4、5、6 章由马瑞强编写，第 7 章由郭猛编写；第 8、9 章由何林生编写。在前 6 章的编写过程中，文字输入工作得到了吴彦林的大力协助。

　　书中列举的常见的钢结构构造做法与施工图，选自各设计单位的施工图或标准图，为了方便读者阅读，作者对部分施工图作了一些必要的修改，在此谨向设计者表示敬意。

　　限于时间和编者的水平，不当和谬误之处在所难免，恳请广大读者批评指正。您可以登录博客 http://amajs.blog.163.com 来发表自己看法，书中的勘误表也将发布到博客上。

编　者

2011 年 6 月

目　　录

第1章　钢结构概述 ……………………………………………………………… 1

第1节　钢结构发展的历史、现状与趋势 …………………………………………… 1

第2节　钢结构的特点 ……………………………………………………………… 4

第3节　钢结构的应用 ……………………………………………………………… 6

第2章　钢结构材料 ……………………………………………………………… 9

第1节　钢结构用钢材的分类 ……………………………………………………… 9

第2节　钢结构用钢材的选用 ……………………………………………………… 15

第3节　结构钢材的品种与规格 …………………………………………………… 19

第3章　钢结构的连接 …………………………………………………………… 30

第1节　钢结构连接概述 …………………………………………………………… 30

第2节　螺栓连接 …………………………………………………………………… 31

第3节　焊缝连接 …………………………………………………………………… 40

第4节　焊接材料与表示方法 ……………………………………………………… 47

第5节　钢结构的其他连接方式 …………………………………………………… 52

第4章　钢结构施工图的基本规定 ……………………………………………… 56

第1节　钢结构设计制图阶段划分及深度 ………………………………………… 56

第2节　结构施工图识读注意事项 ………………………………………………… 58

第3节　结构施工图的幅面规格与比例 …………………………………………… 60

第4节　结构施工图的定位轴线 …………………………………………………… 66

第5节　结构施工图的尺寸标注 …………………………………………………… 67

第6节　结构施工图的剖面图与断面图 …………………………………………… 73

第7节　结构施工图的索引符号与详图符号 ……………………………………… 75

第5章　焊缝常用符号识读 ……………………………………………………… 78

第1节　焊缝符号表示方法概述 …………………………………………………… 78

第2节　焊缝常用符号识读 ………………………………………………………… 79

第3节　标准焊缝节点详图 ………………………………………………………… 90

第6章　轻型门式刚架施工图识读 ……………………………………………… 96

第1节　轻型门式刚架结构概述 …………………………………………………… 96

第 2 节　轻型门式刚架柱脚锚栓的构造 ···································· 101

第 3 节　轻型门式刚架梁与刚架柱的构造 ······························ 110

第 4 节　轻型门式刚架檩条与墙梁的构造 ······························ 125

第 5 节　柱间支撑与屋面支撑的构造 ·································· 134

第 6 节　压型钢板、保温夹心板的构造 ································ 144

第 7 节　门式刚架施工图的内容 ······································ 154

工程实例图识读 ·· 159

第 7 章　多层及高层钢结构施工图识读 ······························ 170

第 1 节　多层及高层钢结构概述 ······································ 170

第 2 节　多层及高层钢结构的柱脚构造 ································ 174

第 3 节　多层及高层钢结构的柱子构造 ································ 185

第 4 节　多层及高层钢结构的梁构造 ·································· 192

第 5 节　多层及高层钢结构的梁柱节点构造 ···························· 201

第 6 节　多层与高层钢结构的支撑构造 ································ 212

工程实例图识读 ·· 235

第 8 章　网架网壳工程施工图识读 ·································· 236

第 1 节　网架结构概述 ·· 236

第 2 节　网架结构识图 ·· 240

第 3 节　网架配件连接的识图 ·· 247

第 4 节　网架支座的识图 ·· 253

第 5 节　网架与屋面板连接的识图 ···································· 254

第 6 节　网架检修马道的识图 ·· 258

工程实例图识读 ·· 260

第 9 章　管桁架结构工程施工图识读 ································ 265

第 1 节　管桁架结构形式与分类的认识 ································ 265

第 2 节　管桁架的节点形式 ·· 267

第 3 节　管桁架相贯线焊接 ·· 268

第 4 节　管桁架连接接点识图 ·· 270

工程实例图识读 ·· 275

参考文献 ·· 281

第1章　钢结构概述

> **主要内容**：钢结构发展的历史、现状和趋势；钢结构的优缺点与应用范围。
> **目标**：了解钢结构发展的历史、现状和趋势；熟悉钢结构的优缺点。
> **重点**：钢结构的优缺点与应用范围。
> **技能点**：钢结构的优缺点与应用范围。

第1节　钢结构发展的历史、现状与趋势

一、钢结构发展的历史

钢是铁碳合金，人类采用钢结构的历史与炼铁、炼钢技术的发展是密不可分的。中国早在春秋时期已发明铸铁技术。现代所知的早期铸铁器件如江苏六合铁丸、湖南长沙铁臿、铁鼎等，其年代都在公元前6世纪左右。商周时期高度发展的青铜冶铸业，从生产能力到矿石燃料整备、筑炉、制范技术，为铸铁技术的发明和迅速发展提供了前提。最初的铸铁件，形制与同类青铜铸件相近。铁矿石由竖炉熔炼，得到铁水后直接用陶范铸造。早期的铸铁都是高碳低硅的白口铁，性脆硬，易断裂。为使铸铁能制作生产工具，战国前期发明了韧性铸铁，通过脱碳热处理和石墨化热处理，分别获得脱碳不完全的白心韧性铸铁和黑心韧性铸铁。

公元65年（汉明帝时代），已成功地用锻铁为铁环，环环相扣成链，建成了世界上最早的铁链悬桥——霁虹桥（又名兰津桥），见图1-1。霁虹桥是博南古道上的重要桥梁，横跨于永平县西部杉阳镇岩洞村和保山市水寨乡平坡村之间的澜沧江上。霁虹桥全长106米，宽3.7米，净跨60余米，由18根铁索组成，铁索两端固定在澜沧江两岸的峭壁上，桥的两端建有一亭和两座关楼。

我国古代建有许多铁建筑物，比如公元694年在洛阳建成的"天枢"，高35m，直径4m，顶有直径为11.3m的"腾云承露盘"，底部有直径约16.7m用来保持天枢稳定的"铁山"，相当符合力学原理。公元1061年（宋代）在湖北荆州玉泉寺建成的13层铁塔（图1-2），目前依然存在。这些结构都表明，我们中华民族对铁的应用，曾处于世界领先地位。

图 1-1 霁虹桥（兰津桥）

图 1-2 玉泉寺建成的铁塔

欧美等国家中，英国是最早将铁作为建筑材料的国家，但在 1840 年以前，还只能采用铸铁来建造拱桥。1840 年以后，随着铆钉连接和锻铁技术的发展，铸铁结构逐渐被锻铁结构取代，1846～1850 年间在英国威尔士修建的布里塔尼亚桥是这方面的典型代表。该桥共有 4 跨，跨长分别为 70＋140＋140＋70m，每跨均为箱型梁式桥，由锻铁型板和角铁经铆钉连接而成。在 1855 年英国人发明贝氏转炉炼钢法，1865 年法国人发明平炉炼钢法，以及 1870 年成功轧制出工字钢之后，西方国家形成了工业化大批量生产钢材的能力，强度高且韧性好的钢材才开始在建筑领域逐渐取代锻铁材料，自 1890 年以后成为金属结构的主要材料。20 世纪初焊接技术的出现，以及 1934 年高强度螺栓连接的出现，极大地促进了钢结构的发展。

我国由于长期处于封建主义统治之下，束缚了生产力的发展，1840 年鸦片战争以后，更沦为半封建半殖民地国家，经济凋敝，工业落后，古代在铁结构方面的技术优势早已丧失殆尽。1907 年我国才建成了汉阳钢铁厂，年产钢只有 0.85 万吨。在半封建半殖民地的百年历史中，中国也曾建造过一些钢桥和钢结构高层建筑，但绝大多数是外国人设计的。

二、钢结构发展的现状

新中国成立以后，随着经济建设的发展，钢结构在重型厂房、大跨度公共建筑、铁路桥梁以及塔桅结构中得到一定程度的应用。重型厂房方面，我国几个大型钢铁联合企业如鞍山、武汉和包头等钢厂的炼钢、轧钢和连铸车间等都采用钢结构。在公共建筑方面，1975 年建成跨度达 110m 的三向网架上海体育馆、1962 年建成直径为 94m 的圆形双层辐射式悬索结构北京工人体育馆、1967 年建成的双曲抛物面正交索网的悬索结构浙江体育馆也都采用钢结构。桥梁方面，1957 年建成的武汉长江大桥和 1968 年建成的南京长江大桥都采用了铁路公路两用双层钢桁架桥。在塔桅结构方面，广州、上海等地都建造了高度超过 200m 的多边形空间桁架钢电视塔；1977 年北京建成的环境气象塔是一个高达 325m 的 5 层纤绳三角形杆身的钢桅杆结构。但由于受到钢产量的制约，钢结构被限制使用在其他结构不能代替的重大工程项目中，严重制约了钢结构在中国内地的发展。

实行改革开放政策以来，我国经济建设有了日新月异的发展，钢铁产量逐年增加。自 1996 年超过 1 亿吨以来，一直位列世界钢产量的首位，成为钢铁大国。我国的建筑结构用钢政策，也从"限制使用"改为积极合理地推广应用。钢结构才有了前所未有的发展，应用的领域有了较大的扩展。

高层和超高层房屋、多层房屋、单层轻型房屋、体育场馆、大跨度会展中心、大型客机检修库、自动化高架仓库、城市桥梁、大跨度公路桥梁、粮仓以及海上采油平台等大多采用钢结构。应用示例见图 1-3～图 1-8。

图 1-3　CCTV 新台址

图 1-4　南京大胜关大桥

图 1-5　国家体育场(鸟巢)

图 1-6　国家大剧院

图 1-7　北京首都国际机场 T3 航站楼

我国钢结构的快速发展已受到世界各国的瞩目,其中北京 2008 年奥运会的体育设施〔国家体育场(鸟巢)、国家游泳馆(水立方)〕、CCTV 新台址、国家大剧院、北京首都国际机场 T3 航站楼、北京南站、北京电视中心、广州新白云国际机场等钢结构建筑的建成,更标志着我国的大跨度空间钢结构已进入世界先进行列。桥梁方面,九江长江大桥、上海卢浦大桥、南京长江三桥、武汉天兴洲大桥和京沪高速铁路南京大胜关大桥等桥梁的建造,标志着我国已有能力建造现代化的桥梁。

图 1-8   南京火车站

三、钢结构发展的趋势

在多年工程实践和科学研究的基础之上,《钢结构设计规范》(GB 50017)和《冷弯薄壁型钢结构技术规范》(GB 50018)已发布实施,钢材质量及钢材规格已能满足建筑钢结构的要求,市场经济的发展与不断成熟更为钢结构的发展创造了条件。可以预期,今后我国钢结构的发展方向主要在以下几个方面:

1. 发展高强度低合金钢材

逐步发展高强度低合金钢材,除 Q235 钢、Q345 钢外,Q390 钢和 Q420 钢在钢结构中的应用尚有待进一步研究。

2. 钢结构设计方法的改进

概率极限状态设计方法还有待发展,因为它计算的可靠度还只是构件或某一截面的可靠度,而不是结构体系的可靠度,同时也不适用于疲劳计算的反复荷载作用下的结构。另外,结构设计上考虑优化理论的应用与计算机辅助设计及绘图都得到很大的发展,今后还应继续研究和改进。

3. 结构形式的革新

结构形式的革新也是今后值得研究的课题,如悬索结构、网架结构和超高层结构等近年来得到了很大的发展和应用。钢-混凝土组合结构的应用也日益推广,但结构的革新仍有待进一步发展。

第 2 节   钢结构的特点

一、钢结构的优点

钢结构体系具有自重轻、工厂化制造、安装快捷、施工周期短、抗震性能好、投资回收快、环境污染少等综合优势,与钢筋混凝土结构相比,更具有在"高、大、轻"三个方面发展的独特优势。在全球范围内,特别是发达国家和地区,钢结构在建筑工程领域中已得到合理、广泛的应用。钢材已经被认为是可以持续发展的材料,因此从长远发展的观点看,钢结构将有良好的应用发展前景。

目前,钢结构在房屋建筑、地下建筑、桥梁、塔桅和海洋平台中都得到广泛采用,这是由于钢结构与其他材料的结构相比,具有如下优点:

1. 建筑钢材强度高、自重轻

钢材强度高,与混凝土、木材相比,虽然密度较大,但其强度较混凝土和木材要高得多,其密度与强度的比值一般比混凝土和木材小,因此在承受同样荷载的情况下,钢结构与钢筋混凝土结构、木结构相比,构件较小,自重较轻,适用于建造跨度大、高度高、承载重的结构。结构的轻质性可用材料的密度和强度的比值——密强比来衡量,密强比值越小,结构相对越轻。以同样的跨度承受同样的荷载,钢屋架的质量不超过钢筋混凝土屋架的 1/4～1/3,冷弯薄壁型钢屋架可达 1/10,为运输和吊装提供了方便。由于钢构件常较柔细,因此稳定问题比较突出,应充分注意钢结构的稳定性问题。

2. 钢结构的塑性好

钢材塑性好,钢结构在一般的条件下不会因超载而突然断裂,只会增大变形,故容易被发现。此外,还能将局部高峰应力进行重分配,使应力变化趋于平缓。

3. 材质均匀,和力学计算的假定比较符合

钢材内部组织比较均匀,接近各向同性,可视为理想的弹—塑性体材料,因此,钢结构的实际受力情况和工程力学的计算结果比较符合,在计算中采用的经验公式不多,计算的不确定性较小,计算结果比较可靠。

4. 工业化程度高,工期短

钢结构所用材料皆可由专业化的金属结构厂轧制成各种型材,加工制作简便,准确度和精密度都较高。制成的构件可运到现场拼装,采用焊接或螺栓连接。因构件较轻,故安装方便,施工机械化程度高,工期短,为降低造价、发挥投资的经济效益创造了条件。

5. 密封性好

钢结构采用焊接连接后可以做到安全密封,能够满足一些要求气密性和水密性好的高压容器、大型油库、气柜油罐和管道等的要求。

6. 抗震性能好

钢结构由于自重轻和结构体系相对较柔,所以受到的地震作用较小,钢材又具有较高的抗拉和抗压强度以及较好的塑性和韧性,因此在国内外的历次地震中,钢结构是损坏最轻的结构,已被公认为是抗震设防地区特别是强震区的最合适结构材料。

7. 耐热性较好

温度在 200℃ 以内,钢材性质变化很小,当温度达到 300℃ 以上时,强度逐渐下降,达到 600℃ 时,强度几乎为零。因此,钢结构可用于温度不高于 200℃ 的场合。在有特殊防火要求的建筑中,钢结构必须采取保护措施。

8. 钢材的可重复使用性

钢结构加工制造过程中产生的余料和碎屑,以及废弃和破坏了的钢结构或构件,均可回炉重新冶炼成钢材重复使用。因此钢材被称为绿色建筑材料或可持续发展的材料。

二、钢结构的缺点

1. 耐腐蚀性差

钢材在潮湿环境中,特别是在处于有腐蚀性介质的环境中容易锈蚀。因此,新建造的钢结构应定期刷涂料加以保护,维护费用较高。目前国内外正在发展各种高性能的涂料和不易锈蚀的耐候钢,钢结构耐锈蚀性差的问题有望得到解决。

2. 耐火性差

钢结构耐火性较差,在火灾中,未加防护的钢结构一般只能维持20min左右。因此在需要防火时,应采取防火措施,如在钢结构外面包混凝土或其他防火材料,或在构件表面喷涂防火涂料等。

3. 钢结构在低温条件下可能发生脆性断裂

钢结构在低温和某些条件下,可能发生脆性断裂,还有厚板的层状撕裂等,都应引起设计者的特别注意。

第3节 钢结构的应用

钢结构行业通常分为轻型钢结构、高层钢结构、住宅钢结构、空间钢结构和桥梁钢结构5大子类。钢结构是指用钢板和热轧、冷弯或焊接型材通过连接件连接而成的能承受和传递荷载的结构形式。钢结构由于其自身的特点和结构形式的多样性,随着我国国民经济的迅速发展,应用范围越来越广。目前钢结构应用范围大致如下:

1. 大跨结构

结构跨度越大,结构自重在荷载中所占的比例就越大,减轻结构的自重就显得更加重要。钢材强度高而结构自重轻的优势正好适合于大跨结构,因此钢结构在大跨空间结构和大跨桥梁结构中得到了广泛的应用。所采用的结构形式有空间桁架、网架、网壳、悬索(包括斜拉体系)、张弦梁、实腹或格构式拱架和框架等,见图1-9。

图1-9 火车站站台

2. 工业厂房

吊车起重量较大或者其工作较繁重的车间的主要承重骨架多采用钢结构。有强烈辐射热的车间,也经常采用钢结构。结构形式多为由钢屋架和阶形柱组成的门式刚架或排架,也有采用网架做屋盖的结构形式。

　　钢结构重量轻不仅对大跨结构有利,对屋面活荷载特别轻的小跨结构也有优越性。因为当屋面活荷载特别轻时,小跨结构的自重也成为一个重要因素。冷弯薄壁型钢屋架在一定条件下的用钢量可比钢筋混凝土屋架的用钢量还少。轻钢结构的结构形式有实腹变截面门式刚架、冷弯薄壁型钢结构(包括金属拱形波纹屋盖)以及钢管结构等,见图1-10。

图1-10　轻钢门式刚架

　　3. 受动力荷载影响的结构

　　由于钢材具有良好的韧性,设有大型吊车的工业厂房中,吊车梁往往由钢制成。对于抗震能力要求较高的工程结构,也适宜采用钢结构。

　　4. 多层和高层建筑

　　由于钢结构的综合效益指标良好,在国外多、高层民用建筑中得到了广泛的应用,国内也正在逐步扩大应用。其结构形式主要有多层框架、框架—支撑结构、框架—核心筒结构、悬挂、巨型框架等。

　　5. 高耸结构

　　高耸结构包括各种塔架和桅杆结构,如广播、通信和电视发射用的塔架,高压输电线路的塔架和桅杆等,见图1-11。

　　6. 可拆卸的结构

　　钢结构不仅重量轻,可用螺栓来连接,因此适用于需要搬迁的结构,如各种野外作业的生产和生活临时用房的骨架等。建筑施工中,钢筋混凝土结构施工用的模板和支架,以及建筑施工用的脚手架等也大量采用钢材制作。

　　7. 容器和其他构筑物

　　工业生产中大量采用钢板做成的容器结构,包括油罐、煤气罐、高炉、热风炉等。经常使用的皮带通廊栈桥、管道支架、锅炉支架、海上采油平台等结构也常采用钢结构。

　　8. 钢和混凝土的组合结构

　　钢构件和板件受压时必须满足稳定性要求,一般不能充分发挥钢材强度高的作用,而混凝土则最宜于受压不适于受拉,将钢材和混凝土并用,使两种材料都充分发挥它的长处,是一种合理的结构。此类结构形式广泛应用于高层建筑、大跨桥梁、工业厂房和地铁站台柱等。图 1-12 所示为上海环球金融中心。

图 1-11　输电塔架

图 1-12　上海环球金融中心

第2章 钢结构材料

主要内容：钢结构用钢材的分类；钢材的选用；钢材的品种、规格和标准。

目标：熟悉钢结构用钢材的分类和选用；熟悉钢结构用钢材的品种、规格和标准。

重点：钢结构用钢材的分类；钢结构用钢材的品种、规格和标准。

技能点：钢结构用钢材的分类；钢结构用钢材的品种、规格和标准。

第1节 钢结构用钢材的分类

一、钢材的分类

钢的分类方法很多，通常有以下几种分类方法（图 2-1）。

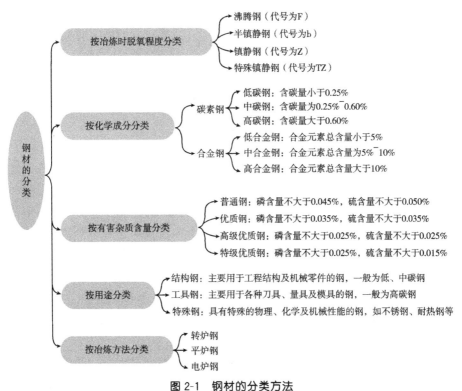

图 2-1 钢材的分类方法

1. 按冶炼时脱氧程度分类

按脱氧程度不同,钢分为沸腾钢(代号为 F)、半镇静钢(代号为 b)、镇静钢(代号为 Z)和特殊镇静钢(代号为 TZ),镇静钢和特殊镇静钢的代号可以省去。

(1)沸腾钢。炼钢时仅加入锰铁进行脱氧,脱氧不完全,钢液中还有较多金属氧化物,浇铸钢锭后钢液冷却到一定的温度,其中的碳会与金属氧化物发生反应,生成的大量一氧化碳气体外逸,引起钢液激烈沸腾,因而这种钢材称为沸(Fei)腾钢,其代号为"F"。

(2)镇静钢。炼钢时一般用硅脱氧,也可采用锰铁、硅铁和铝锭等作为脱氧剂,脱氧完全,钢液中金属氧化物很少或没有,在浇铸钢锭时钢液会平静地冷却凝固,这种钢称为镇(Zhen)静钢,其代号为"Z"。镇静钢组织致密,气泡少,偏析程度小,各种力学性能比沸腾钢优越,可用于受冲击荷载的结构或其他重要结构。

(3)半镇静钢。用少量的硅进行脱氧,脱氧程度介于沸腾钢和镇静钢之间,钢液浇筑后有微弱沸腾现象,故称为半(ban)镇静钢,代号为"b"。半镇静钢是质量较好的钢。

(4)特殊镇静钢。比镇静钢脱氧程度更充分彻底的钢,故称为特(Te)殊镇(Zhen)静钢,代号为"TZ"。特殊镇静钢的质量最好,适用于特别重要的结构工程。

2. 按化学成分分类

(1)碳素钢。化学成分主要是铁,其次是碳,故也称碳钢或铁碳合金,其含碳量为 $0.02\%\sim2.06\%$。碳素钢除了铁、碳外还含有极少量的硅、锰和微量的硫、磷等元素。

碳素钢按含碳量不同又可分为低碳钢、中碳钢和高碳钢。低碳钢含碳量小于 0.25%;中碳钢含碳量为 $0.25\%\sim0.60\%$;高碳钢含碳量大于 0.60%。

(2)合金钢。合金钢是在炼钢过程中,为改善钢材的性能,特意加入某些合金元素而制得的一种钢。常用合金元素有:硅、锰、钛、钒、铌、铬等。

按合金元素总含量不同,合金钢又可分为低合金钢、中合金钢和高合金钢。低合金钢合金元素总含量小于 5%;中合金钢合金元素总含量为 $5\%\sim10\%$;高合金钢合金元素总含量大于 10%。

建筑结构上所用的钢材主要是碳素钢中的低碳钢和合金钢中的低合金钢。

二、建筑结构用钢的分类

钢结构用的钢材主要有 4 个种类,即碳素结构钢、低合金高强度结构钢、高层建筑结构用钢板和优质碳素结构钢。

钢铁产品牌号通常采用大写汉语拼音字母、化学元素符号和阿拉伯数字相结合的方法表示。为了便于国际交流和贸易的需要,也可以采用大写英文字母或国际惯例表示符号。常用汉语拼音字母或英文字母表示产品名称、用途、特性和工艺要求时,一般从产品名称中选取代表性的汉字的汉语拼音的首位字母或英文单词的首位字母。当和另一产品所取字母重复时,改取第二个字母或第三个字母,或同时选取两个(或多个)汉字的汉语拼音和英文单词的首位字母。常见的化学元素见表 2-1。

常见的化学元素 表 2-1

元素名称	化学元素符号	元素名称	化学元素符号	元素名称	化学元素符号	元素名称	化学元素符号
铁	Fe	锂	Li	钐	Sm	铝	Al
锰	Mn	铍	Be	锕	Ac	铌	Nb

元素名称	化学元素符号	元素名称	化学元素符号	元素名称	化学元素符号	元素名称	化学元素符号
铬	Cr	镁	Mg	硼	B	钽	Ta
镍	Ni	钙	Ca	碳	C	镧	La
钴	Co	锆	Zr	硅	Si	铈	Ce
铜	Cu	锡	Sn	硒	Se	钕	Nd
钨	W	铅	Pb	碲	Te	氮	N
钼	Mo	铋	Bi	砷	As	氧	O
钒	V	铯	Cs	硫	S	氢	H
钛	Ti	钡	Ba	磷	P	—	—

注：混合稀土元素符号用"RE"表示。

1. 碳素结构钢

(1)牌号及其表示方法

国家标准《碳素结构钢》(GB/T 700—2006)中规定,牌号由 Q＋数字(屈服点数值,单位为 N/mm²)＋质量等级符号(如 A、B、C、D)＋脱氧方法符号(如 F、b)四个部分组成。其中以"Q"代表屈服点;屈服点数值(σ_s)共分 195、215、235、255 和 275 五种;质量等级以硫、磷等杂质含量由多到少,分别用 A、B、C、D 符号表示;脱氧方法以 F 表示沸腾钢、b 表示半镇静钢、Z 表示镇静钢和 TZ 表示特殊镇静钢,Z 和 TZ 在钢的牌号中予以省略。牌号举例见表2-2。

牌 号 举 例   表 2-2

序号	产品名称	第一、二部分	第三部分	第四部分	牌号实例
1	碳素结构钢	最小屈服强度 235N/mm²	A 级	沸腾钢	Q235AF
2	低合金高强度结构钢	最小屈服强度 345N/mm²	D 级	特殊镇静钢	Q345D
3	热轧光圆钢筋	屈服强度特征值 235N/mm²	—	—	HPB235
4	热轧带肋钢筋	屈服强度特征值 335N/mm²	—	—	HRB335
5	细晶粒热轧带肋钢筋	屈服强度特征值 335N/mm²	—	—	HRBF335
6	冷轧带肋钢筋	最小抗拉强度 550N/mm²	—	—	CRB550
7	预应力混凝土用螺纹钢筋	最小屈服强度 830N/mm²	—	—	PSB830
8	焊接气瓶用钢	最小屈服强度 345N/mm²	—	—	HP345
9	管线用钢	最小规定总延伸强度 415MPa	—	—	L415
10	船用锚链钢	最小抗拉强度 370MPa	—	—	CM370
11	煤机用钢	最小抗拉强度 510MPa	—	—	M510
12	锅炉和压力容器用钢	最小屈服强度 345N/mm²	—	特殊镇静钢	Q345R

以建筑钢结构中使用的 Q235 钢来说,A、B 两级钢的脱氧方法可以是 Z、b、F,C 级钢的只能为 Z,D 级钢的只能为 TZ。Q235—A(B,C,D)·F(Z,TZ)。

按其冲击韧性和硫、磷杂质含量由多到少分为 A、B、C、D 四个质量等级,由 A 到 D 表示质量由低到高,各级要求如下:

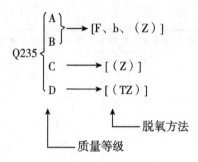

A 级——提供 S、P、C、Mn、Si 化学成分和 f_u、f_y、$\delta_5(\delta_{10})$，根据买方需要可提供 180°冷弯试验，但无冲击功规定，含碳量和含锰量不作为交货条件。

B 级——提供 S、P、C、Mn、Si 化学成分，f_u、f_y、$\delta_5(\delta_{10})$，冷弯 180°试验和 +20℃ 时冲击功 $Ak \geqslant 27J$。

C 级——除与 B 级要求一样外，还提供 0℃ 时冲击功 $Ak \geqslant 27J$。

D 级——除与 B 级要求一样外，还提供 -20℃ 时冲击功 $Ak \geqslant 27J$。

脱氧程度以 F 表示沸腾钢、b 表示半镇静钢、Z 表示镇静钢（一般省略不标，代表 A、B、C 三级）、TZ 表示特殊镇静钢（一般省略不标，代表 D 级）。

Q235 钢的常见表示法和代表的含义示例如下：

①Q235—A——屈服强度为 235N/mm² ，A 级，镇静钢。

②Q235—Ab——屈服强度为 235N/mm² ，A 级，半镇静钢。

③Q235—AF——屈服强度为 235N/mm² ，A 级，沸腾钢。

④Q235—B——屈服强度为 235N/mm² ，B 级，镇静钢。

⑤Q235—C——屈服强度为 235N/mm² ，C 级，镇静钢。

⑥Q235—D——屈服强度为 235N/mm² ，D 级，特殊镇静钢。

（2）碳素结构钢技术性能与应用

根据国家标准《碳素结构钢》（GB/T 700—2006），随着牌号的增大，对钢材屈服强度和抗拉强度的要求增大，对伸长率的要求降低。

不同牌号的碳素钢在土木工程中有不同的应用范围：

Q195—强度不高，塑性、韧性、加工性能与焊接性能较好，主要用于轧制薄板和盘条等。

Q215—与 Q195 钢基本相同，其强度稍高，大量用做管坯、螺栓等。

Q235—强度适中，有良好的承载性，又具有较好的塑性和韧性，可焊性和可加工性也较好，是钢结构常用的牌号，大量制作成钢筋、型钢和钢板用于建造房屋和桥梁等。

Q255—强度高、塑性和韧性稍差，不易冷弯加工，可焊性较差，主要用做铆接或栓接结构，以及钢筋混凝土的配筋。

Q235 是建筑工程中最常用的碳素结构钢牌号，其既具有较高强度，又具有较好的塑性、韧性，同时还具有较好的可焊性。Q235 良好的塑性可保证钢结构在超载、冲击、焊接、温度应力等不利因素作用下的安全性，因而 Q235 能满足一般钢结构用钢的要求。

Q235—A 一般用于只承受静荷载作用的钢结构；

Q235—B 适合用于承受动荷载焊接的普通钢结构；

Q235—C 适合用于承受动荷载焊接的重要钢结构；

Q235—D 适合用于低温环境使用的承受动荷载焊接的重要钢结构。

2. 低合金高强度结构钢

低合金高强度结构钢是在钢的冶炼过程中添加少量的几种合金元素(含碳量均不大于 0.02%,合金元素总量不大于 0.05%),使钢的强度明显提高,故称低合金高强度结构钢。合金元素有硅(Si)、锰(Mn)、钒(V)、铌(Nb)、铬(Cr)、镍(Ni)及稀土元素等。

(1)牌号及其表示方法

根据国家标准《低合金高强度结构钢》(GB/T 1591—2008)的规定,低合金高强度结构钢分为 Q295、Q345、Q390、Q420 和 Q460 共五个牌号,其符号的含义和碳素结构钢牌号的含义相同。每个牌号根据硫、磷等有害杂质的含量,分为 A、B、C、D 和 E 五个等级。Q345、Q390、Q420 是钢结构设计规范中规定采用的钢种。这三种钢都包含有 A、B、C、D、E 五个质量等级,和碳素钢一样,不同的质量等级是按对冲击韧性(夏比 V 形缺口试验)的要求来区分的。

牌号表示方法举例:

Q345B 表示屈服强度不小于 345MPa,质量等级为 B 级的低合金高强度结构钢。

质量等级分为五级由 A 到 E 表示质量由低到高,各级要求如下:

A——提供 P、S、C、Mn、Si、V、N_b、Ti 化学成分和 f_u、f_y、$\delta_5(\delta_{10})$,根据买方需要提供 180^0 冷弯试验,无冲击功要求。

B——提供 P、S、C、Mn、Si、V、N_b、Ti 化学成分,f_u、f_y、$\delta_5(\delta_{10})$,$180°$冷弯试验和+20℃时冲击功 $Ak \geqslant 34$J。

C——除与 B 级要求一样外,还提供 0℃时冲击功 $Ak \geqslant 34$J。

D——除与 B 级要求一样外,还提供−20℃时冲击功 $Ak \geqslant 34$J。

E——除与 B 级要求一样外,还提供−40℃时冲击功 $Ak \geqslant 27$J。

脱氧方法为镇静钢和特殊镇静钢时,可省略 Z、TZ 记号。

常见表示法和代表的含义示例如下:

①Q345D——屈服强度为 345N/mm²,D 级,特殊镇静钢。

②Q390A——屈服强度为 390N/mm²,A 级,镇静钢。

③Q420E——屈服强度为 420N/mm²,E 级,特殊镇静钢。

(2)技术性能与应用

低合金高强度结构钢主要用于轧制各种型钢、钢板、钢管及钢筋,广泛用于钢结构和钢筋混凝土结构中,特别适用于各种重型结构、高层结构、大跨度结构及桥梁工程等。

3. 高层建筑结构用钢板

Q235GJ(Q345GJ、Q235GJZ、Q345GJZ)—C(D、E)。

质量等级:C   0℃   冲击功 $A_{kv} \geqslant 34$J

            D   −20℃   冲击功 $A_{kv} \geqslant 34$J

            E   −40℃   冲击功 $A_{kv} \geqslant 34$J

Z 为厚度方向性能级别 Z15、Z25 和 Z35 的缩写,并将增加两个级别的 Q390、Q420 高层建筑结构用钢板。

4. 优质碳素结构钢

优质碳素结构钢不以热处理或热处理(正火、淬火、回火)状态交货,用作压力加工用钢和切削加工用钢。

(1)优质碳素结构钢的分类

分为普通含锰钢(0.35%～0.80%)和较高含锰钢(0.70%～1.20%)两大组。

(2)牌号及表示方法

优质碳素结构钢牌号通常由五部分组成[《钢铁产品牌号表示方法》(GB/T 221—2008)],见表2-3。

优质碳素结构钢表示方法举例　　　　　表 2-3

序号	产品名称	第一部分	第二部分	第三部分	第四部分	第五部分	牌号示例
1	优质碳素结构钢	碳含量:0.05%～0.11%	锰含量:0.25%～0.50%	优质钢	沸腾钢	—	08F
2	优质碳素结构钢	碳含量:0.47%～0.55%	锰含量:0.50%～0.80%	高级优质钢	镇静钢	—	50A
3	优质碳素结构钢	碳含量:0.48%～0.56%	锰含量:0.70%～1.00%	特级优质钢	镇静钢	—	50MnE
4	保证粹透性用钢	碳含量:0.42%～0.50%	锰含量:0.50%～0.85%	高级优质钢	镇静钢	保证淬透性钢表示符号"H"	45AH
5	优质碳素弹簧钢	碳含量:0.62%～0.70%	锰含量:0.90%～1.20%	优质钢	镇静钢	—	65Mn

第一部分:以两位阿拉伯数字表示平均碳含量(以万分之几计)。

第二部分(必要时):较高含锰量的优质碳素结构钢,加锰元素符号 Mn。

第三部分(必要时):钢材冶金质量,即高级优质钢、特级优质钢分别以 A、E 表示,优质钢不用字母表示。

第四部分(必要时):脱氧方式表示符号,即沸腾钢、半镇静钢、镇静钢分别以"F"、"b"、"Z"表示,但镇静钢表示符号通常可以省略。

第五部分(必要时):产品用途、特性或工艺方法表示符号。

根据国家现行标准《优质碳素结构钢》(GB/T 699—1999)的规定:

共有 31 个牌号,其牌号由数字和字母两部分组成。两位数字表示平均碳含量的万分数;字母分别表示锰含量、冶金质量等级、脱氧程度。

锰含量为 0.25%～0.80%时,不注"Mn";锰含量为 0.70%～1.2%时,两位数字后加注"Mn"。如果是高级优质碳素结构钢,应加注"A";如果是特级优质碳素结构钢,应加注"E"。对于沸腾钢,牌号后面为"F";对于半镇静钢,牌号后面为"b"。

例如:"15F"即表示碳含量为 0.15%,锰含量为 0.25%～0.80%,冶金质量等级为优质,脱氧程度为沸腾状态的一般含锰量的优质碳素结构钢。"45Mn"表示平均含碳量为 0.45%,较高含锰量的镇静钢。"30"表示平均含碳量为 0.30%,普通含锰量的镇静钢。

优质碳素结构钢的特点是生产过程中对硫、磷等有害杂质控制较严,脱氧程度大部分为镇静状态,因此质量较稳定。优质碳素结构钢的力学性能主要取决于碳含量,碳含量高则强度也高,但塑性和韧性降低。

在土木工程中,30～45 号钢优质碳素结构钢主要用于重要结构的钢铸件及高强螺栓;65～80 号钢主要用于预应力混凝土碳素钢丝、刻痕钢丝和钢绞线。

三、对钢材性能产生影响的元素

钢材的质量及性能是根据需要而确定的,不同的需要,要有不同的元素含量。

（1）碳：含碳量越高，钢的硬度就越高，但是它的可塑性和韧性就越差。

（2）硫：是钢中的有害杂物，含硫较高的钢在高温进行压力加工时，容易脆裂，通常叫做热脆性。

（3）磷：能使钢的可塑性及韧性明显下降，在低温下更为严重，这种现象叫做冷脆性。在优质钢中，硫和磷要严格控制。但从另一方面看，在低碳钢中含有较高的硫和磷，能使其切削易断，对改善钢的可切削性是有利的。

（4）锰：能提高钢的强度，能削弱和消除硫的不良影响，并能提高钢的淬透性，含锰量很高的高合金钢（高锰钢）具有良好的耐磨性。

（5）硅：可以提高钢的硬度，但是可塑性和韧性下降，电工用的钢中含有一定量的硅，能改善软磁性能。

（6）钨：能提高钢的红硬性和热强性，并能提高钢的耐磨性。

（7）铬：能提高钢的淬透性和耐磨性，能改善钢的抗腐蚀能力和抗氧化作用。

（8）钒：能细化钢的晶粒组织，提高钢的强度、韧性和耐磨性。当它在高温熔入奥氏体时，可增加钢的淬透性；反之，当它以碳化物形态存在时，就会降低钢的淬透性。

（9）钼：可明显的提高钢的淬透性和热强性，防止回火脆性，提高剩磁和矫顽力。

（10）钛：能细化钢的晶粒组织，从而提高钢的强度和韧性。在不锈钢中，钛能消除或减轻钢的晶间腐蚀现象。

（11）镍：能提高钢的强度和韧性，提高淬透性。含量高时，可显著改变钢和合金的一些物理性能，提高钢的抗腐蚀能力。

（12）硼：当钢中含有微量的（0.001%～0.005%）硼时，钢的淬透性可以成倍提高。

（13）铝：能细化钢的晶粒组织，阻抑低碳钢的时效。它能提高钢在低温下的韧性，还能提高钢的抗氧化性、耐磨性和疲劳强度等。

（14）铜：它的突出作用是改善普通低合金钢的抗大气腐蚀性能，特别是和磷配合使用时更为明显。

第 2 节　钢结构用钢材的选用

一、选用原则

选择钢材的目的是要做到结构安全可靠，同时用材经济合理。为此，在选择钢材时应考虑下列各因素（图 2-2）。

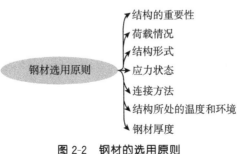

图 2-2　钢材的选用原则

1. 结构的重要性

对重型工业建筑结构、大跨度结构、高层或超高层的民用建筑结构或构筑物等重要结构,应考虑选用质量好的钢材;对一般工业与民用建筑结构,可按工作性质分别选用普通质量的钢材。另外,按《建筑结构可靠度设计统一标准》(GB 50068—2001)规定的安全等级,把建筑物分为一级(重要的)、二级(一般的)和三级(次要的)。安全等级不同,要求的钢材质量也应不同。

2. 荷载情况

结构所受荷载可为静力或动力的,经常作用、有时作用或偶然出现(如地震)的,经常满载或不经常满载的等。应根据荷载的上述特点选用适当的钢材,并提出必要的质量保证项目要求。对直接承受动力荷载的结构构件应选质量和韧性较好的钢材;对承受静力或间接动力荷载的结构构件可采用一般质量的钢材。一般承受静态荷载的结构则可选用价格较低的 Q235 钢。

3. 结构形式

要考虑结构是静定结构还是超静定结构、结构跨度的大小及传力路径的多少。静定结构没有内力重分布,应选用较好的钢材,而超静定结构可以利用塑性内力重分布,可选用一般质量钢材。跨度大的应该选用好的钢材。单路径传力应选用优质钢材,而多路径传力时可选用普通钢材。

4. 应力状态

拉应力容易使构件断裂,所以受拉和受弯的构件应选用较好的钢材,而受压或压弯构件的钢材可选用一般质量的钢材。

5. 连接方法

钢结构连接可为焊接或非焊接(螺栓或铆钉)。对于焊接结构,焊接使构件内产生很高的焊接残余应力;焊接构造和很难避免的焊接缺陷常使结构存在类裂纹性损伤;焊接结构的整体连续性和刚性较好,易使缺陷或裂纹互相贯穿扩展,如咬肉、气孔、裂纹、夹渣等,有导致结构产生裂缝或脆性断裂的危险。此外,碳和硫的含量过高会严重影响钢材的焊接性。因此,焊接结构钢材的质量要求应高于同样情况的非焊接结构钢材,碳、硫、磷等有害元素的含量应较低,塑性和韧性应较好。

6. 结构所处的温度和环境

钢材的塑性和韧性随温度的降低而降低,在低温尤其是脆性转变温度区时韧性急剧降低,容易发生脆性断裂。因此,对经常处于或可能处于较低负温下工作的钢结构,尤其是焊接结构,应选用化学成分和机械性能质量较好并且脆性转变温度低于结构工作环境温度的钢材。此外,露天结构的钢材容易产生时效,有害介质作用的钢材容易腐蚀、疲劳和断裂,也应加以区别地选择不同材质。

7. 钢材厚度

薄钢材辊轧次数多,轧制的压缩比大,厚度大的钢材压缩比小,所以厚度大的钢材不但强度较小,塑性、冲击韧性和焊接性能也较差,且易产生三向残余应力。因此,厚度大的焊接结构应采用材质较好的钢材。

二、钢材选择的建议

对钢材质量的要求,一般地说,承重结构的钢材应保证抗拉强度、屈服点、伸长率和硫、磷的极限含量,对焊接结构尚应保证碳的极限含量。

在 Q235—A 钢的保证项目中,碳含量、冷弯试验合格和冲击韧性值并未作为必要的保证条件,所以只宜用于不直接承受动力作用的结构中。当用于焊接结构时,其质量证明书中应注明碳含量不超过 0.2%。对于需要验算疲劳的焊接结构,应采用具有常温冲击韧性合格保证的 B 级钢。当这类结构在冬季处于温度较低的环境时,若工作温度在 −20℃～0℃ 之间,Q235 和 Q345 应选用具有 0℃ 冲击韧性合格的 C 级钢,Q390 和 Q420 则应选用 −20℃ 冲击韧性合格的 D 级钢。若工作温度等于或低于 −20℃ 时,则钢材的质量级别还要提高一级,Q235 和 Q345 选用 D 级钢而 Q390 和 Q420 选用 E 级钢。非焊接的构件发生脆性断裂危险性比焊接结构小些,对材质的要求可比焊接结构适当放宽,但需要验算疲劳的构件仍需选用有常温冲击韧性保证的 B 级钢。当工作温度等于或低于 −20℃ 时,Q235 和 Q345 应选用 C 级钢,Q390 和 Q420 则应选用 D 级钢。当选用 Q235—A、Q235—B 级钢时,还需要选定钢材的脱氧方法。

在采用钢模浇铸的年代,镇静钢的价格高于沸腾钢,凡是沸腾钢能够胜任的场合就不用镇静钢。目前由于大量采用连续浇铸,镇静钢价格高的问题不再存在。因此,可以在一般情况下都用镇静钢。

连接所用钢材,如焊条、自动或半自动焊的焊丝及螺栓应与主体金属的强度相适应。

三、《钢结构设计规范》(GB 50017—2003)中选用的钢材

钢结构在使用过程中常常需要在不同的环境和条件下承受各种荷载,所以对钢材的材料性能提出了要求。我国《钢结构设计规范》(GB 50017—2003)中就具体规定:承重结构采用的钢材应具有抗拉强度、伸长率、屈服强度和硫、磷含量的合格保障,对焊接结构还应具有碳含量的合格保证。焊接承重结构以及重要的非焊接承重结构采用的钢材还应具有冷弯试验的合格保证。钢结构的种类繁多,性能差别很大,适用于承重结构的钢只有少数的几种,如碳素钢中的 Q235,低合金钢中的 Q345、Q390、Q420 等牌号的钢材。表 2-4 为需验算疲劳的钢材选择表。

需验算疲劳的钢材选择表 表 2-4

结构类别	结构工作温度	要求下列低温冲击韧性合格保证		
		0℃	−20℃	−40℃
要求验算疲劳的焊接结构或构件	0℃≥t>−20℃	Q235C Q345C	Q390D Q420D	—
	t≤−20℃	—	Q235D Q345D	Q390E Q420E
要求验算疲劳的非焊接结构或构件	t≤−20℃	Q235C Q345C	Q390D Q420D	—

注:对露天和非采暖房屋的结构,结构工作温度取建筑物所在地区室外最低日平均温度;对采暖房屋内的结构,考虑到采暖设备可能发生临时故障,使室内的结构暂时处于室外的温度中,偏于安全,结构工作温度可按室外最低日平均温度提高 10℃ 取用,也可经合理地研究确定。

四、有关钢的热处理的名词

1. 钢的退火

将钢加热到一定温度并保温一段时间,然后使它慢慢冷却,称为退火。钢的退火是将钢

加热到发生相变或部分相变的温度,经过保温后缓慢冷却的热处理方法。退火的目的,是为了消除组织缺陷,改善组织使成分均匀化以及细化晶粒,提高钢的力学性能,减少残余应力;同时可降低硬度,提高塑性和韧性,改善切削加工性能。所以退火既消除和改善了前道工序遗留的组织缺陷和内应力,又为后续工序做好准备,故退火是属于半成品热处理,又称预先热处理。

2. 钢的正火

正火是将钢加热到临界温度以上,使钢全部转变为均匀的奥氏体,然后在空气中自然冷却的热处理方法。它能消除过共析钢的网状渗碳体,对于亚共析钢正火可细化晶格,提高综合力学性能,对要求不高的零件用正火代替退火工艺是比较经济的。

3. 钢的淬火

淬火是将钢加热到临界温度以上,保温一段时间,然后很快放入淬火剂中,使其温度骤然降低,以大于临界冷却速度的速度急速冷却,而获得以马氏体为主的不平衡组织的热处理方法。淬火能增加钢的强度和硬度,但要降低其塑性。淬火中常用的淬火剂有水、油、碱水和盐类溶液等。

4. 钢的回火

将已经淬火的钢重新加热到一定温度,再用一定方法冷却称为回火。其目的是消除淬火产生的内应力,降低硬度和脆性,以取得预期的力学性能。回火分高温回火、中温回火和低温回火三类。回火多与淬火、正火配合使用。

(1)调质处理:淬火后高温回火的热处理方法称为调质处理。高温回火是指在 500～650℃之间进行回火。调质可以使钢的性能,材质得到很大程度的调整,其强度、塑性和韧性都较好,具有良好的综合机械性能。

(2)时效处理:为了消除精密量具或模具、零件在长期使用中尺寸、形状发生的变化,常在低温回火后(低温回火温度 150～250℃)精加工前,把工件重新加热到 100～150℃,保持 5～20h,这种为稳定精密制件质量的处理,称为时效。对在低温或动载荷条件下的钢材构件进行时效处理,以消除残余应力,稳定钢材组织和尺寸,尤为重要。

5. 钢的表面热处理

(1)表面淬火:是将钢件的表面通过快速加热到临界温度以上,但热量还未来得及传到心部之前迅速冷却的一种热处理工艺。这样就可以使表面层被淬在马氏体组织,而心部没有发生相变,实现了表面淬硬而心部不变的目的。适用于中碳钢。

(2)化学热处理:是指将化学元素的原子,借助高温时原子扩散的能力,把它渗入到工件的表面层去,来改变工件表面层的化学成分和结构,从而达到使钢的表面层具有特定要求的组织和性能的一种热处理工艺。按照渗入元素的种类不同,化学热处理可分为渗碳、渗氮、氰化和渗金属四种方法。

渗碳:是指使碳原子渗入到钢表面层的过程。它使低碳钢的工件具有高碳钢的表面层,再经过淬火和低温回火,使工件的表面层具有高硬度和耐磨性,而工件的中心部分仍然保持着低碳钢的韧性和塑性。

渗氮:又称氮化,是指向钢的表面层渗入氮原子的过程。其目的是提高表面层的硬度与耐磨性以及提高疲劳强度、抗腐蚀性等。目前生产中多采用气体渗氮法。

氰化:又称碳氮共渗,是指在钢中同时渗入碳原子与氮原子的过程。它使钢表面具有渗碳与渗氮的特性。

渗金属：是指以金属原子渗入钢的表面层的过程。它是使钢的表面层合金化，以使工件表面具有某些合金钢、特殊钢的特性，如耐热、耐磨、抗氧化、耐腐蚀等。生产中常用的有渗铝、渗铬、渗硼、渗硅等。

第3节　结构钢材的品种与规格

钢结构构件一般宜直接选用型钢，可减少制造工作量，降低造价。型钢尺寸不合适或构件大时可用钢板制作，构件间可直接连接或通过连接钢板进行连接。

一、钢板和钢带

建筑钢结构使用的钢板（钢带）按轧制方法有冷轧板和热轧板的区分。钢板和钢带的不同在于成品形状。钢板是指平板状，矩形的，可直接轧制或由宽钢带剪切而成的板材，如图2-3所示。而钢带是指成卷交货，宽度大于或等于600mm的宽钢带（宽度小于600mm的称为窄钢带），见图2-4。按板厚划分则有薄板、厚板、特厚板，划分界限为4mm以下为薄钢板，4～60mm为厚钢板（也有将4.5～20mm称为中厚板，20～60mm称为厚板的），厚度大于60mm的称为特厚板。

钢板与钢带的分类见图2-5。

图2-3　钢板

图2-4　钢带

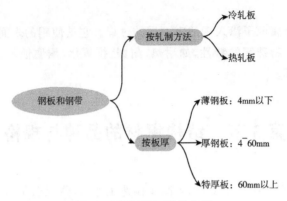

图 2-5 钢板和钢带的分类

薄钢板一般用冷轧法轧制,冷轧钢板的国家标准《冷轧钢板和钢带的尺寸、外形、重量及允许偏差》(GB/T 709—2006)中规定的厚度为 0.2~5mm(冷轧钢带厚度不大于 3mm),板宽应大于或等于 600mm。钢板的长度与其宽度和厚度有关,一定的宽度和厚度相应有最小长度和最大长度。

热轧钢板是建筑钢结构应用最多的钢材之一,国家标准《碳素结构钢和低合金结构钢热轧厚钢板和钢带》(GB/T 3274—2007)规定了相应的技术条件,适用于厚度为 3~400mm 的热轧厚钢板和厚度为 3~25.4mm 的热轧钢带,钢的牌号和化学成分以及力学性能应符合《碳素结构钢》(GB/T 700—2006)和《低合金高强度结构钢》(GB/T 1591—2008)标准的规定,交货状态是以热轧或热处理状态交货,钢板应四边剪切后交货。关于热轧钢板的尺寸及允许偏差等在国家标准《热轧钢板和钢带的尺寸、外形、重量及允许偏差》(GB/T 709—2006)中有明确规定。

钢板截面的表示方法是用在符号"一"后加"厚度×宽度×长度(单位为 mm)",前面附加钢板横断面的方法表示,如:一12×800×2100(含义为:厚度为 12mm,宽度为 800mm,长度为 2100mm 的钢板)。

钢板的供应规格如下。

厚钢板:厚度 4.5~60mm,宽度 600~3000mm,长度 4~12m;

薄钢板:厚度 0.35~4mm,宽度 500~1500mm,长度 0.5~4m;

扁钢:厚度 4~60mm,宽度 12~200mm,长度 3~9m。

随着焊接结构使用钢板厚度的增加,要求钢板在厚度方向有良好的抗层状撕裂性能,因而出现了厚度方向性能钢板。钢板轧制过程对厚钢板来说,显然会导致钢材各向异性。在长度、宽度和厚度三方向的钢材屈服点、抗拉强度、伸长率、冷弯性能等各项指标,以厚度方向(Z 向)为最差,尤其是塑性和冲击韧性。这样当结构局部构造中形成有板厚方向的拉力作用时(主要是焊接应力),很容易沿平行于钢板表面层间内出现撕裂——层状撕裂。

国家标准《厚度方向性能钢板》(GB/T 5313—1985)就是对有关标准的钢板要求做厚度方向性能试验时的专用规定,适用于板厚为 15~150mm,屈服点不大于 500MPa 的镇静钢钢板。要求内容有两方面:含硫量的限制和厚度方向断面收缩率的要求值。并以此分为 Z15、Z25 和 Z35 三个级别。

厚钢板常用做大型梁、柱等实腹式构件的翼缘和腹板,以及节点板等;薄钢板主要用来制造冷弯薄壁型钢;扁钢可用做焊接组合梁、柱的翼缘板、各种连接板、加劲肋等。

二、工字钢

工字钢、槽钢和角钢三类型材是工程结构中使用最早的型材,随着轧制技术的发展,更多截面性能优良的型材相继问世,传统的型材,尤其是工字钢和槽钢的工程应用正逐步减少,性能优良的型材(如圆钢管、方钢管、H 型钢等)的应用正在迅速扩大。

工字钢正如其名称所示,是一种工字形截面型材,上下翼缘是齐头的,见图 2-6。因轧制工艺需要,传统的工字钢的翼缘部分外伸长度受到限制,同时翼缘内表面必须有倾斜度(1:6)、翼缘外薄而内厚,造成工字钢在两个主平面内的截面特性(惯性矩、截面模量和回转半径)相差很大,一般应用中较难充分发挥钢材强度。随着轧制 H 型钢的出现,工字钢将被逐渐淘汰。

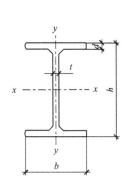 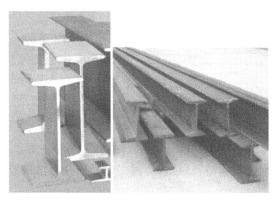

图 2-6　工字钢示意图及照片
h－高度;b－宽度;d－翼缘厚;t－腹板厚

工字钢分普通工字钢和轻型工字钢两种,其型号用截面高度(单位为 cm)来表示。20 号以上普通工字钢根据腹板厚度和翼缘宽度的不同,同一号工字钢又有 a、b 或 a、b、c 三种区别,其中 a 类腹板最薄、翼缘最窄,b 类较厚较宽,c 类最厚最宽。同样高度的轻型工字钢的翼缘要比普通工字钢的翼缘宽而薄,腹板亦薄,故重量较轻、截面回转半径略大。

规格以工字钢符号(轻型时前面加注"Q")和截面高度(单位为 cm)表示,如 I50a(普通)、QI50(轻型)。两种工字钢的高度相同时,其宽度大体相当,而轻型工字钢的翼缘和腹板稍薄。我国生产的普通工字钢规格有 I10～63a,20 或 32 号以上时同一型号中又分为 a、b 或 a、b、c 规格,其中每级的腹板和相应翼缘宽度递增 2mm。轻型 I 字钢规格有 QI10～70b,18～30号和 70 号有翼缘宽度和厚度或腹板厚度略为增大的 a 或 a、b 规格。

三、槽钢

热轧槽钢是截面为凹槽形、腿内侧有斜度的热轧长条钢材(图 2-7),有热轧普通槽钢和轻型槽钢两种,与工字钢一样是以截面的高度表示型号,主要用于建筑结构、车辆制造和其他工业结构。[14 以下多用于建筑工程作檩条,[30 以上可用于桥梁结构作受拉力的杆件,也可用作工业厂房的梁、柱等构件。槽钢还常常和工字钢配合使用。

从[14 开始,亦有 a、b 或 a、b、c 规格的区分,其不同之点是腹板厚度和翼缘的宽度。槽钢翼缘内表面的斜度(1:10)比工字钢要平缓,紧固连接螺栓比较容易。型号相同的轻型槽钢比普通槽钢的翼缘要宽且薄,腹板厚度亦小,截面特性更好一些。槽钢的长度一定亦是

（规格小的短、规格大的长）。

热轧轻型槽钢的表示方法如 Q[25，表示外廓高度为 25cm，Q 是汉语拼音"轻"的首位字母。同样号数时，轻型者由于腹板薄且翼缘宽而薄，因而截面积小但回转半径大，能节约钢材减少自重。不过轻型系列的实际产品较少。

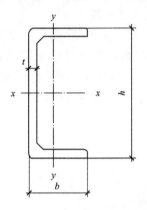

图 2-7　槽钢示意图及照片

h—高度；b—宽度；t—厚度

（1）槽钢型号前面可加符号"["，型号后边右上角可加符号"♯"，如[32c♯。

（2）在普通槽钢中，[16～[22 的槽钢，如型号右边没有标码，可视为 b 型槽钢。

（3）槽钢分普通型和轻型，与同一型号的普通槽钢相比，轻型槽钢的腰厚尺寸较小、重量较轻。

（4）槽钢规格范围为[5～[40。

标记示例

碳素结构钢 Q235－A 镇静钢，尺寸为 180mm×68mm×7mm 的热轧槽钢标记如下：
热轧槽钢[180×68×7－GB702－88，Q235－A－GB700－88。

四、角钢

角钢是传统的格构式钢结构构件中应用最广泛的轧制型材，有等边角钢和不等边角钢两大类。角钢的型号以其肢长表示。角钢的通常长度为 4～19m，见图 2-8。

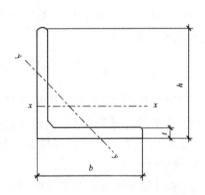
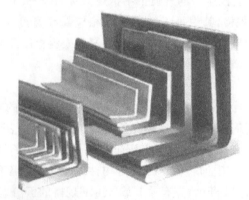

图 2-8　角钢示意图及照片

h—高度；b—宽度；t—厚度

等边角钢(也叫等肢角钢),以边宽和厚度表示,如∠100×10为肢宽100mm、厚10mm的等边角钢。不等边角钢(也叫不等肢角钢)则以两边宽度和厚度表示,如∠100×80×8等。我国目前生产的等边角钢,其肢宽为20~200mm,不等边角钢的肢宽为∠25mm×16mm~∠200mm×125mm。

热轧不等边角钢是横截面如字母"∠"两边互相垂直成角形且宽度不等的热轧长条钢材。其规格以长边宽×短边宽×边厚的毫米数表示,如"∠30×20×3",即表示长边宽30mm、短边宽20mm、边厚为3mm的不等边角钢。

标记示例

碳素结构钢Q235号B级镇静钢,尺寸为160mm×160mm×16mm的热轧等边角钢标记如下:

热轧等边角钢∠160×160×16—GB9787,Q235—B—GB700。

五、轧制H型钢和焊接H型钢

H型钢不同于工字钢之处:

(1)翼缘宽,故曾有宽翼缘工字钢的说法。

(2)翼缘内表面不需有斜度,上下表面平行。

(3)从材料分布形式来看,工字钢截面中材料主要集中在腹板左右,愈向两侧延伸,钢材愈少,而轧制H型钢中,材料分布侧重在翼缘部分。

正因为如此,H型钢的截面特性明显优越于传统的工、槽、角钢及它们的组合截面,使用有较好的经济效果。图2-9所示为H型钢示意图及照片。

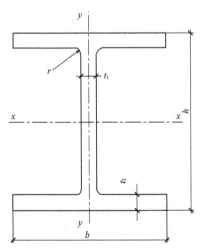

图2-9 H型钢示意图及照片

h—高度;b—宽度;t_1—腹板厚度;t_2—翼缘厚度;r—圆角半径

按现行国家标准《热轧H型钢和剖分T型钢》(GB/T 11263—2005),H型钢分为四类,其代号如下:宽翼缘H型钢——HW(W为Wide英文字头),规格从100mm×100mm~400mm×400mm;中翼缘H型钢——HM(M为Middle英文字头),规格从100mm~900mm,规格从150mm×100mm~600mm×300mm;窄翼缘H型钢——HN(N为Narrow英文字头);薄壁H型钢——HT(T为Thin英文字头)。H型钢的规格标记采用:H与高度

h 值×宽度 b 值×腹板厚度 t_1 值×翼缘厚度 t_2 值表示。如 H800×300×14×26,即为截面高度为 800mm,翼缘宽度为 300mm,腹板厚度 14mm,翼缘厚度 26mm 的 H 型钢。或表示方法是先用符号 HW、HM 和 HN 表示 H 型钢的类别,后面加"高度(mm)×宽度(mm)",例如 HW300×300,即为截面高度为 300mm,翼缘宽度为 300mm 的宽翼缘 H 型钢。

六、剖分 T 型钢

剖分 T 型钢(图 2-10)分为三类,其代号如下:宽翼缘剖分 T 型钢——TW(W 为 Wide 英文字头);中翼缘剖分 T 型钢——TM(M 为 Middle 英文字头);窄翼缘剖分 T 型钢——TN(N 为 Narrow 英文字头)。剖分 T 型钢系由对应的 H 型钢沿腹板中部对等剖分而成。剖分 T 型钢的规格标记采用:T 与高度 h 值×宽度 b 值×腹板厚度 t_1 值×翼缘厚度 t_2 值表示。如 T248×199×9×14,即为截面高度为 248mm,翼缘宽度为 199mm 的,腹板厚度 9mm,翼缘厚度 14mm 的 T 型钢。也可用与 H 型钢类同的表示方法,如 TN225×200 即表示截面高度为 225mm,翼缘宽度为 200mm 的窄翼缘剖分 T 型钢。

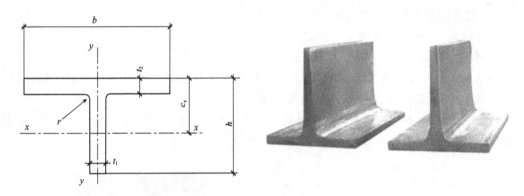

图 2-10 T 型钢示意图及照片

h－高度;b－宽度;t_1－腹板厚;t_2－翼缘厚;c_x－重心;r－圆角半径

七、结构用钢管

钢管作为钢铁产品的重要组成部分,因其制造工艺及所用管坯形状不同而分为无缝钢管(圆坯)和焊接钢管(板,带坯)两大类,见图 2-11。

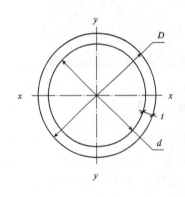 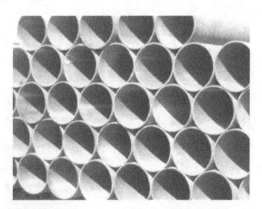

图 2-11 钢管示意图及照片

D－外径;d－内径;t－壁厚

钢结构中常用热轧无缝钢管和焊接钢管，焊接钢管由钢带卷焊而成，依据管径大小，又分为直缝焊与螺旋焊两种。直缝电焊钢管的规格为外径 32～152mm，壁厚为 2.0～5.5mm。国家标准为《直缝电焊钢管》（GB/T 13793—2008）。结构用无缝钢管按国家标准《结构用无缝钢管》（GB/T 8162—2008）规定，分热轧和冷拔两种，冷拔管只限于小管径，热轧无缝钢管外径为 32～630mm，壁厚为 2.5～75mm。

规格以外径×壁厚（mm）表示，如 φ102×5。焊接钢管由钢带弯曲焊成，价格相对较低。钢管截面对称且面积分布合理，各方向的惯性矩和回转半径相同且较大，故受力性能尤其是轴心受压时较好，同时其曲线外形使其对风、浪、冰的阻力较小，但价格较贵且连接构造常较复杂。

结构用无缝钢管按国家标准《结构用无缝钢管》（GB/T 8162—2008）规定，分热轧（挤压、扩）和冷拔（轧）两种。钢管外径和壁厚的允许偏差应符合相应的规定。当需方事先未在合同中注明钢管尺寸允许偏差时，钢管外径和壁厚的允许偏差按普通级供货。根据需方要求，经供需双方协商，并在合同中注明，可生产规定以外尺寸允许偏差的钢管。

结构用无缝钢管通常长度规定如下：热轧（挤压、扩）钢管为 3000～12000mm，冷拔（轧）钢管为 2000～10500mm。定尺长度和倍尺长度应在通常长度范围内。全长允许偏差分为三级。每个倍尺长度按以下规定留出切口余量：外径≤159mm，5～10mm；外径＞159mm，10～15mm。

标记示例

用 10 号钢制造的外径为 73mm，壁厚为 3.5mm 的钢管：

热轧钢管，长度为 3000mm 倍尺，10—73×3.5×3000 倍—GB/T 8162—1999。

冷拔（轧）钢管，外径为高级精度，壁厚为普通级精度，长度为 5000mm，冷 10—73 高×3.5×5000—GB/T 8162—1999。

八、冷弯薄壁型钢

钢结构的冷弯薄壁型钢由厚度 1.5～6mm 热轧钢板或钢带经冷加工成型，同一截面各部分的厚度相同，截面各角顶处呈圆弧形（图 2-12）。冷弯薄壁型钢的截面形式和尺寸可按工程要求合理设计，与相同截面积的热轧型钢相比，其截面轮廓尺寸相对较大而壁较薄，使截面惯性矩和回转半径较大，因而受力性能较好并节省钢材。但因壁厚较薄，对锈蚀影响较为敏感。

图 2-12　冷弯薄壁型钢构件

冷弯型钢截面形式有等边角钢、卷边等边角钢、Z 型钢、卷边 Z 型钢、槽钢、卷边槽钢等开口截面以及方形和矩形闭口截面。

冷弯型钢品种繁多，从截面形状分，有开口的、半闭口和闭口的，主要产品有冷弯槽钢、角钢、Z 型钢、冷弯波形钢板、方管、矩形管、电焊异型钢管、卷帘门等。通常生产的冷弯型钢，厚度在 6mm 以下，宽度在 500mm 以下。

冷弯薄壁型钢的规格用字母"B"（薄）、形状符号和"长边宽（或高度）×短边宽（或宽度）×卷边宽度×厚度"（长短边宽相等时只注一个边宽，卷边宽度只用于卷边型钢）表示。如等边角钢 BL60×2、正方钢管 B□60×2、圆钢管 φ60×2、不等边角钢 B L60×40×2.5、长方钢管 B 口 80×60×2、槽钢 BC120×40×2.5;卷边等边角钢 BL60×20×2、卷边不等边角钢 BL60×40×20×2、卷边槽钢 BC120×50×20×2.5、卷边 Z 型钢 BZ120×50×20×2.5。

冷弯型钢是一种经济的截面轻型薄壁钢材,具有以下特点:

(1)截面经济合理,节省材料。冷弯型钢的截面形状可以根据需要设计,结构合理,单位重量的截面系数高于热轧型钢。在同样负荷下,可减轻构件重量,节约材料。冷弯型钢用于建筑结构可比热轧型钢节约金属 38%～50%。方便施工,降低综合费用。

(2)规格多,可以生产用一般热轧方法难以生产的壁厚均匀、截面形状复杂的各种型材和各种不同材质的冷弯型钢。

(3)产品表面光洁,外观好,尺寸精确,而且长度也可以根据需要灵活调整,全部按定尺或倍尺供应,提高材料的利用率。

(4)生产中还可与冲孔等工序相配合,以满足不同的需要。

九、花纹钢板、钢格栅板

(1)花纹钢板是用碳素结构钢、船体用结构钢、高耐候性结构钢热轧成菱形、扁豆形或圆豆形花纹的钢板制品。按现行国家标准《花纹钢板》(GB/T 3277—1991)规定,花纹钢板基本厚度有 2.5、3.0、3.5、4.0、4.5、5.0、5.5、6.0、7.0、8.0mm;宽度 600～1800mm,按 50mm 进级;长度 2000～12000mm,按 100mm 进级。花纹钢板的力学性能不作保证,以热轧状态交货,表面质量分普通精度和较高精度两级。

(2)压焊钢格栅板如图 2-13 所示,是由负载扁钢作为纵条、扭绞方钢作为横条,在正交方向压焊于纵条,并有包边和挡边板的钢格板。适用于工业平台、地板、天桥、栈道的铺板、楼梯踏板、内盖板以及栅栏等。

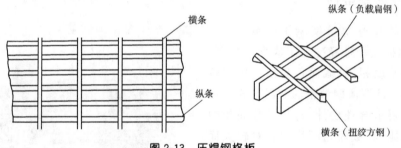

图 2-13　压焊钢格板

钢格板按纵条的侧边形状分为平面形和齿形两类(图 2-14),分别标记为 P 和 S。按纵条的间距,钢格板分成三个系列:系列 1 指纵条间距为 30mm(中心距),系列 2 为 40mm,系列 3 对应 60mm。横条扭绞方钢的边长为 6mm,允许偏差±0.4mm,横条间距有两种:A—100mm,B—50mm。钢格板长度为 6100mm。

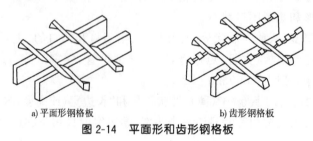

a) 平面形钢格板　　　　　b) 齿形钢格板

图 2-14　平面形和齿形钢格板

钢格板的标记方式为：

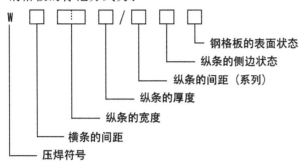

- 钢格板的表面状态
- 纵条的侧边状态
- 纵条的间距（系列）
- 纵条的厚度
- 纵条的宽度
- 横条的间距
- 压焊符号
- W

十、网架球节点

网架球节点分螺栓球节点和焊接球节点两大类，分别执行专业标准《钢网架螺栓球节点》(JG/T 10—2009)和《钢网架焊接空心球节点》(JG/T 11—2009)。

螺栓球规格系列的表示为：

BS 100

螺栓球 ——— 直径为100mm

螺栓球节点的构成如图 2-15 所示，包括球、螺栓、封板、锥头、套筒、螺钉几部分。球的规格系列如表 2-5 所示。

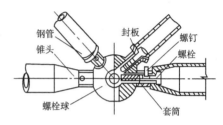

钢管 封板 螺钉
锥头 螺栓
螺栓球 套筒

图 2-15　螺栓球节点

螺栓球规格系列　　　　　　　　　　　　　　　　表 2-5

螺栓球代号	螺栓球直径 D(mm)	螺栓球代号	螺栓球直径 D(mm)	螺栓球代号	螺栓球直径 D(mm)
BS100	100	BS130	130	BS190	190
BS105	105	BS140	140	BS200	200
BS110	110	BS150	150	BS210	210
BS115	115	BS160	160	BS220	220
BS120	120	BS170	170	BS230	230
BS125	125	BS180	180	BS240	240

焊接球节点分不加肋焊接空心球和加肋焊接空心球两种(图 2-16)，其表示方式为：

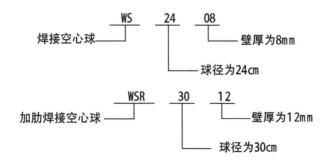

WS　24　08

焊接空心球 ——— 壁厚为8mm
球径为24cm

WSR　30　12

加肋焊接空心球 ——— 壁厚为12mm
球径为30cm

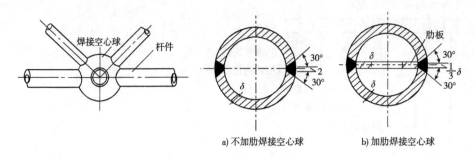

a) 不加肋焊接空心球   b) 加肋焊接空心球

图 2-16　焊接球节点

常用型钢的标注方法汇总于表 2-6。

常用型钢的标注方法汇总表　　　　　　　　　　表 2-6

序号	名　称	截　面	标　注	说　明
1	热轧等边角钢	⌐	⌐ $b×t$	b 为肢宽 t 为肢厚
2	热轧不等边角钢	B	⌐ $B×b×t$	B 为长肢宽,b 为短肢宽,t 为肢厚
3	热轧工字钢	I	N Q N	轻型工字钢加注 Q 字 N 工字钢的型号
4	热轧槽钢	[	N Q N	轻型槽钢加注 Q 字 N 槽钢的型号
5	方钢	b	b	
6	扁钢	b	$-b×t$	
7	钢板	——	$\dfrac{-b×t}{l}$	$\dfrac{宽×厚}{板长}$
8	圆钢	○	$φ·d$	
9	钢管	○	DN×× $d×t$	内径 外径×壁厚

序号	名　称	截　面	标　注	说　明
10	薄壁方钢管		$B\ \square\ b{\times}t$	
11	薄壁等肢角钢		$B\ \llcorner\ b{\times}t$	
12	薄壁等肢卷边角钢		$B\ \llcorner\ b{\times}a{\times}t$	薄壁型钢加注 B 字
13	薄壁槽钢		$\text{B}\ \llcorner\ h{\times}b{\times}t$	b 为肢宽
14	薄壁卷边槽钢		$\text{B}\ \llcorner\ h{\times}b{\times}a{\times}t$	t 为壁厚
15	薄壁直卷边 Z 型钢		$\text{B}\ \llcorner\ h{\times}b{\times}a{\times}t$	
16	薄壁斜卷边 Z 型钢		$B\quad h\ b\ a$	
17	T 型钢		TW×× TM×× TN××	TW 为热轧宽翼缘 T 型钢 TM 为热轧中翼缘 T 型钢 TN 为热轧窄翼缘 T 型钢
18	H 型钢		HW×× HM×× HN××	HW 为热轧宽翼缘 H 型钢 HM 为热轧中翼缘 H 型钢 HN 为热轧窄翼缘 H 型钢
19	普通焊接工字钢		$h{\times}b{\times}t_{w}{\times}t$	
20	起重机钢轨		QU	规格型号见产品说明
21	轻轨及钢轨		kg/m钢轨	

第2章

钢结构材料

第 3 章　钢结构的连接

主要内容：钢结构连接的分类；钢结构螺栓连接的分类；钢结构焊接连接的分类。
目标：了解钢结构连接的分类；熟悉钢结构螺栓连接和焊接连接。
重点：钢结构螺栓连接和焊接连接。
技能点：钢结构螺栓连接和焊接连接。

第 1 节　钢结构连接概述

钢结构是由各种钢板、型钢制作，通过工厂加工成构件（如梁、柱、桁架等），通过必要的连接组成构件，各构件再通过一定的安装连接而形成的整体结构。构件与构件之间的连接节点是形成钢结构并保证结构安全正常工作的重要组成部分。连接部位应有足够的强度、刚度及延性。连接构件间应保持正确的相互位置，以满足传力和使用要求。连接的加工和安装比较复杂、费工，连接设计不合理会影响结构的造价、安全和寿命。

一、钢结构连接的种类

钢结构连接的种类可分为焊缝连接、螺栓连接、铆钉连接和射钉、自攻螺钉等（图 3-1）。

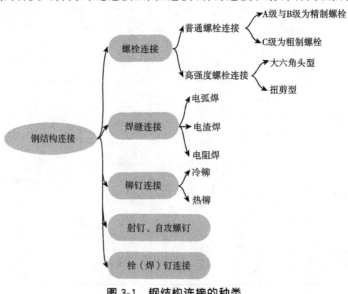

图 3-1　钢结构连接的种类

普通螺栓连接使用最早,约从18世纪中叶开始,至今仍是钢结构连接的一种重要手段。19世纪20年代开始使用铆钉连接,此后发展成为具有统治地位的钢结构连接形式。19世纪下半叶出现焊缝连接,在20世纪20年代后逐渐广泛使用并取代铆钉连接成为钢结构的主要连接方法。20世纪中叶开始发展使用的高强度螺栓连接,现已在钢结构的安装连接中得到广泛的使用。

二、钢结构常用连接方式的对比

如表3-1。

钢结构常用连接方式对比   表3-1

连接方法	优　点	缺　点
焊接	对焊件几何形体适应性强,构造简单,省材省工,工效高,连接连续性强,可达到气密和水密要求,节点刚度大	对材质要求高,焊接程序严格,质量检验工作量大,要求高;存在有焊接缺陷的可能,产生焊接应力和焊接变形,导致材料脆化,对构件的疲劳强度和稳定性产生影响;一旦开裂则裂缝开展较快,对焊工技术等级要求较高
普通螺栓连接	装拆便利,设备简单	粗制螺栓不宜受剪,精制螺栓加工和安装难度较大,开孔对构件截面有一定削弱
高强螺栓连接	加工方便,可拆换,能承受动力荷载,耐疲劳,塑性、韧性好	摩擦面处理及安装工艺略为复杂,造价略高,对构件截面削弱相对较小,质量检验要求高
铆接	传力可靠,韧性和塑性好,质量易于检查,抗动力性能好	费钢、费工,开孔对构件截面有一定削弱
射钉、自攻螺栓连接	灵活,安装方便,构件无须预先处理,适用于轻钢、薄板结构	不能承受较大集中力

第2节　螺栓连接

螺栓连接可分为普通螺栓连接和高强度螺栓连接。普通螺栓通常用Q235钢制成,用普通扳手拧紧;高强度螺栓则用高强度钢材制成并经热处理,用特制的、能控制扭矩或螺栓拉力的扳手,拧紧到使螺栓有较高的规定预拉力值,从而把被连接的板件高度夹紧。

一、普通螺栓连接

钢结构普通螺栓连接是将普通螺栓、螺母、垫圈机械地和连接件连接在一起形成的一种连接形式(图3-2~图3-4)。从连接的工作机理看,荷载是通过螺栓杆受剪、连接板孔壁承压来传递的。这种连接螺栓和连接板孔壁之间有间隙,接头受力后会产生较大的滑移变形,因此一般受力较大的结构或承受动荷载的结构,当采用普通螺栓连接时,螺栓应采用精制螺栓以减小接头的变形量。

普通螺栓连接一般采用C级螺栓,习称粗制螺栓;较少情况下可采用质量要求较高的

A、B级螺栓,习称精制螺栓。精制螺栓连接是一种紧配合连接,即螺栓孔径和螺栓直径差一般在0.2~0.5mm,有的要求螺栓孔径与螺栓直径相等,施工时需要强行打入。精制螺栓连接加工费用高、施工难度大,工程上已极少使用,现已逐渐被高强度螺栓连接所替代。

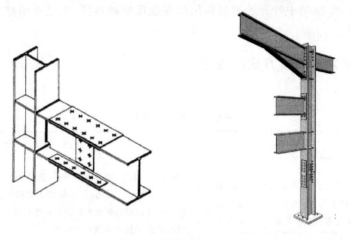

图 3-2　螺栓连接 I

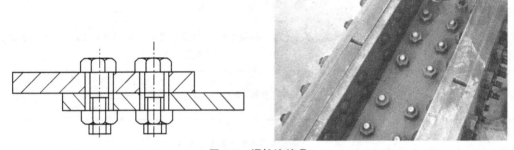

图 3-3　螺栓连接 II

图 3-4　普通螺栓图片

1. C级螺栓连接

C级螺栓用未经加工的圆钢制成,杆身表面粗糙,尺寸不很准确,螺栓孔是在单个零件上一次冲成或不用钻模钻成(称为Ⅱ类孔),孔径比螺栓直径大1～2mm。C级螺栓连接的优点是结构的装配和螺栓装拆方便,操作不需复杂的设备,并比较适用于承受拉力,而其受剪性能则较差。因此,它常用于承受拉力的安装螺栓连接(同时有较大剪力时常另加承托承受)、次要结构和可拆卸结构的受剪连接以及安装时的临时连接。

受剪性能较差是由于孔径大于杆径较多,当连接所受剪力超过被连接板件间的摩擦力(普通螺栓用普通扳手拧紧,拧紧力和摩擦力较小)时,板件间将发生较大的相对滑移变形,直至螺栓杆与板件孔壁一侧接触;也由于螺栓孔中距不准,致使个别螺栓先与孔壁接触以及接触面质量较差,使各个螺栓受力较不均匀。

2. A、B级螺栓连接

A、B级螺栓杆身经车床加工制成,表面光滑,尺寸准确,按尺寸规格和加工要求又分为 A、B 两级,A 级的精度要求更高。螺栓孔在装配好的构件上钻成或扩钻成(相应先在单个零件上钻或冲成较小孔径),或在单个零件或构件上分别用钻模钻成(统称为Ⅰ类孔)。孔壁光滑,对孔准确,孔径与螺栓杆径相等,但分别允许正、负公差,安装时需将螺栓轻击入孔。

A、B级螺栓连接由于加工精度高、尺寸准确,和杆壁接触紧密,可用于承受较大的剪力、拉力的安装连接,受力和抗疲劳性能较好,连接变形较小;但其制造和安装都较费工,价格昂贵,故在钢结构中较少采用,主要用于直接承受较大动力荷载的重要结构的受剪安装螺栓。A、B级螺栓与C级螺栓的比较见表3-2。

A、B、C级螺栓的比较 表3-2

分类	钢材	强度等级	孔径 d_0 与栓径 d 之差(mm)	加工	受力特点	安装	应用
C级粗制螺栓	普通碳素钢 Q235	4.6 4.8	1.0～1.5	粗糙 尺寸不准 成本低	抗剪差 抗拉好	方便	承拉 应用多 临时固定
A级 B级 精制螺栓	优质碳素钢 45号钢 35号钢	8.8	0.3～0.5	精度高 尺寸准确 成本高	抗剪 抗拉 均好	精度 要求高	目前 应用 减少

A级、B级区别:仅尺寸不同,A级 $d \leqslant 24$,$L \leqslant 150$mm;B级 $d > 24$,$L > 150$mm。

Ⅰ类孔:孔壁粗糙度小,孔径偏差允许+0.25mm,对应 A、B级螺栓。

Ⅱ类孔:孔壁粗糙度大,孔径偏差允许+1mm,对应 C级螺栓。

3. 普通螺栓种类

(1)普通螺栓的材性

螺栓按照性能等级分 3.6、4.6、4.8、5.6、5.8、6.8、8.8、9.8、10.8、12.9十个等级,其中8.8级以上螺栓材质为经热处理(淬火、回火)的低碳合金钢或中碳钢,通称为高强度螺栓,8.8级以下(不含8.8级)通称为普通螺栓。

螺栓性能等级标号由两部分数字组成,分别表示螺栓的公称抗拉强度和材质的屈强比。例如性能等级4.6级的螺栓其含意为:

第1部分数字(4.6中的"4")为螺栓材质公称抗拉强度(N/mm²)的1/100,第2部分数字(4.6中的"6")为螺栓材质屈强比的10倍,两部分数字的乘积(4×6＝24)为螺栓材质公称屈服点(N/mm²)的1/10。

普通螺栓各性能等级材性见表3-3。

普通螺栓各性能等级材性表 表3-3

性能等级		3.6	4.6	4.8	5.6	5.8	6.8
材料		低碳钢	低碳钢或中碳钢	低碳钢或中碳钢	低碳钢或中碳钢	低碳钢或中碳钢	低碳钢或中碳钢
化学成分	C	≤0.2	≤0.55	≤0.55	≤0.55	≤0.55	≤0.55
	P	≤0.05	≤0.05	≤0.05	≤0.05	≤0.05	≤0.05
	S	≤0.06	≤0.06	≤0.06	≤0.06	≤0.06	≤0.06
抗拉强度(N/mm²)	公称	300	400	400	500	500	600
	min	330	400	420	500	520	600
维氏硬度 HV30	min	95	115	121	148	154	178
	max	206	206	206	206	206	227

(2)普通螺栓的规格

普通螺栓按照形式可分为六角头螺栓、双头螺栓、沉头螺栓等;按制作精度可分为 A、B 和 C 级 3 个等级,A、B 级为精制螺栓,C 级为粗制螺栓,钢结构用连接螺栓,除特殊注明外,一般即为普通粗制 C 级螺栓。

(3)螺母(图 3-5)

钢结构常用的螺母,其公称高度 h 大于或等于 $0.8D$(D 为与其相匹配的螺栓直径),螺母强度设计应选用与之相匹配螺栓中最高性能等级的螺栓强度。当螺母拧紧到螺栓保证荷载时,必须不发生螺纹脱扣。螺母性能等级分 4、5、6、8、9、10、12 等,其中 8 级(含 8 级)以上螺母与高强度螺栓匹配,8 级以下螺母与普通螺栓匹配。

图 3-5　螺母图片

(4)垫圈(图 3-6)

常用钢结构螺栓连接的垫圈,按形状及其使用功能可以分成以下几类。

圆平垫圈:一般放置于紧固螺栓头及螺母的支承面下面,用以增加螺栓头及螺母的支承面,同时防止被连接件表面损伤。

方型垫圈:一般置于地脚螺栓头及螺母支承面下,用以增加支承面并遮盖较大螺栓孔眼。

斜垫圈:主要用于工字钢、槽钢翼缘倾斜面的垫平,使螺母支承面垂直于螺杆,避免紧固时造成螺母支承面和被连接的倾斜面局部接触。

弹簧垫圈(图 3-7):防止螺栓拧紧后在动载作用下的振动和松动,依靠垫圈的弹性功能及斜口摩擦面防止螺栓的松动,一般用于有动荷载(振动)或经常拆卸的结构连接处。

图 3-6　垫圈

图 3-7　弹簧垫圈

（5）普通螺栓的构造要求

①螺栓的排列

螺栓在构件上排列应简单、统一，整齐而紧凑，通常分为并列和错列两种形式（图 3-8）。并列比较简单整齐，所用连接板尺寸小，但由于螺栓孔的存在，对构件截面削弱较大。错列可以减小螺栓孔对截面的削弱，但螺栓孔排列不如并列紧凑，连接板尺寸较大。

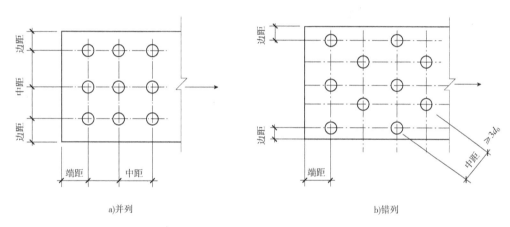

a)并列　　　　　　　　　　　　　　　　b)错列

图 3-8　钢板上的螺栓（铆钉）排列

螺栓在构件上的排列应满足受力、构造和施工要求。

受力要求：在受力方向螺栓的端距过小时，钢材有剪断或撕裂的可能。各排螺栓距和线距太小时，构件有沿折线或直线破坏的可能。对受压构件，当沿作用方向螺栓距过大时，被连板间易发生鼓曲和张口现象。

构造要求：螺栓的中矩及边距不宜过大，否则钢板间不能紧密贴合，潮气侵入缝隙使钢材锈蚀。

施工要求：要保证一定的空间，便于转动螺栓扳手拧紧螺帽。

②螺栓的布置

螺栓连接接头中螺栓的排列布置主要有并列和交错排列两种形式。螺栓间距布置要求：受力要求（螺距过小：钢板剪坏；螺距过大：受压时钢板张开）；构造要求（螺距过大：连接不紧密，潮气侵入腐蚀）；施工要求（螺距过小：施工时转动扳手困难）。通常情况下螺栓的最大、最小容许距离见表 3-4。

名　称	位置和方向			最大容许距离（取两者的较小值）	最小容许距离
中心间距	外排（垂直内力方向或顺内力方向）			$8d_0$ 或 $12t$	$3d_0$
	中间排	垂直内力方向		$16d_0$ 或 $24t$	
		顺内力方向	构件受压力	$12d_0$ 或 $18t$	
			构件受拉力	$16d_0$ 或 $24t$	
	沿对角线方向			—	
中心至构件边缘距离	顺内力方向			$4d_0$ 或 $8t$	$2d_0$
	垂直内力方向	剪切边或手工气割边			$1.5d_0$
		轧制边、自动气割或锯割边	高强度螺栓		
			其他螺栓或铆钉		$1.2d_0$

注：1. d_0 为螺栓或铆钉的孔径，t 为外层较薄板件的厚度。

　　2. 钢板边缘与刚性构件（如角钢、槽钢等）相连的螺栓或铆钉的最大间距，可按中间排的数值采用。

③螺栓的其他构造要求

螺栓连接除了满足上述螺栓排列的容许距离外，根据不同情况尚应满足下列构造要求：

a. 为了使连接可靠，每一杆件在节点上以及拼接接头的一端，永久性螺栓数不宜少于两个。但根据实践经验，对于组合构件的缀条，其端部连接可采用一个螺栓。

b. 对直接承受动力荷载的普通螺栓连接应采用双螺帽或采取其他防止螺帽松动的有效措施。例如采用弹簧垫圈，或将螺帽、螺杆焊死等方法。

c. 由于 C 级螺栓与孔壁有较大间隙，只宜用于沿其杆轴方向受拉的连接。在承受静力荷载结构的次要连接、可拆卸结构的连接和临时固定构件用的安装连接中，也可用 C 级螺栓受剪。但在重要的连接中，例如制动梁或吊车梁上翼缘与柱的连接，由于传递制动梁的水平支承反力，同时受到反复动力荷载作用，不得采用 C 级螺栓。柱间支撑与柱的连接，以及在柱间支撑处吊车梁下翼缘的连接，因承受着反复的水平制动力和卡轨力，应优先采用高强度螺栓。

d. 沿杆轴方向受拉的螺栓连接中的端板（法兰板），应适当加强其刚度（如加设加劲肋），以减少撬力对螺栓抗拉承载力的不利影响。

二、高强度螺栓连接

高强度螺栓连接是 20 世纪 70 年代以来迅速发展和应用的螺栓连接新形式（图 3-9）。高强度螺栓连接已经发展成为与焊接并举的钢结构主要连接形式之一，螺栓杆内很大的拧紧预拉力把被连接的板件夹得很紧，足以产生很大的摩擦力。它具有受力性能好、耐疲劳、抗震性能好、连接刚度高、施工简便等优点，被广泛地应用在建筑钢结构和桥梁钢结构的工地连接中，成为钢结构安装的主要手段之一。

图 3-9　高强度螺栓

1. 高强度螺栓连接的分类

高强度螺栓从外形上可分为大六角头和扭剪型两种;按性能等级可分为8.8级、10.9级、12.9级等。目前我国使用的大六角头高强度螺栓有8.8级和10.9级两种,扭剪型高强度螺栓只有10.9级一种。

(1)摩擦型高强度螺栓连接

对这种连接,受剪设计时以外剪力达到板件接触面间由螺栓拧紧力(使板件压紧)所提供的可能最大摩擦力为极限状态,即应保证连接在整个使用期间外剪力不超过最大摩擦力,能由摩擦力完全承受。板件间不会发生相对滑移变形(螺栓杆和孔壁间始终保持原有空隙量),被连接板件按弹性整体受力。

高强度螺栓在连接接头中不受剪只受拉,并由此给连接件之间施加了接触压力,这种连接应力传递圆滑,接头刚性好,通常所指的高强度螺栓连接就是这种摩擦型连接,其极限破坏状态即为连接接头滑移。

(2)承压型高强度螺栓连接

对这种连接,受剪设计时应保证在正常使用荷载下,外剪力不会超过最大摩擦力,其受力性能和摩擦型相同。但如荷载超过标准值(即正常使用情况下的荷载值),则剪力就可能超过最大摩擦力,被连接板件间将发生相对滑移变形,直到螺栓杆与孔壁一侧接触,此后连接就靠螺栓杆身剪切和孔壁承压以及板件接触面间摩擦力共同传力,最后以杆身剪切或孔壁承压破坏,即达到连接的最大承载力,也是连接受剪的极限状态。

该种连接承载力高,可以利用螺栓和连接板的极限破坏强度,经济性能好,但连接变形大,可应用在非重要的构件连接中。

2. 高强度螺栓连接的特点

高强度螺栓连接保持了普通螺栓连接的施工条件好、安装方便、可以拆卸等优点,其制孔要求大致与C级螺栓连接相当,一般采用Ⅱ类钻孔,孔径比螺栓直径大1.5~2mm(摩擦型)或1~1.5mm(承压型)。

摩擦型高强度螺栓连接由于始终保持板件接触面间摩擦力不被克服和不发生相对滑移,因而其整体性和刚度好,变形小,受力可靠,耐疲劳。已在桥梁和工业与民用建筑钢结构中推广使用,主要用于直接承受动力荷载结构的安装连接以及构件的现场拼接和高空安装连接的一些部位。

承压型高强度螺栓连接由于受剪时利用了摩擦力克服后继续增长的连接承载力,因而其设计承载力高于摩擦型,可节省螺栓用量。但与摩擦型高强度螺栓连接相比,其整体性和刚度差,变形大,动力性能差,其实际强度储备小,只用于承受静力或间接动力荷载结构中允许发生一定滑移变形的连接。

高强度螺栓连接的缺点是在材料、扳手、制造和安装方面有一些特殊技术要求,价格也较贵。我国目前规定承压型高强度螺栓在材料、制造和安装等方面的全部技术要求都与摩擦型相同,只在螺栓受剪时的设计承载力的计算上有区别。但有些国家规定对承压型高强度螺栓连接可按具体情况适当降低某些技术要求,例如只施加部分预拉力(即螺栓预拉力值低于摩擦型的规定值)等。

3. 高强度螺栓的组成

(1)大六角头高强度螺栓连接副。大六角头高强度螺栓连接副含一个螺栓、一个螺母、两个垫圈(螺头和螺母两侧各一个垫圈),见图 3-10,钢网架螺栓球节点用螺栓无平垫。螺栓、螺母、垫圈在组成一个连接副时,其性能等级要匹配,表 3-5 列出了钢结构用大六角头高强度螺栓连接副匹配组合。

大六角头高强度螺栓连接副匹配表　表 3-5

螺栓	螺母	垫圈
8.8 级	8H	HRC35～45
10.9 级	10H	HRC35～45

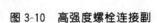

图 3-10　高强度螺栓连接副

(2)扭剪型高强度螺栓连接副(图 3-11)。扭剪型高强度螺栓连接副含一个螺栓、一个螺母、一个垫圈。目前国内只有 10.9 级一个性能等级。

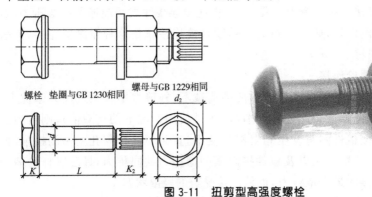

螺栓 垫圈与GB 1230相同　螺母与GB 1229相同

图 3-11　扭剪型高强度螺栓

表 3-6 和表 3-7 示出了高强螺栓的主要性能指标。

高强螺栓的等级和材料选用表　表 3-6

螺栓种类	螺栓等级	螺栓材料	螺母	垫圈	适用规格(mm)
扭剪型	10.9s	20MnTiB	35 号钢 10H	45 号钢 HRC35～45	$d=16,20,(22),24$
大六角头型	10.9s	35VB	45 号钢 35 号钢 15MnVTi 10H	45 号钢 35 号钢 HRC35～45	$d=12,16,20,(22),24,(27),30$
		20MnTiB			$d\leqslant24$
		40B			$d\leqslant24$
	8.8s	45 号钢	35 号钢 8H	45 号钢 35 号钢 HRC35～45	$d\leqslant22$
		35 号钢			$d\leqslant16$

高强螺栓的性能、等级与所采用的钢号　表 3-7

螺栓种类	性能等级	所采用的钢号	抗拉强度 s_b (N/mm²)	屈服强度 $s_{0.2}$ (N/mm²)	伸长率 d_5 (%)	断面收缩率 f (%)	冲击韧性值 a_k(J/cm²) (kgf·m/cm²)	硬度
			不小于					
大六角头高强螺栓	8.8	45 号钢 35 号钢	830～1030	660	12	45	78(8)	HRC24～31
	10.9	20MnTiB B40 35VB	1040～1240	940	10	42	59(6)	HRC33～39

各种规格高强度螺栓预拉力的取值见表 3-8 和表 3-9。

一个高强度螺栓的设计预拉力值(kN)(GB 50017—2003)　　　　表 3-8

螺栓的性能等级	螺栓公称直径(mm)					
	M16	M20	M22	M24	M27	M30
8.8 级	80	125	155	180	230	285
10.9 级	100	155	190	225	290	355

高强度螺栓的预拉力 P 值(kN)(GB 50018—2002)　　　　表 3-9

螺栓的性能等级	螺栓公称直径(mm)		
	M12	M14	M16
8.8 级	45	60	80
10.9 级	55	75	100

4. 高强度螺栓摩擦面抗滑移系数

高强度螺栓摩擦面抗滑移系数的大小与连接处构件接触面的处理方法和构件的钢号有关。试验表明,此系数值有随连接构件接触面间的压紧力减小而降低的现象,故与物理学中的摩擦系数有区别。

国家规范推荐采用的接触面处理方法有:喷砂、喷砂后涂无机富锌漆、喷砂后生赤锈和钢丝刷消除浮锈或对干净轧制表面不作处理等,各种处理方法相应的 μ 值详见表 3-10 和表 3-11。

摩擦面的抗滑移系数 μ 值(GB 50017—2003)　　　　表 3-10

在连接处构件接触面的处理方法	构件的钢号		
	Q235 钢	Q345、Q230 钢	Q420 钢
喷砂	0.45	0.50	0.50
喷砂后涂无机富锌漆	0.35	0.40	0.40
喷砂后生赤锈	0.45	0.50	0.50
钢丝刷清除浮锈或未经处理的干净轧制表面	0.30	0.35	0.40

抗滑移系数 μ 值(GB 50018—2002)　　　　表 3-11

连接处构件接触面的处理方法	构件的钢材牌号	
	Q235	Q345
喷砂(丸)	0.40	0.45
热轧钢材轧制表面清除浮锈	0.30	0.35
冷轧钢材轧制表面清除浮锈	0.25	—

注:除锈方向应与受力方向相垂直。

由于冷弯薄壁型钢构件板壁较薄,其抗滑移系数均较普通钢结构的有所降低。

钢材表面经喷砂除锈后,表面看来光滑平整,实际上金属表面尚存在着微观的凹凸不平,高强度螺栓连接在很高的压紧力作用下,被连接构件表面相互啮合,钢材强度和硬度愈高,要使这种啮合的面产生滑移的力就愈大。因此,μ 值与钢种有关。

试验证明,摩擦面涂红丹后 $\mu < 0.15$,即使经处理后仍然很低,故严禁在摩擦面上涂刷红丹。另外,连接在潮湿或淋雨条件下拼装,也会降低 μ 值,故应采取有效措施保证连接处表面的干燥。

螺栓、孔、电焊铆钉的表示方法应符合表 3-12 中的规定。

螺栓、孔、电焊铆钉的表示方法　　　　　　　　　　　　表 3-12

序号	名　称	图　例	说　明
1	永久螺栓		
2	高强螺栓		
3	高强螺栓		1. 细"+"线表示定位线 2. M 表示螺栓型号 3. ϕ 表示螺栓孔直径 4. d 表示膨胀螺栓,电焊铆钉直径 5. 采用引出线标注螺栓时,横线上标注螺栓规格,横线下标注螺栓孔直径。
4	胀锚螺栓		
5	圆形螺栓孔		
6	长圆形螺栓孔		
7	电焊铆钉		

第3节　焊缝连接

焊缝连接是现代钢结构最主要的连接方法。在钢结构中主要采用电弧焊,特殊情况下可采用电渣焊和电阻焊等。

一、焊缝连接形式及焊缝形式

1. 连接形式

焊缝连接形式按被连接构件间的相对位置分为平接、搭接、T 形连接和角接四种。这些连接所采用的焊缝形式主要有对接焊缝和角焊缝(图 3-12)。

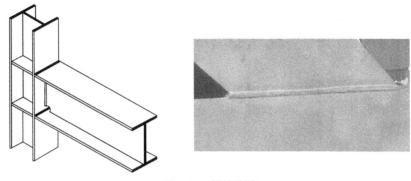

图 3-12　焊接连接

图 3-13a)所示为用对接焊缝的平接连接,它的特点是用料经济,传力均匀平缓,没有明显的应力集中,承受动力荷载的性能较好。但是焊件边缘需要加工,对接连接两板的间隙和坡口尺寸有严格的要求。

图 3-13b)所示为用拼接板和角焊缝的平接连接,这种连接传力不均匀、费料,但施工简便,所接两板的间隙大小无需严格控制。

图 3-13c)所示为用顶板和角焊缝的平接连接,施工简便,用于受压构件较好。受拉构件为了避免层间撕裂,不宜采用。

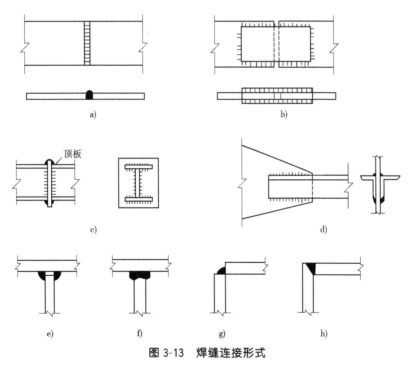

图 3-13　焊缝连接形式

图 3-13d)所示为用角焊缝的搭接连接,这种连接传力不均匀,材料较费,但构造简单,施工方便,目前还广泛应用。

图 3-13e)所示为用角焊缝的 T 形连接,构造简单,受力性能较差,应用也颇广泛。

图 3-13f)所示为焊透的 T 形连接,其性能与对接焊缝相同。在重要的结构中用它代替图 3-13e)的连接。长期实践证明:这种要求焊透的 T 形连接焊缝,即使有未焊透现象,但因腹板边缘经过加工,焊缝收缩后使翼缘和腹板顶得十分紧密,焊缝受力情况大为改善,一般能保证使用要求。

图 3-13g)、h)所示为用角焊缝和对接焊缝的角接连接。

2. 焊缝形式

对接焊缝按所受力的方向可分为对接正焊缝和对接斜焊缝[图 3-14a)]。角焊缝长度方向垂直于力作用方向的称为正面角焊缝,平行于力作用方向的称为侧面角焊缝,如图 3-14b)所示。

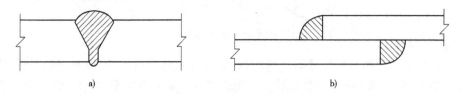

a)   b)

图 3-14 焊缝的形式

a)对接焊缝;b)角焊缝

焊缝按沿长度方向的分布情况来分,有连缝角焊缝(图 3-15)和断缝角焊缝(图 3-16)两种形式。连缝角焊缝受力性能较好,为主要的角焊缝形式。断缝角焊缝容易引起应力集中,重要结构中应避免采用,它只用于一些次要构件的连接或次要焊缝中,断缝焊缝的间断距离不宜太长,以免因距离过大使连接不易紧密,潮气易侵入而引起锈蚀。

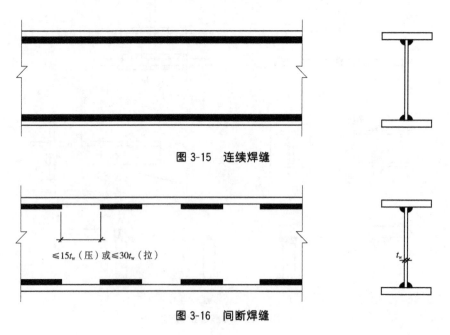

图 3-15 连续焊缝

$\leqslant 15t_w$(压)或$\leqslant 30t_w$(拉)

t_w

图 3-16 间断焊缝

焊缝按施焊位置分,有俯焊(平焊)、立焊、横焊、仰焊几种(图 3-17)。俯焊的施焊工作方便,质量最易保证。立焊、横焊的质量及生产效率比俯焊的差一些。仰焊的操作条件最差,焊缝质量不易保证,因此尽量避免采用仰焊焊缝。

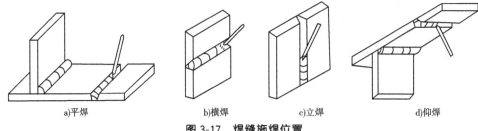

a)平焊　　　　b)横焊　　　c)立焊　　　d)仰焊

图 3-17　焊缝施焊位置

3. 对接焊缝的构造要求

用对接焊缝连接的板件常开成各种型式的坡口,焊缝金属填充在坡口内,坡口形式有 I 形(垂直坡口)、单边 V 形、V 形、U 形、K 形和 X 形等(表 3-13)。应按照保证焊缝质量、便于施焊和减少焊缝截面面积的原则,根据焊件厚度选用坡口的形式。

对接焊缝连接的板件常开成各种形式　　　　　　　　　　　　表 3-13

I 形(垂直坡口)	单边 V 形不带根	单边 V 形带根	V 形	U 形
C	α	α P C	α P C	B P C
α—坡口坡度 H—焊缝间隔 P—钝边长度 B—顶部宽度			K 形	X 形
			C α P α	α P C

当焊件厚度很小(手工焊 6mm,埋弧焊 10mm)时,可用直边缝。对于一般厚度的焊件可采用具有斜坡口的单边 V 形或 V 形焊缝。斜坡口和根部间隙 C 共同组成一个焊条能够运转的施焊空间,使焊缝易于焊透;钝边 P 有托住熔化金属的作用。对于较厚的焊件($t >$ 20mm),则采用 U 形、K 形和 X 形坡口。

在对接焊缝的拼接处,当焊件的宽度不同或厚度相差 4mm 以上时,应分别在宽度方向或厚度方向从一侧或两侧做成坡度不大于 1∶2.5 的斜角(图 3-18),以使截面过渡和缓,减小应力集中。

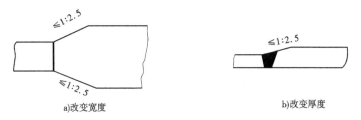

≤1∶2.5　　　　　　　　　　　　　　　≤1∶2.5

≤1∶2.5

a)改变宽度　　　　　　　　　　　　　　b)改变厚度

图 3-18　钢板拼接

在焊缝的起灭弧处,常会出现弧坑等缺陷,这些缺陷对承载力影响极大,故焊接时一般应设置引弧板和引出板(图3-19),焊后将它割除。对受静力荷载的结构设置引弧(出)板有困难时,允许不设置引弧(出)板,此时,可令焊缝计算长度等于实际长度减 $2t$(此处 t 为较薄焊件厚度)。

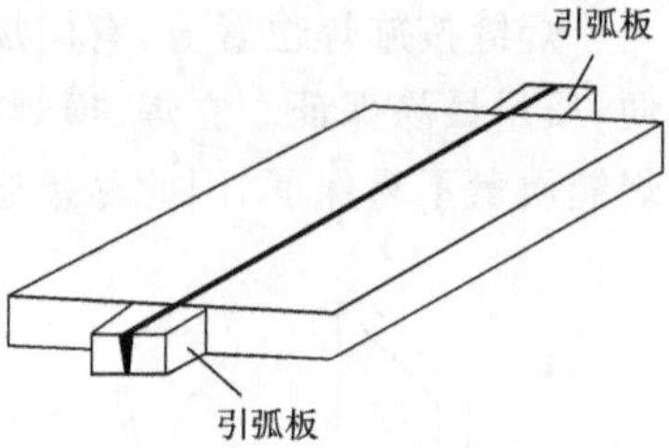

4. 不焊透的对接焊缝

在钢结构设计中,有时遇到板件较厚,而板件间连接受力较小时,可以采用不焊透的对接焊缝(图3-20)。例如当用四块较厚的钢板焊成的箱形截面轴心受压柱时,由于焊缝主要起联系作用,就可以用不焊透的坡口焊缝。在此情况下,用焊透的坡口焊缝并非必要,而采用角焊缝则外形不能平整,都不如采用不焊透的坡口焊缝好。

图3-19 用引弧板焊接

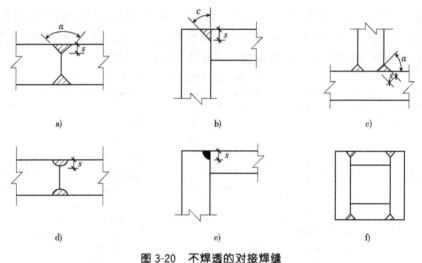

图3-20 不焊透的对接焊缝

a)、b)、c)V形坡口;d)U形坡口;e)J形坡口;f)焊缝只起联系作用的坡口焊缝

二、角焊缝的截面形式

角焊缝是最常用的焊缝。角焊缝按其与作用力的关系可分为焊缝长度方向与作用力垂直的正面角焊缝、焊缝长度方向与作用力平行的侧面角焊缝以及斜焊缝。按其截面形式可分为直角角焊缝(图3-21)和斜角角焊缝(图3-22)。

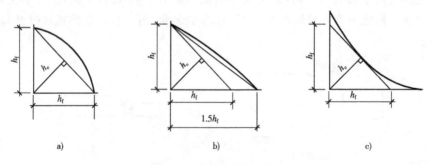

图3-21 直角角焊缝截面

直角角焊缝通常做成表面微凸的等腰直角三角形截面[图 3-21a)]。在直接承受动力荷载的结构中,正面角焊缝的截面常采用图 3-21b)所示的坦式,侧面角焊缝的截面则作成凹面式[图 3-21c)]。图中的 h_f 为焊角尺寸。

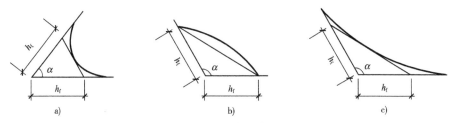

图 3-22　斜角角焊缝截面

两焊脚边的夹角 $\alpha > 90°$ 或 $\alpha < 90°$ 的焊缝称为斜角角焊缝(图 3-22)。斜角角焊缝常用于钢漏斗和钢管结构中。对于夹角 $\alpha > 135°$ 或 $\alpha < 60°$ 的斜角角焊缝,除钢管结构外,不宜用作受力焊缝。

1. 角焊缝的构造要求

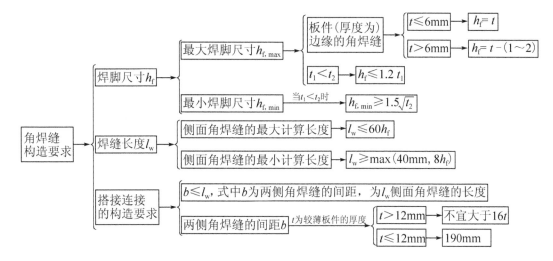

(1)最大焊脚尺寸

为了避免烧穿较薄的焊件,减少焊接应力和焊接变形,角焊缝的焊脚尺寸不宜太大。规范规定:除了直接焊接钢管结构的焊脚尺寸 h_f 不宜大于支管壁厚的 2 倍之外,h_f 不宜大于较薄焊件厚度的 1.2 倍。

在板件边缘的角焊缝,当板件厚度 $t < 6$mm 时,$h_f \leq t$;当 $t > 6$mm 时,$h_f \leq t - (1 \sim 2)$mm。圆孔或槽孔内的角焊缝尺寸尚不宜大于圆孔直径或槽孔短径的 $1/3$。

(2)最小焊脚尺寸

焊脚尺寸不宜太小,以保证焊缝的最小承载能力,并防止焊缝因冷却过快而产生裂纹。规范规定:角焊缝的焊脚尺寸 h_f 不得小于 $1.5\sqrt{t}$,t 为较厚焊件厚度(单位为 mm);自动焊熔深大,最小焊脚尺寸可减少 1mm;对 T 形连接的单面角焊缝,应增加 1mm。当焊件厚度等于或小于 4mm 时,则最小焊脚尺寸应与焊件厚度相同。

(3)侧面角焊缝的最大计算长度

侧面角焊缝的计算长度不宜大于 $60h_f$,当大于上述数值时,其超过部分在计算中不予考虑。这是因为侧焊缝应力沿长度分布不均匀,两端较中间大,且焊缝越长差别越大。当焊缝太长时,虽然仍有因塑性变形产生的内力重分布,但两端应力可首先达到强度极限而破坏。若内力沿测面角焊缝全长分布时,比如焊接梁翼缘板与腹板的连接焊缝,计算长度可不受上述限制。

(4)角焊缝的最小计算长度

角焊缝的焊脚尺寸大而长度较小时,焊件的局部加热严重,焊缝起灭弧所引起的缺陷相距太近,以及焊缝中可能产生的其他缺陷,使焊缝不够可靠。对搭接连接的侧面角焊缝而言,如果焊缝长度过小,由于力线弯折大,也会造成严重应力集中。因此,为了使焊缝能够有一定的承载能力,根据使用经验,侧面角焊缝或正面角焊缝的计算长度均不得小于 $8h_f$ 和 40mm,其实际焊接长度应较前述数值还要大 $2h_f$(单位为 mm)。

(5)搭接连接的构造要求

当板件端部仅有两条侧面角焊缝连接时(图 3-23),试验结果表明,连接的承载力与 b/l_w 有关。b 为两侧焊缝的距离,l_w 为侧焊缝长度。当 $b/l_w > 1$ 时,连接的承载力随着 b/l_w 比值的增大而明显下降。这主要是因应力传递的过分弯折使构件中应力分布不均匀造成的。为使连接强度不致过分降低,应使每条侧焊缝的长度不宜小于两侧面角焊缝之间的距离,即 $b/l_w \leqslant 1$。两侧面角焊缝之间的距离 b 也不宜大于 $16t(t>12mm)$ 或 $200mm(t\leqslant12mm)$,t 为较薄焊件的厚度,以免因焊缝横向收缩,引起板件发生较大拱曲。

在搭接连接中,当仅采用正面角焊缝时(图 3-24),其搭接长度不得小于焊件较小厚度的 5 倍,也不得小于 25mm,以免焊缝受偏心弯矩影响太大而破坏。

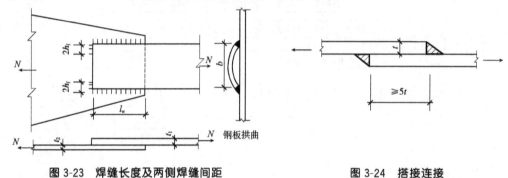

图 3-23　焊缝长度及两侧焊缝间距　　　　　图 3-24　搭接连接

杆件端部搭接采用三面围焊时,在转角处截面突变,会产生应力集中,如在此处起灭弧,可能出现弧坑或咬肉等缺陷,从而加大应力集中的影响。故所有围焊的转角处必须连续施焊。对于非围焊情况,当角焊缝的端部在构件转角处时,可连续地作长度为 $2h_f$ 的绕角焊(图 3-23)。

杆件与节点板的连接焊缝宜采用两面侧焊,也可用三面围焊,对角钢杆件可采用 L 形围焊(图 3-25),所有围焊的转角处也必须连续施焊。

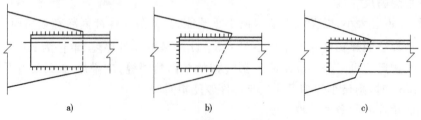

a)　　　　　　　　　b)　　　　　　　　　c)

图 3-25　杆件与节点板的焊缝连接

2. 焊缝质量等级的规定

《钢结构设计规范》(GB 50017—2003)规定,焊缝应根据结构的重要性、荷载特性、焊缝形式、工作环境以及应力状态等情况,按下述原则分别选用不同的质量等级。

(1)在需要进行疲劳计算的构件中,凡对接焊缝均应焊透,其质量等级为:

①作用力垂直于焊缝长度方向的横向对接焊缝或 T 形对接与角接组合焊缝,受拉时应为一级,受压时应为二级;

②作用力平行于焊缝长度方向的纵向对接焊缝应为二级。

(2)不需要计算疲劳的构件中,凡要求与母材等强的对接焊缝应予焊透,其质量等级当受拉时应不低于二级,受压时宜为二级。

(3)重级工作制和起重量 $Q \geqslant 50t$ 的中级工作制吊车梁的腹板与上翼缘之间以及吊车桁架上弦杆与节点板之间的 T 形接头焊缝均要求焊透。焊缝形式一般为对接与角接的组合焊缝,其质量等级不应低于二级。

(4)不要求焊透的 T 形接头采用的角焊缝或部分焊透的对接与角接组合焊缝,以及搭接连接采用的角焊缝,其质量等级为:

①对直接承受动力荷载且需要验算疲劳的结构和吊车起重量等于或大于 50t 的中级工作制吊车梁,焊缝的外观质量标准应符合二级;

②对其他结构,焊缝的外观质量标准可为三级。

第4节　焊接材料与表示方法

一、电焊条的组成

手工电弧焊所采用的焊接材料为药皮焊条。药皮焊条是由药皮包裹的金属棒(图 3-26),金属作为可熔化成焊缝金属的消耗性电极,在电弧热作用下以熔滴形式过渡到被焊金属。而药皮经电弧热熔化为熔渣完成冶金反应,同时产生的气体对熔池起到隔离保护作用。药皮由作为造气剂、造渣剂的矿物质,作为脱氧剂的铁合金、金属粉,作为稳弧剂的易电离物质及制造工艺所需的黏结剂组成。

图 3-26　电焊条的组成

二、焊接材料

钢结构中焊接材料的选用,应适合焊接场地(工厂焊接或工地焊接)、焊接方法、焊接工序、焊接方式(连续焊接、断续焊接或局部焊接)。焊接时焊件钢材的强度与焊接的材质要求相适应。

1. 手工电弧焊用焊接材料

手工焊的焊接材料为电焊条,它由钢芯和包在钢芯外的药皮组成。

(1)钢芯

钢芯(焊芯)的作用主要是导电,并在焊条端部形成具有一定成分的熔敷金属。焊芯可用各种不同的钢材制造。焊芯的成分直接影响熔敷金属的成分和性能。因此,要求焊芯尽量减少有害元素的含量,除了限制 S、P 外,有些焊条已要求焊芯控制 As、Sb、Sn 等元素。

(2)药皮

焊条药皮又可称为涂料,把它涂在焊芯上主要是为了便于焊接操作,以及保证熔敷金属具有一定的成分和性能。焊条药皮可以采用氧化物、碳酸盐、硅酸盐、有机物、氟化物、铁合金及化工产品等上百种原料粉末,按照一定的配方比例混合而成。各种原料根据其在焊条药皮中的作用,可分成下列几类:

a. 稳定剂　使焊条容易引弧及在焊接过程中能保持电弧稳定燃烧。凡易电离的物质均能稳弧。一般采用碱金属及碱土金属的化合物,如碳酸钾、碳酸钠、大理石等。

b. 造渣剂　焊接时能形成具有一定物理化学性能的熔渣,覆盖在熔化金属表面,保护焊接熔池及改善焊缝成形。

c. 脱氧剂　通过焊接过程中进行的冶金化学反应,以降低焊缝金属中的含氧量,提高焊缝机械性能。主要脱氧剂有锰铁、硅铁、钛铁等。

d. 造气剂　在电弧高温作用下,能进行分解放出气体,以保护电弧及熔池,防止周围空气中的氧和氮的侵入。

e. 合金剂　用来补偿焊接过程中合金元素的烧损及向焊缝过渡合金元素,以保证焊缝金属获得必要的化学成分及性能等。

f. 增塑润滑剂　增加药皮粉料在焊条压涂过程的塑性、滑性及流动性,以提高焊条的压涂质量,减小偏心度。

g. 黏接剂　使药皮粉料在压涂过程中具有一定的黏性,能与焊芯牢固地黏接,并使焊条药皮在烘干后具有一定的强度。

2. 埋弧焊用焊丝和焊剂

埋弧焊用焊丝的作用相当于手工电弧焊焊条的钢芯。焊丝牌号的表示方法与钢号的表示方法类似,只是在牌号的前面加上"H"(焊(Han)的第一个字母)。强度钢用焊丝牌号如 H08、H08A、H10Mn2 等,H 后面的头两个数字表示焊丝平均含碳量的万分之几,焊丝中如果有合金元素,则将它们用元素符号依次写在碳含量的后面。当元素的含量在 1% 左右时,只写元素名称,不注含量;若元素含量达到或超过 2% 时,则依次将含量的百分数写在该元素的后面。若牌号最后带有 A 字,表示为 S、P 含量较少的优质焊丝。

埋弧焊用焊剂的作用相当于手工焊焊条的药皮。国产焊剂主要依据化学成分分类,其编号方法是在牌号前面加 HJ(焊剂),如 HJ431。牌号后面的第一位数字表示氧化锰的平均含量,如"4"表示含 $MnO > 30\%$;第二位数字表示二氧化硅、氟化钙的平均含量,如"3"表示高硅低氟型($SiO_2 > 30\%$,$CaF_2 < 10\%$);末位数字表示同类焊剂的不同序号。

《埋弧焊用碳钢焊丝和焊剂》(GB 5293—1999)规定了焊剂型号的表示方法。焊剂的型号既表明了应配用焊丝的种类,又提供了焊缝金属的机械性能指标。

三、焊接材料的分类

1. 电焊条的分类

(1)按焊条的用途分类

通常焊条按用途可分为十大类,如表 3-14 所示。

序号	焊条大类	代 号	
		拼音	汉字
1	结构钢焊条	J	结
2	钼及铬钼耐热钢焊条	R	热
3	铬不锈钢焊条	G	铬
	铬镍不锈钢焊条	A	奥
4	堆焊焊条	D	堆
5	低温钢焊条	W	温
6	铸铁焊条	Z	铸
7	镍及镍合金焊条	Ni	镍
8	铜及铜合金焊条	T	铜
9	铝及铝合金焊条	L	铝
10	特殊用途焊条	TS	特

注:焊条牌号的标注以拼音为主,如 J422。

（2）按熔渣的碱度分类

通常可分为两大类——酸性焊条和碱性焊条。酸性焊条焊接工艺性能好,成形整洁,去渣容易,不易产生气孔和夹渣等缺陷。但由于药皮的氧化性较强,致使合金元素的烧损也大,焊缝金属的机械性能（尤其是冲击韧性）比较低。酸性焊条一般均可用交直流电源。典型的酸性焊条是 J422,其中"J"表示结构钢焊条,第一、二位数字"42"则表示焊缝金属的抗拉强度等级（用 MPa 值的 1/10 表示）,末位数字"2"表示药皮类型及焊接电源的种类。

碱性焊条焊接的焊缝机械性能良好,特别是冲击韧性比较高,因此主要用于重要结构的焊接。必须注意,由于氟化物的粉尘有害于焊工身体健康,应加强现场的通风排气,以改善劳动条件。典型的碱性焊条有 J507。

（3）按焊条药皮的主要成分分类

焊条药皮由多种原料组成,按照药皮的主要成分可以确定焊条的药皮类型。例如,当药皮中含有 30% 以上的二氧化钛及 20% 以下的钙、镁的碳酸盐时,就称为钛钙型。药皮类型分类见表 3-15。

焊条牌号末尾数字与焊条药皮类别及焊条电流种类之间的关系 表 3-15

末尾数字	药皮类型	焊接电流种类	末尾数字	药皮类型	焊接电流种类
××0	不属已规定的类型		××5	纤维素型	交流或直流正、反接
××1	氧化钛型	交流或直流正、反接	××6	低氢钾型	交流或直流反接
××2	氧化钛钙型	交流或直流正、反接	××7	低氢钠型	直流反接
××3	钛铁矿型	交流或直流正、反接	××8	石墨型	交流或直流正、反接
××4	氧化铁型	交流或直流正、反接	××9	盐基型	直流反接

三、手工焊接用焊条、碳钢焊条及低合金焊条的应用

根据被焊的金属材料类别选择相应的焊条种类。焊接碳钢或普通低合金钢时，应选用结构钢焊条，如 Q235 钢的焊接采用碳钢焊条 E43 系列，Q345 钢采用低合金钢焊条 E50 系列。

按用途不同分为十大类：结构钢焊条、钼和铬钼耐热钢焊条、低温钢焊条、不锈钢焊条、堆焊焊条、铸铁焊条、镍及镍合金焊条、铜及铜合金焊条、铝及铝合金焊条、特殊用途焊条。

结构钢焊条根据焊渣的特性可以分为以下两种焊条。

（1）酸性焊条：药皮中含有多量酸性氧化物（如 SiO_2，MnO_2 等）。采用这类焊条焊接的焊缝外观美观、焊波细密、成形平滑。但是，焊接过程中对合金元素有烧伤，焊缝金属中氧和氢的含量也较多，因而影响金属的塑性、韧性。

（2）碱性焊条：药皮中含有多量碱性氧化物（如 CaO 等）和萤石（CaF_2）。由于碱性焊条药皮中不含有机物，药皮产生的保护气氛中氢含量极少，所以又称为低氢焊条。采用这类焊条焊接的焊缝外观粗糙。焊缝金属中氧和氢的含量也较少，焊缝金属的塑性、韧性均较好，因此对重级工作制吊车梁或比较重要的结构宜采用低氢焊条。

四、焊条型号

《碳钢焊条》（GB/T 5117—1995）及《低合金钢焊条》（GB/T 5118—1995）规定焊条型号的表示方法基本相同，根据熔敷金属的力学性能、药皮类型、焊接位置和使用电流种类划分。

焊条型号是国家标准中规定的焊条代号。标准规定，焊条型号由字母"E"和四位数字组成。焊条牌号前的字母表示焊条类别，"×××"代表数字，前两位数字代表焊缝金属抗拉强度，末尾数字表示焊条的药皮类型和焊接电流种类，举例如下：

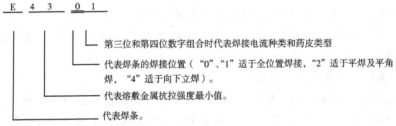

其型号表示方法标记如下。

1. 碳钢焊条

用字母"E"表示焊条，前两位数字表示熔敷金属抗拉强度的最小值，第三位数字表示焊条的焊接位置，第三位、第四位数字结合表示焊接电流种类及药皮类型。第三位数字及在第四位数字后附加的字母含义见表 3-16。

焊条焊接位置及焊条耐吸潮表示法　　　　　　　　　　　　表 3-16

符号	0、1	2	4	M	R	−1
含义	全位置焊接（平、立、仰、横）	平焊平角焊	向下立焊	耐吸潮及力学性能有特殊规定	耐吸潮	冲击性能有特殊规定

常用碳钢焊条有：

（1）E4303、E5003 焊条

这两类焊条为钛钙型。药皮中含 30％以上的氧化钛和 20％以下的钙或镁的碳酸盐矿，熔渣流动性良好，脱渣容易，电弧稳定，熔深适中，飞溅少，焊波整齐。适用于全位置焊接，焊接电流为交流或直流正、反接，主要用于焊接较重要的碳钢结构。

（2）E4315、E5015 焊条

这两类焊条为低氢钠型，药皮的主要组成物是碳酸盐矿和萤石。其碱度较高，熔渣流动性好，焊接工艺性能一般，焊波较粗，角焊缝略凸，熔深适中，脱渣性较好，焊接时要求焊条干燥，并采用短弧焊。这类焊条可全位置焊接，焊接电源为直流反接，其熔敷金属具有良好的抗裂性和力学性能。主要用于焊接重要的低碳钢结构及与焊条强度相当的低合金钢结构，也被用于焊接高硫钢和涂漆钢。

（3）E4316、E5016 型焊条

这两类焊条为低氢钾型，药皮在 E4315 和 E5015 型的基础上添加了稳弧剂，如铝镁合金或钾水玻璃等，其电弧稳定，工艺性能好，焊接位置与 E4315 和 E5015 型焊条相似，焊接电源为交流或直流反接。这类焊条的熔敷金属具有良好的抗裂性和力学性能。主要用于焊接重要的低碳钢结构，也可焊接与焊条强度相当的低合金钢结构。

2. 低合金钢焊条

焊条型号如 E5018－A1，低合金钢型号编制方法与碳钢焊条基本相同，但后缀字母为熔敷金属的化学成分分类代号，并以短划"－"与前面数字分开。如还具有附加化学成分时，附加化学成分直接用元素符号表示，并用短划"－"与前面后缀字母分开。

3. 不锈钢焊条

焊条型号如 E308－15，字母 E 表示焊条，"E"后面的数字表示熔敷金属化学成分分类代号，如有特殊要求的化学成分，该化学成分用元素符号表示放在数字的后面，短划"－"后面的两位数字表示焊条药皮类型、焊接位置及焊接电流种类，见表 3-17。

不锈钢焊条类型分类　　　　　　　　表 3-17

焊条类型	焊接电流	焊接位置
E×××（×）－17	直流反接	全位置
E×××（×）－26		平焊、横焊
E×××（×）－16	交流或直流反接	全位置
E×××（×）－15		
E×××（×）－25		平焊、横焊

4. 选用焊条的原则

（1）焊缝性能要和母材性能相同，或焊缝化学成分类型和母材相同以保证性能相同。

选用结构钢焊条时，首先根据母材的抗拉强度按"等强"原则选用强度级别相同的结构钢焊条。其次，对于焊缝性能（延性、韧性）要求高的重要结构，或轻易产生裂纹钢材和结构（厚度大、刚性大、施焊环境温度低等）焊接时，应选用碱性焊条，甚至超低氢焊条、高韧性焊条。

选用不锈钢焊条及钼和铬钼耐热钢焊条时，应根据母材化学成分类型选择化学成分类型相同的焊条。

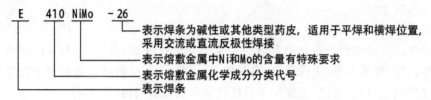

E 410 NiMo −26
┃   ┃ ┃   ┃ └─表示焊条为碱性或其他类型药皮，适用于平焊和横焊位置，
┃   ┃ ┃   ┃   采用交流或直流反极性焊接
┃   ┃ ┃   └──表示熔敷金属中Ni和Mo的含量有特殊要求
┃   ┃ └───────表示熔敷金属化学成分分类代号
┃   └──────────表示焊条

（2）焊条工艺性能要满足施焊操作需要。如在非水平位置施焊时,应选用适于各种位置焊接的焊条。又如,向下立焊、管道焊接、底层焊接、盖面焊、重力焊时,可选用相应的专用焊条。

（3）在保证性能要求的前提下,应选择价格低、熔敷效率高的焊条。

焊接材料的选用原则,熔敷（即焊缝）金属的强度不低于母材的强度。

5.常用焊条选用

（1）手工焊

Q235:采用 E43×× 系列型焊条;Q345:采用 E50×× 系列型焊条;Q390、Q420:采用 E55×× 系列型焊条。

（2）自动焊

Q235：A、B、C 级 F4A0−H08A,D 级 F4A2−H08A;Q345：F50×4、F50×1−H08A、H08MnA、H10Mn2;Q390：F50×1−H08MnA、H10Mn2、H08MnMoA;Q420：F60×1−H10Mn2、H08MnMoA。

第5节 钢结构的其他连接方式

一、铆钉连接

铆钉连接的制造有热铆和冷铆两种方法。热铆是由烧红的钉坯插入构件的钉孔中,用铆钉枪或压铆机铆合而成。冷铆是在常温下铆合而成。在建筑结构中一般都采用热铆。铆钉的材料应有良好的塑性,通常采用专用钢材 BL2 和 BL3 号钢制成,见图 3-27。

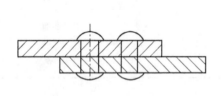

图 3-27 铆钉连接

铆钉连接的质量和受力性能与钉孔的制法有很大关系。钉孔的制法分为Ⅰ、Ⅱ两类。Ⅰ类孔是用钻模钻成,或先冲成较小的孔,装配时再扩钻而成,质量较好。Ⅱ类孔是冲成或不用钻模钻成,虽然制法简单,但构件拼装时钉孔不易对齐,故质量较差。重要的结构应该采用Ⅰ类孔。

铆钉打好后，钉杆由高温逐渐冷却而发生收缩，但被钉头之间的钢板阻止住，所以钉杆中产生了收缩拉应力，对钢板则产生压缩系紧力。这种系紧力使连接十分紧密。当构件受剪力作用时，钢板接触面上产生很大的摩擦力，因而能大大提高连接的工作性能。

铆钉连接由于构造复杂，费钢费工，现已很少采用。但是铆钉连接的塑性和韧性较好，传力可靠，质量易于检查，在一些重型和直接承受动力荷载的结构中，有时仍然采用。

二、栓(焊)钉连接

栓钉将钢板与混凝土板连接起来，栓钉主要承受剪力，见图 3-28。

图 3-28　栓(焊)钉连接

三、紧固件连接

1. 射钉、自攻螺钉(图 3-29)

在冷弯薄壁型钢结构中经常采用自攻螺钉、钢拉铆钉、射钉等机械式紧固件连接方式，主要用于压型钢板之间和压型钢板与冷弯型钢等支承构件之间的连接。

图 3-29　射钉、自攻螺钉

自攻螺钉有两种类型，一类为一般的自攻螺钉[图 3-30a)]，需先行在被连板件和构件上钻一定大小的孔后，再用电动板子或扭力板子将其拧入连接板的孔中；一类为自钻自攻螺钉[图 3-30b)]，无需预先钻孔，可直接用电动板子自行钻孔和攻入被连板件。自攻螺丝是一种带有钻头的螺丝，通过专用的电动工具施工，钻孔、攻丝、固定、锁紧一次完成。自攻螺丝主要用于一些较薄板件的连接与固定，如彩钢板与彩钢板的连接，彩钢板与檩条、墙梁的连接等，其穿透能力一般不超过 6mm，最大不超过 12mm。自攻螺丝常常暴露在室外，自身有很强的耐腐蚀能力，其橡胶密封圈能保证螺丝处不渗水且具有良好的耐腐蚀性。

自攻螺丝通常用螺钉直径级数、每英寸长度螺纹数量及螺杆长度三个参数来描述。螺钉直径级数有 10 级和 12 级两种，其对应螺钉直径分别为 4.87mm 和 5.43mm；每英寸长度螺纹数量有 14、16、24 三种级别，每英寸长度螺纹数量越多，其自钻能力越强。

拉铆钉[图 3-30c)]有铝材和钢材制作的两类,为防止电化学反应,轻钢结构均采用钢制拉铆钉。射钉[图 3-30d)]由带有锥杆和固定帽的杆身与下部活动帽组成,靠射钉枪的动力将射钉穿过被连板件打入母材基体中。射钉只用于薄板与支承构件(如檩条、墙梁等)的连接。用于薄壁构件(压型钢板屋面板、墙板与梁、柱)的连接,可采用射枪、铆枪等专用工具安装。

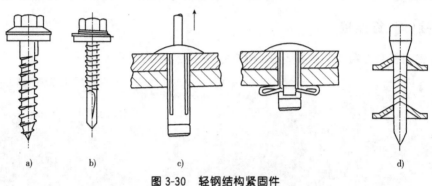

图 3-30　轻钢结构紧固件

2. 紧固件的构造要求

(1)拉铆钉和自攻螺钉的钉头部分应靠在较薄的板件一侧。连接件的中距和端距不得小于连接件直径的 3 倍,边距不得小于连接件直径的 1.5 倍。受力连接中的连接件不宜少于 2 个。

(2)拉铆钉的适用直径为 2.6～6.4mm,在受力蒙皮结构中宜选用直径不小于 4mm 的拉铆钉;自攻螺钉的适用直径为 3.0～8.0mm,在受力蒙皮结构中宜选用直径不小于 5mm 的自攻螺钉。

(3)自攻螺钉连接的板件上的预制孔径 d_0 应符合下式要求:

$$d_0 = 0.7d + 0.2t_t \quad 且\ d_0 \leqslant 0.9d$$

式中: d——自攻螺钉的公称直径,mm;

　　　t_t——被连接板的总厚度,mm。

(4)射钉只用于薄板与支承构件(即基材如檩条)的连接。射钉的间距不得小于射钉直径的 4.5 倍,且其中距不得小于 20mm,到基材的端部和边缘的距离不得小于 15mm,射钉的适用直径为 3.7～6.0mm。

射钉的穿透深度(指射钉尖端到基材表面的深度,如图 3-31 所示)应不小于 10mm。

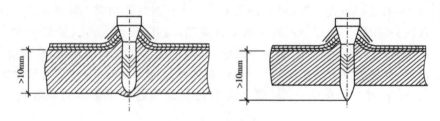

图 3-31　射钉的穿透深度

基材的屈服强度应不小于 150N/mm²,被连钢板的最大屈服强度应不大于 360N/mm²。基材和被连钢板的厚度应满足表 3-18 和表 3-19 的要求。

被连钢板的最大厚度　　　　　　　　　表 3-18

射钉直径(mm)	≥3.7	≥4.5	≥5.2
单一方向			
单层被固定钢板最大厚度(mm)	1.0	2.0	3.0
多层被固定钢板最大厚度(mm)	1.4	2.5	3.5
相反方向			
所有被固定钢板最大厚度(mm)	2.8	5.0	7.0

基材的最小厚度　　　　　　　　　表 3-19

射钉直径(mm)	≥3.7	≥4.5	≥5.2
最小厚度(mm)	4.0	6.0	8.0

(5)在抗拉连接中,自攻螺钉和射钉的钉头或垫圈直径不得小于 14mm,且应通过试验保证连接件由基材中的拔出强度不小于连接件的抗拉承载力设计值。

3. 自攻螺丝

自攻螺丝的连接形式一般有以下几种(表 3-20):

自攻螺丝连接方式　　　　　　　　　表 3-20

固定方式	螺丝规格	自钻能力(mm)	固定总厚度(mm)
波峰固定	12—14×50	6.5	25—36
	12—14×55	6.5	31—40
	12—14×68	6.5	39—53
	12—24×65	12.5	21—45
波谷固定	12—14×20	6.5	<6
	12—14×30	6.5	<16
	12—24×32	12.5	<12
固定座固定	12—14×20	6.5	<6
	12—14×30	6.5	<16
	12—24×32	12.5	<12
边缘缝合	10—16×16	4.5	<5

第4章 钢结构施工图的基本规定

主要内容：钢结构图纸的设计阶段划分及深度；结构施工图识读注意事项；结构施工图的幅面规格与比例；结构施工图的定位轴线；结构施工图的尺寸标注；结构施工图的剖面图与断面图；结构施工图的索引符号与详图符号。

目标：掌握钢结构图纸的设计阶段划分及深度、结构施工图识读注意事项、结构施工图的幅面规格与比例；结构施工图的定位轴线；结构施工图的剖面图与断面图；结构施工图的索引符号与详图符号。

重点：结构施工图的幅面规格与比例；结构施工图的定位轴线；结构施工图的剖面图与断面图；结构施工图的索引符号与详图符号。

技能点：结构施工图的幅面规格与比例；结构施工图的定位轴线；结构施工图的剖面图与断面图；结构施工图的索引符号与详图符号。

第1节 钢结构设计制图阶段划分及深度

一、钢结构设计制图阶段划分

20 世纪 50 年代钢结构设计制图沿用前苏联的编制方法，分为 KMⅠ图和 KMⅡ图两个阶段，即钢结构设计图和钢结构施工详图两个阶段。根据我国各个设计单位和加工制作单位近年来对钢结构设计图编制方法的通用习惯，《钢结构设计制图深度和表示方法》（03G102）规定分设计制图和施工详图两个阶段。

二、钢结构设计图的深度

钢结构设计图是提供给编制钢结构施工详图（也称为钢结构加工制作详图）的单位作为深化设计的依据。钢结构设计图在内容和深度方面应满足编制钢结构施工详图的要求，必须清楚表示出：设计依据，荷载资料、建筑抗震设防类别和设防标准，工程概况，材料选用和材料质量要求，结构布置，支撑设置，构件选型，构件截面和内力，以及结构的主要节点构造和控制尺寸等，以供图纸审查，并便于编制钢结构施工详图的人员能正确理解设计意图。

设计图的编制应充分利用图形设计者的要求，当图形不能完全表示清楚时，可用文字加以补充说明。设计图表示的标高、方位应与建筑专业的图纸一致。图纸的编制应考虑各结构系统的相互配合和各工种的相互配合，编排顺序应便于读图。

钢结构设计图在深度上一般只绘出构件布置、构件截面与内力及主要节点构造,故一般设计单位提供的设计图,不能直接用来进行施工。因此在施工详图设计阶段尚需补充必要的构造设计与连接计算,并且应结合本企业的制作工艺、制作设备、施工标准和施工管理水平,在设计图的基础上进一步深化设计。施工详图图样一般包括按构件系统(如屋盖结构、刚架结构、吊车梁、工作平台)分别绘制的各系统布置图、构件详图、必要的节点详图、施工设计总说明、材料表等内容。

钢结构施工详图是指导钢结构制作安装各个工序、各项作业的蓝图。因此,设计图是钢结构工程的基础和指导,施工详图则是钢结构工程施工的依据,直接影响着钢结构的质量和进度。

钢结构设计图和钢结构施工详图在制图的深度、内容和表示方法上均有区别,见表4-1。

钢结构设计图与施工详图的区别　　　　　　　　　　表 4-1

	设 计 图	施 工 详 图
设计依据	根据工艺、建筑要求及初步设计等,并经施工设计方案与计算等工作而编制的较高阶段施工设计图	直接根据设计图编制的工厂制造及现场安装详图(可含有少量连接、构造等计算),只对深化设计负责
设计要求	表达设计思想,为编制施工详图提供依据	直接供制造、加工及安装的施工用图
编制单位	由具有相应设计资质的单位编制	一般应由制造厂或施工单位编制,也可委托设计单位或详图公司编制
内容及深度	图样表示较简明,数量少;其内容一般包括:设计总说明、结构布置图、构件图、节点图、钢材订货表等	图样表示详细,数量多;其内容除包括设计图内容外,着重从满足制造、安装要求编制详图总说明、构件安装布置图、构件及节点详图、材料统计表等
适用范围	具有较广泛的适用性	体现本企业特点,只适宜本企业使用

三、施工详图设计的内容

1. 详图的构造设计与计算

详图的构造设计,应按设计图给出的节点图或连接条件,并按设计规范的要求进行,是对设计图的深化和补充,一般应包括以下内容:①刚架、支撑等节点板构造与计算;②连接板与托板的构造与计算;③柱、梁支座加劲肋的构造与计算;④焊接、螺栓连接的构造与计算;⑤桁架或大跨度实腹梁起拱构造与计算;⑥现场组装的定位、细部构造等。

2. 详图图纸绘制的内容

(1)图纸目录。

(2)设计总说明,应根据设计图总说明编写。

(3)供现场安装用布置图,一般应按构件系统分别绘制平面和剖面布置图,如屋盖、钢架、吊车梁。

(4)构件详图,按设计图及布置图中的构件编制,带材料表。

(5)节点安装图。

四、图纸审查

一般设计院提供的设计图,不能直接用来加工制作钢结构,而是要考虑加工工艺,如公差配合、加工余量、焊接控制等因素后,在原设计图的基础上绘制加工制作图(又称施工详图)。详图设计一般由加工单位负责进行,主要依据是建设单位的技术设计图纸以及发包文件中所规定的规范、标准和要求。加工制作图是最后传递设计人员及施工人员意图的桥梁,是实际尺寸、划线、剪切、坡口加工、制孔、弯制、拼装、焊接、涂装、产品检查、堆放、发送等各项作业的指示书。

1. 图纸审核的主要内容

(1)设计文件是否齐全,设计文件包括设计图、施工图、图纸说明和设计变更通知单等。

(2)构件的几何尺寸是否标注齐全。

(3)相关构件的尺寸是否正确。

(4)节点是否清楚,是否符合国家标准。

(5)标题栏内构件的数量是否符合工程和总数量。

(6)构件之间的连接形式是否合理。

(7)加工符号、焊接符号是否齐全。

(8)结合本单位的设备和技术条件考虑,能否满足图纸上的技术要求。

(9)图纸的标准化是否符合国家规定等。

2. 技术交底的主要内容

图纸审查后要做技术交底准备,其内容主要有:

(1)根据构件尺寸考虑原材料对接方案和接头在构件中的位置。

(2)考虑总体的加工工艺方案及重要的工装方案。

(3)对构件的结构不合理处或施工有困难的地方,要与需方或者设计单位做好变更签证的手续。

(4)列出图纸中的关键部位或者有特殊要求的地方,加以重点说明。

审查图纸的目的,首先是检查图纸设计的深度能否满足施工的要求,如检查构件之间有无矛盾,尺寸是否全面等;其次是对工艺进行审核,如审查技术上是否合理,是否满足技术要求等。如果是加工单位自己设计施工详图,又经过审批则可简化审图程序。图纸审核过程中发现的问题应报原设计单位处理,需要修改设计的应有书面设计变更文件。

第2节 结构施工图识读注意事项

一、识读钢结构施工图的基本知识

1. 掌握投影原理和形体的各种表达方法

钢结构施工详图是根据投影原理绘制的,用图样表明结构构件的设计和构造做法。要读懂工程图纸,首先要掌握投影原理,主要是正投影原理和形体的各种表达方法。

2. 熟悉和掌握建筑结构制图标准及相关规定

钢结构施工详图采用了图例符号和必要的文字说明,把设计内容表现在图样上。因此,要读懂施工详图,必须要掌握国家的制图标准,熟悉施工详图中各种图例、符号表示的意义。此外,还应熟悉常用钢结构构件的代号表示方法。一般构件的代号用各构件名称的汉语拼音第一个字母表示,常用钢结构构件代号见表4-2。

常用钢结构构件代号　　　　　　　　　　表4-2

序号	名称	代号	序号	名称	代号	序号	名称	代号
1	板	B	20	门梁	ML	39	下弦水平支撑	XC
2	屋面板	WB	21	钢屋架	GWJ	40	刚性系杆	GG
3	楼梯板	TB	22	钢桁架	GHJ	41	剪力墙支撑	JV
4	墙板	QB	23	梯	T	42	柱	Z
5	檐口板	YB	24	托架	TJ	43	山墙柱	SQZ
6	天沟板	TGB	25	天窗架	CJ	44	框架柱	KZ
7	走道板	DB	26	刚架	GJ	45	构造柱	GZ
8	组合楼板	SRC	27	框架	KJ	46	柱脚	ZJ
9	梁	L	28	支架	ZJ	47	基础	JC
10	屋面梁	WL	29	檩条	LT	48	设备基础	SJ
11	吊车梁	DL	30	刚性檩条	GL	49	预埋件	M
12	过梁	GL	31	屋脊檩条	WL	50	雨篷	YP
13	连系梁	LL	32	隅撑	YC	51	阳台	YT
14	基础梁	JL	33	直拉条	ZLT	52	螺栓球	QX
15	楼梯梁	TL	34	斜拉条	XLT	53	套筒	TX
16	次梁	CL	35	撑杆	CG	54	封板	FX
17	悬臂梁	XL	36	柱间支撑	ZC	55	锥头	ZX
18	框架梁	KL	37	垂直支撑	CC	56	钢管	GX
19	墙梁	QL	38	水平支撑	SC	57	紧固螺钉	eX

3. 基本掌握钢结构的特点、构造组成,了解钢结构制造相关知识

钢结构具有区别于其他建筑结构的显著特点,其零件加工和装配属于制造,在工程实践中要善于积累有关钢结构组成和构造上的一些基本知识,有助于读懂钢结构施工图。

二、阅读钢结构施工图的步骤

对于一套完整的施工图,在详细看图前,可先将全套图纸翻阅一遍,大致了解这套图纸中包括哪些构件系统,每个系统有几张图纸,每张图纸主要有哪些内容。再按照设计总说明、构件布置图、构件详图、节点详图等顺序进行读图(见图4-1)。

从布置图可以了解到本工程的构件的类型和定位情况,构件的类型由构件代号、编号表示,定位主要由定位轴线及标高确定。节点详图主要表示构件与构件各连接节点的情况,如墙梁与柱连接节点、系杆与柱的连接、支撑的连接等,用这些详图反映节点连接的方式及细部尺寸等。

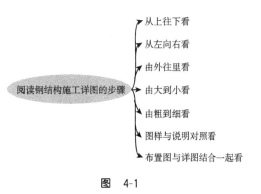

阅读钢结构施工详图的步骤
- 从上往下看
- 从左向右看
- 由外往里看
- 由大到小看
- 由粗到细看
- 图样与说明对照看
- 布置图与详图结合一起看

图 4-1

1. 识图必须由大到小、由粗到细

识读施工图时,应先看建筑设计说明和平面布置图,并且把结构的纵断面图和横断面图

结合起来看,然后再看构造图、钢结构构件和详图。

2. 仔细阅读设计说明或附注

凡是图样上无法表示而又直接与工程密切相关的一些要求,一般在图纸上用文字说明表达出来,必须仔细阅读。

3. 牢记常用符号和图例

为了方便,有时图纸中有很多内容用符号和图例表示,一般常用的符号和图例必须牢记。这些符号和图例也已经成为了设计人员和施工人员的共同语言,详见《建筑结构制图标准》(GB/T 50105)。

4. 注意尺寸标注的单位

工程图纸上的尺寸单位一般有两种:m 和 mm。标高和总平面布置图一般用"m",其余均以"mm"为单位。图纸中尺寸数字后面一律不注写单位。具体的尺寸单位,我们必须认真看图纸的"附注"内容。

5. 不得随意更改图纸

如果对于工程图纸的内容,有任何意见或者建议,应该向有关部门提出书面报告,与设计单位协商,并由设计单位确认。

第3节　结构施工图的幅面规格与比例

一、图纸幅面规格

(1)图纸幅面及图框尺寸,应符合表 4-3 的规定,图幅之间相互关系见图 4-2。图纸的短边一般不加长,长边可加长,应符合表 4-4 的规定。

幅面及图框尺寸(mm)　　　　　　　　　　　　　表 4-3

尺寸代号＼幅面代号	A0	A1	A2	A3	A4
$b×l$	841×1189	594×841	420×594	297×420	210×297
c	10			5	
a	25				

图纸长边加长尺寸(mm)　　　　　　　　　　　　表 4-4

幅面尺寸	长边尺寸	长边加长后尺寸
A0	1189	1486　1635　1783　1932　2080　2230　2378
A1	841	1051　1261　1471　1682　1892　2102
A2	594	743　891　1041　1189　1338　1486　1635　1783　1932　2080
A3	420	630　841　1051　1261　1471　1682　1892

注:有特殊需要的图纸,可采用 $b×l$ 为 841mm×891mm 与 1189mm×1261mm 的幅面。

(2)图纸以短边作为垂直边称为横式,以短边作为水平边称为立式。一般 A0～A3 图纸横式使用;必要时也可立式使用。

(3)一个工程设计中,每个专业所使用的图纸,一般不会多于两种幅面(不含目录及表格的 A4 幅面)。

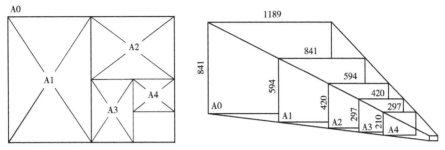

图 4-2　图纸幅面及相互关系示意图

二、标题栏与会签栏

图纸的标题栏、会签栏及装订边的位置，一般符合下列规定：

(1)横式使用的图纸，按图 4-3 的形式布置。

(2)立式使用的图纸，按图 4-4、图 4-5 的形式布置。

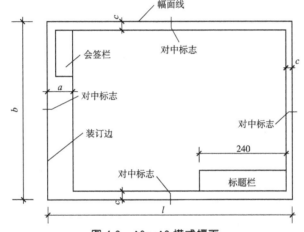

图 4-3　A0～A3 横式幅面

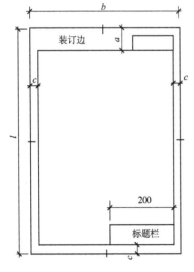

图 4-4　A0～A3 立式幅面

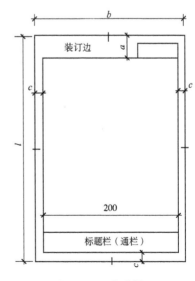

图 4-5　A4 立式幅面

标题栏一般为图 4-6 所示,根据工程需要选择确定其尺寸、格式及分区。签字区包含实名列和签名列。

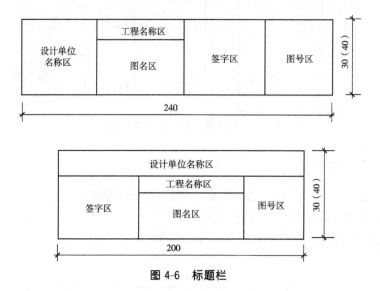

图 4-6　标题栏

会签栏一般为图 4-7 的格式绘制,其尺寸为 100mm×20mm,栏内填写会签人员所代表的专业、姓名、日期(年、月、日);一个会签栏不够时,会另加一个,两个会签栏应并列;不需会签的图纸不设会签栏。

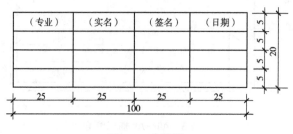

图 4-7　会签栏

三、比例

图样的比例,为图形与实物相对应的线性尺寸之比。比例的大小,是指其比值的大小,如 1:50 大于 1:100。比例的符号为":",比例以阿拉伯数字表示,如 1:1、1:2、1:100 等。比例注写在图名的右侧,字的基准线应取平;比例的字高比图名的字高小一号或二号(图 4-8)。

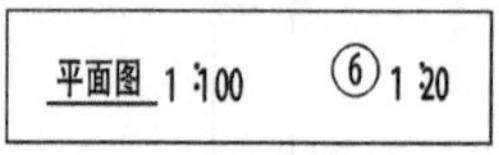

平面图 1:100　⑥ 1:20

图 4-8　比例的注写

绘图所用的比例,应根据图样的用途与被绘对象的复杂程度,从表 4-5 中选用,并优先用表中常用比例。

绘图所用的比例　　　　　　　　　　　　　　　　表 4-5

常用比例	1:1、1:2、1:5、1:10、1:20、1:50、1:100、1:150、1:200、1:500、1:1000、1:2000、1:5000、1:10000、1:20000、1:50000、1:100000、1:200000
可用比例	1:3、1:4、1:6、1:15、1:25、1:30、1:40、1:60、1:80、1:250、1:300、1:400、1:600

一般情况下,一个图样选用一种比例。根据专业制图需要,同一图样可选用两种比例。特殊情况下也可自选比例,这时除应注出绘图比例外,还必须在适当位置绘制出相应的比例尺。

四、图线

图线的线型规定见表4-6。图线的宽度 b,宜从下列线宽系列中选取:1.0、0.7、0.5、0.35mm。各图样可根据复杂程度与比例大小,先选定基本线宽 b,再选用表4-7中相应的线宽组。

图　线 表 4-6

名称		线型	线宽	用　途
实线	粗	——————	b	在平面、立面、剖面中用单线表示的实腹构件,如:梁、支撑、檩条、系标、实腹柱、柱撑等以及图名下的横线、剖切线
	中	——————	$0.5b$	结构平面图、详图中杆件(断面)轮廓线
	细	——————	$0.25b$	尺寸线、标注引出线、标高符号、索引符号
虚线	粗	- - - -	b	结构平面中的不可见的单线构件线
	中	- - - -	$0.5b$	结构平面中的不可见的构件、墙身轮廓线及钢结构轮廓线
	细	- - - -	$0.25b$	局部放大范围边界线,以及预留预埋不可见的构件轮廓线
单点长画线	粗	—·—·—	b	平面图中的格构式的梁,如垂直支撑、柱撑、桁架式吊车梁等
	细	—·—·—	$0.25b$	杆件或构件定位轴线、工作线、对称线、中心线
双点长画线	粗	—··—··—	b	平面图中的屋架梁(托架)线
	细	—··—··—	$0.25b$	原有结构轮廓线
折断线		——∿——	$0.25b$	断开界线
波浪线		～～～	$0.25b$	断开界线

线　宽　组 表 4-7

线宽比	线　宽　组(mm)			
b	1.0	0.7	0.5	0.35
$0.75b$	0.75	0.53	0.38	0.26
$0.5b$	0.5	0.35	0.25	0.18
$0.3b$	0.3	0.21	0.15	0.11
$0.25b$	0.25	0.18	0.13	0.09
$0.2b$	0.2	0.14	0.1	0.07

注:同一张图纸内,各个不同线宽组中的细线,可统一采用较细的线宽组的细线。

图 4-9 所示为横式幅面的图纸示例。

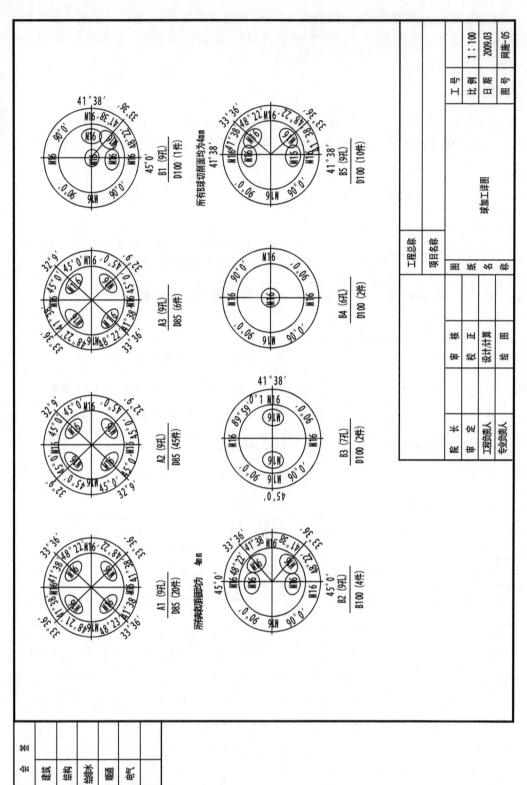

图4-9 横式幅面结构施工图示例

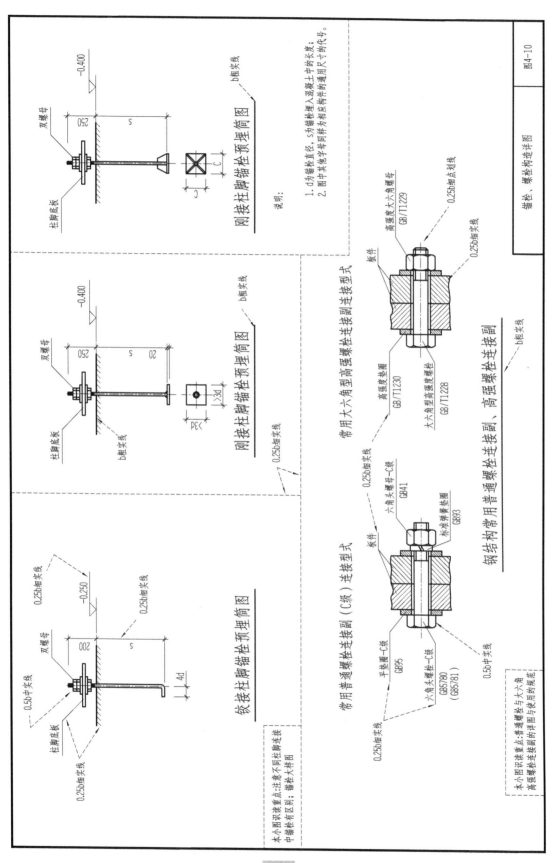

说明：
1. d为锚栓直径，s为锚栓埋入混凝土中的长度；
2. 图中其他字母与相应构件为相应样同尺寸的通用尺寸内的代号。

铰接柱脚锚栓预埋简图

刚接柱脚锚栓预埋简图

刚接柱脚锚栓预埋简图

常用普通螺栓连接副（C级）连接型式

常用大六角型高强螺栓连接副连接型式

钢结构常用普通螺栓连接、高强螺栓连接副

本小图识读重点：普通螺栓与大六角
高强螺栓连接螺副的详图与使用的规范

本小图识读重点：注意不同柱脚连接
中锚栓有区别：锚栓大详图

图4-10

锚栓、螺栓构造详图

第4节 结构施工图的定位轴线

一、定位轴线

定位轴线一般应编号,编号注写在轴线端部的圆内。圆用细实线绘制,直径为 8～10mm。定位轴线圆的圆心,在定位轴线的延长线上或延长线的折线上。

平面图上定位轴线的编号,标注在图样的下方与左侧。横向编号应用阿拉伯数字,从左至右顺序编写,竖向编号应用大写拉丁字母,从下至上顺序编写。

拉丁字母的 I、O、Z 不用作轴线编号。如字母数量不够使用,可增用双字母或单字母加数字注脚,如 AA、BA…YA 或 A1、B1…Y1。

附加定位轴线的编号,以分数形式表示,并按下列规定编写:

①/②表示 2 号轴线后附加的第一根轴线;①/01表示 1 号轴线前附加的第一根轴线

③/C表示 C 号轴线后附加的第三根轴线;③/0A表示 A 号轴线前附加的第三根轴线

结构施工图轴网示例见图 4-11。一个详图适用于几根轴线时,图中会同时注明各有关轴线的编号(图 4-12)。

通用详图中的定位轴线,只画出圆,不注写轴线编号。

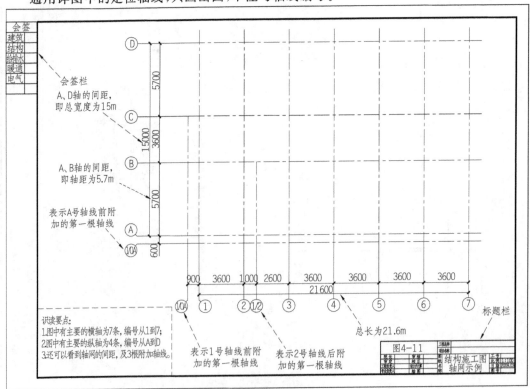

图 4-11 结构施工图轴网示例

用于2根轴线时   用于3根或3根   用于3根以上连续
              以上轴线时   编号的轴线时

图 4-12　详图的轴线编号

二、其他符号

对称符号由对称线和两端的两对平行线组成。对称线用细点画线绘制；平行线用细实线绘制，其长度为 6～10mm，每对的间距为 2～3mm；对称线垂直平分于两对平行线，两端超出平行线为 2～3mm（图 4-13）。

连接符号应以折断线表示需连接的部位。两部位相距过远时，折断线两端靠图样一侧应标注大写拉丁字母表示连接编号。两个被连接的图样必须用相同的字母编号（图 4-14）。

指北针的形状如图 4-15 所示，其圆的直径为 24mm，用细实线绘制；指针尾部的宽度为 3mm，指针头部应注"北"或"N"字。较大直径绘制的指北针，指针尾部宽度为直径的 1/8。

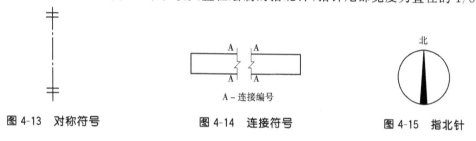

A－连接编号

图 4-13　对称符号   **图 4-14　连接符号**   **图 4-15　指北针**

第 5 节　结构施工图的尺寸标注

一、尺寸界线、尺寸线及尺寸起止符号

图样上的尺寸，包括尺寸界线、尺寸线、尺寸起止符号和尺寸数字（图 4-16）。

尺寸界线应用细实线绘制，一般与被注长度垂直，其一端离开图样轮廓线不小于 2mm，另一端超出尺寸线 2～3mm。图样轮廓线用作尺寸界线（图 4-17）。

尺寸线一般用细实线绘制，与被注长度平行。图样本身的任何图线均不会用作尺寸线。尺寸起止符号一般用中粗斜短线绘制，其倾斜方向应与尺寸界线成顺时针 45°角，长度为 2～3mm。半径、直径、角度与弧长的尺寸起止符号，用箭头表示（图 4-18）。

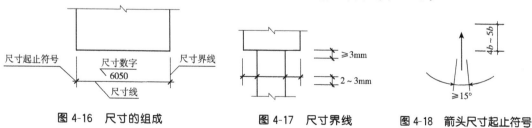

尺寸起止符号　　尺寸数字　　尺寸界线
6050
尺寸线

图 4-16　尺寸的组成   **图 4-17　尺寸界线**   **图 4-18　箭头尺寸起止符号**

二、尺寸数字

图样上的尺寸,应以尺寸数字为准,不得从图上直接量取。图样上的尺寸单位,除标高及总平面以米(m)为单位外,其他必须以毫米(mm)为单位。尺寸数字的方向,应按图4-19a)的规定注写。若尺寸数字在30°斜线区内,一般按图4-19b)的形式注写。

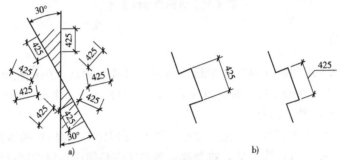

图4-19　尺寸数字的注写方向

尺寸数字一般依据其方向注写在靠近尺寸线的上方中部。如没有足够的注写位置,最外边的尺寸数字一般注写在尺寸界线的外侧,中间相邻的尺寸数字错开注写(图4-20)。

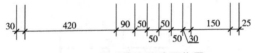

图4-20　尺寸数字的注写位置

三、尺寸的排列与布置

尺寸标注在图样轮廓以外,不与图线、文字及符号等相交(图4-21)。

互相平行的尺寸线,从被注写的图样轮廓线由近向远整齐排列,较小尺寸离轮廓线较近,较大尺寸离轮廓线较远(图4-22)。

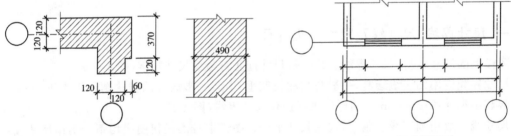

图4-21　尺寸数字的注写　　　　　**图4-22　尺寸的排列**

图样轮廓线以外的尺寸界线,距图样最外轮廓之间的距离,不小于10mm。平行排列的尺寸线的间距,为7～10mm,并保持一致(图4-21)。

总尺寸的尺寸界线靠近所指部位,中间的分尺寸的尺寸界线可稍短,但其长度应相等(图4-22)。

四、半径、直径、球的尺寸标注

半径的尺寸线一端从圆心开始,另一端画箭头指向圆弧。半径数字前加注半径符号"R"(图4-23)。较小圆弧的半径,一般按图4-24形式标注。

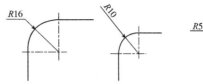

图 4-23　半径标注方法　　　　　　图 4-24　小圆弧半径的标注方法

较大圆弧的半径,一般可按图 4-25 形式标注。

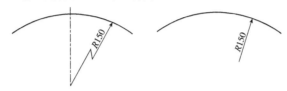

图 4-25　大圆弧半径的标注方法

标注圆的直径尺寸时,直径数字前加直径符号"φ"。在圆内标注的尺寸线通过圆心,两端画箭头指至圆弧(图 4-26)。较小圆的直径尺寸,标注在圆外(图 4-27)。

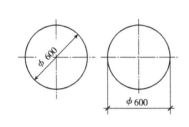

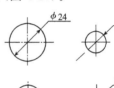

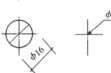

图 4-26　圆直径的标注方法　　　　图 4-27　小圆直径的标注方法

标注球的半径尺寸时,应在尺寸前加注符号"SR"。标注球的直径尺寸时,应在尺寸数字前加注符号"Sφ"。注写方法与圆弧半径和圆直径的尺寸标注方法相同。

五、角度、弧度、弧长的标注

角度的尺寸线以圆弧表示。该圆弧的圆心是该角的顶点,角的两条边为尺寸界线。起止符号以箭头表示,如没有足够位置画箭头,用圆点代替,角度数字按水平方向注写(图4-28)。

标注圆弧的弧长时,尺寸线应以与该圆弧同心的圆弧线表示,尺寸界线垂直于该圆弧的弦,起止符号用箭头表示,弧长数字上方加注圆弧符号"⌒"(图 4-29)。

标注圆弧的弦长时,尺寸线以平行于该弦的直线表示,尺寸界线垂直于该弦,起止符号用中粗斜短线表示(图 4-30)。

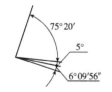

图 4-28　角度标注方法　　　图 4-29　弧长标注方法　　　图 4-30　弦长标注方法

六、薄板厚度、正方形等尺寸标注

在薄板板面标注板厚尺寸时,在厚度数字前加厚度符号"t"(图 4-31)。标注正方形的尺寸,可用"边长×边长"的形式,也有在边长数字前加正方形符号"□"(图 4-32)。

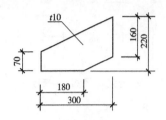

图 4-31　薄板厚度标注方法

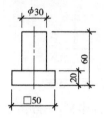

图 4-32　标注正方形尺寸

七、尺寸的简化标注

杆件的长度,在单线图(桁架简图、钢筋简图、管线简图)上,直接将尺寸数字沿杆件的一侧注写(图 4-33)。连续排列的等长尺寸,用"个数×等长尺寸=总长"的形式标注(图 4-33)。

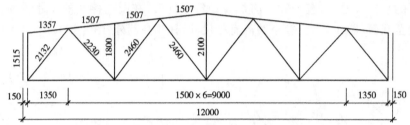

图 4-33　单线图尺寸标注和等长度简化标注方法

构配件内的构造因素(如孔、槽等)如相同,仅标注其中一个要素的尺寸(图 4-34)。

对称构配件采用对称省略画法时,该对称构配件的尺寸线应略超过对称符号,仅在尺寸线的一端画尺寸起止符号,尺寸数字应按整体全尺寸注写,其注写位置与对称符号对齐(图 4-35)。

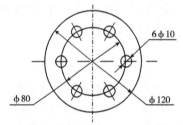

图 4-34　相同要素尺寸标注方法

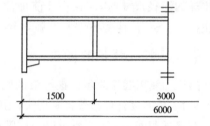

图 4-35　对称构件尺寸标注方法

两个构配件,如个别尺寸数字不同,在同一图样中将其中一个构配件的不同尺寸数字注写在括号内,该构配件的名称也注写在相应的括号内(图 4-36)。

数个构配件,如仅某些尺寸不同,这些有变化的尺寸数字,用拉丁字母注写在同一图样中,另列表格写明其具体尺寸(图 4-37)。

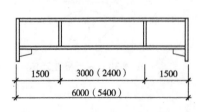

图 4-36　相似构件尺寸标注方法

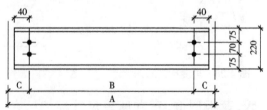

图 4-37　相似构配件尺寸表格式标注方法

八、节点板尺寸标注

弯曲构件的尺寸应沿其弧度的曲线标注弧的轴线长度(图 4-38)

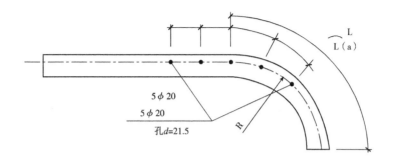

图 4-38　弯曲构件尺寸的标注方法

切割的板材,应标注各轴线段的长度及位置(图 4-39)。

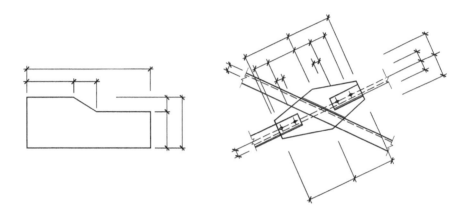

图 4-39　切割板材尺寸的标注方法

不等边角钢的构件,必须标注出角钢一肢的尺寸(图 4-40)。

节点尺寸,应注明节点板的尺寸和各杆件螺栓孔中心或中心距,以及杆件端部至几何中心线交点的距离(图 4-41)。

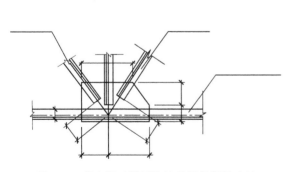

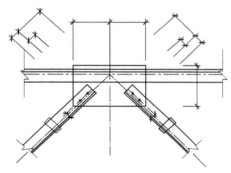

图 4-40　节点尺寸及不等边角钢的标注方法　　**图 4-41　节点板尺寸的标注方法**

双型钢组合截面的构件,应注明缀板的数量及尺寸(图 4-42)。引出横线上方标注缀板的数量及缀板的宽度,厚度,引出横线,下方标注缀板的长度尺寸。

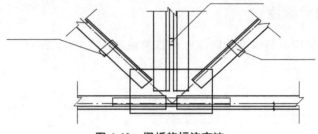

图 4-42　缀板的标注方法

非焊接的节点板,应注明节点板的尺寸和螺栓孔中心与几何中心线交点的距离(图4-43)。

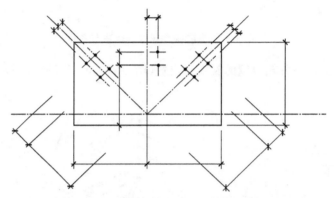

图 4-43　非焊接节点板尺寸的标注方法

九、标高

标高符号应以直角等腰三角形表示,按图 4-44a)所示形式用细实线绘制,如标注位置不够,也可按图 4-44b)所示形式绘制。标高符号的具体画法如图 4-44c)、d)所示。

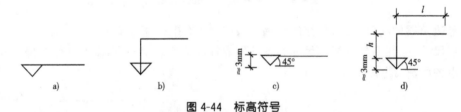

图 4-44　标高符号

l-取适当长度注写标高数字;h-根据需要取适当高度

总平面图中的室外地坪标高符号,用涂黑的三角形表示(图 4-45a),具体画法如图4-45b)所示。

标高符号的尖端应指至被注高度的位置,尖端一般应向下,也可向上,标高数字应注写在标高符号的左侧或右侧(图 4-46)。

标高数字以米(m)为单位,注写到小数点以后第三位。在总平面图中,一般注写到小数点以后第二位。零点标高应注写成±0.000(读作正负零),正数标高不注"+",负数标高应注"一",例如 3.000、一0.600。

在图样的同一位置需表示几个不同标高时,标高数字按图 4-47 的形式注写。

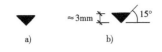

a) b)

图4-45　总平面图室外地坪标高符号

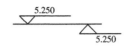

图 4-46　标高的指向

图 4-47　同一位置注写多个标高数字

第6节　结构施工图的剖面图与断面图

一、剖面图的形成与剖切符号

1. 剖面图的形成

假想用一个剖切平面将物体剖切开,移去观察者和剖切平面之间的部分,将剩余部分形体向投影面投影所得到的投影图,称为剖面图。

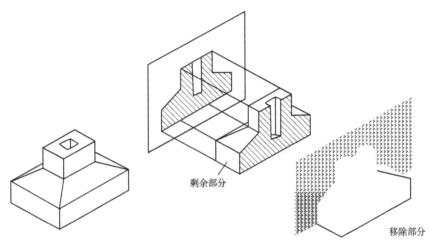

剩余部分

移除部分

图 4-48　剖面图的形成

2. 剖视的剖切符号规定

(1)剖视的剖切符号由剖切位置线及投射方向线组成,均以粗实线绘制。剖切位置线的长度为 6～10mm;投射方向线垂直于剖切位置线,长度应短于剖切位置线,为 4～6mm(图 4-49)。绘制时,剖视的剖切符号不与其他图线相接触。

(2)剖视剖切符号的编号采用阿拉伯数字,按顺序由左至右、由下至上连续编排,并注写在剖视方向线的端部。

(3)需要转折的剖切位置线,在转角的外侧加注与该符号相同的编号。

(4)建(构)筑物剖面图的剖切符号注在±0.000 标高的平面图上。

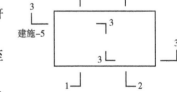

建施–5

图 4-49　剖视的剖切符号

二、断面的剖切符号

断面的剖切符号符合下列规定:

(1)断面的剖切符号只用剖切位置线表示,并应以粗实线绘制,长度为 6～10mm。

（2）断面剖切符号的编号采用阿拉伯数字，按顺序连续编排，并注写在剖切位置线的一侧；编号所在的一侧应为该断面的剖视方向（图4-50）。

剖面图或断面图，如与被剖切图样不在同一张图内，在剖切位置线的另一侧注明其所在图纸的编号，也可以在图上集中说明。

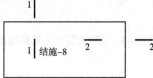

图4-50　断面剖切符号

三、剖面图和断面图

剖面图除画出剖切面切到部分的图形外，还会画出沿投射方向看到的部分，被剖切面切到部分的轮廓线用粗实线绘制，剖切面没有切到、但沿投射方向可以看到的部分，用中实线绘制；断面图则只需（用粗实线）画出剖切面切到部分的图形。如图4-51所示。

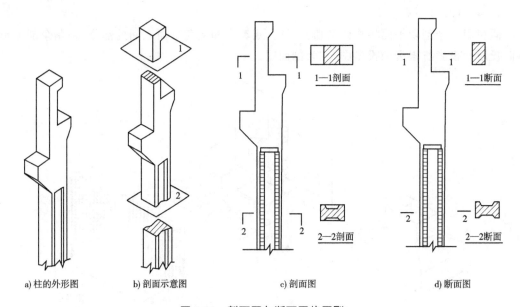

| a) 柱的外形图 | b) 剖面示意图 | c) 剖面图 | d) 断面图 |

图4-51　剖面图与断面图的区别

剖面图和断面图由下列方法剖切后绘制：

（1）用1个剖切面剖切（图4-52）。

（2）用2个或2个以上平行的剖切面剖切（图4-53）。

（3）用2个相交的剖切面剖切（图4-54）。用此法剖切的图示，在图名后注明"展开"字样。

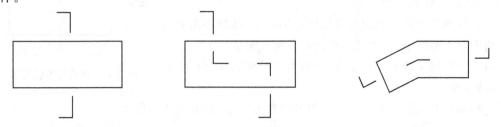

图4-52　1个剖切面剖切　　图4-53　2个平行的剖切面剖切　　图4-54　2个相交的剖切面剖切

杆件的断面图一般绘制在靠近杆件的一侧或端部处并按顺序依次排列（图4-55），也有绘制在杆件的中断处（图4-56）。

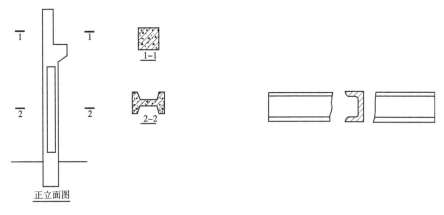

图 4-55　断面图按顺序排列　　　　　图 4-56　断面图画在杆件中断处

四、简化画法

构配件的视图有 1 条对称线,一般只画该视图的一半;视图有 2 条对称线,一般只画该视图的 1/4,并画出对称符号(图 4-57)。图形也有稍超出其对称线,此时一般不画对称符号(图 4-58)。

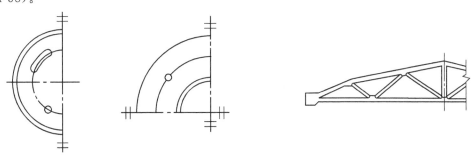

图 4-57　画出对称符号　　　　　　图 4-58　不画对称符号

第 7 节　结构施工图的索引符号与详图符号

一、索引符号

图样中的某一局部或构件,如需另见详图,以索引符号索引[图 4-59a)]。索引符号是由直径为 10mm 的圆和水平直径组成,圆及水平直径均以细实线绘制。索引符号按下列规定编写:

(1)索引出的详图,如与被索引的详图同在一张图纸内,在索引符号的上半圆中用阿拉伯数字注明该详图的编号,并在下半圆中间画一段水平细实线[图 4-59b)]。

(2)索引出的详图,如与被索引的详图不在同一张图纸内,在索引符号的上半圆中用阿拉伯数字注明该详图的编号,在索引符号的下半圆中用阿拉伯数字注明该详图所在图纸的编号。数字较多时,可加文字标注。

(3)索引出的详图,如采用标准图,在索引符号水平直径的延长线上加注该标准图册的编号。

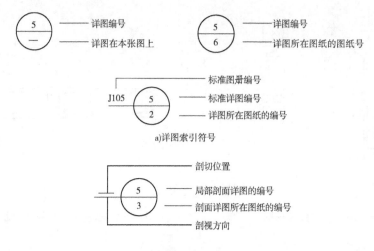

a)详图索引符号

b)局部剖切索引符号

图 4-59　索引符号

索引符号如用于索引剖视详图,在被剖切的部位绘制剖切位置线,并以引出线引出索引符号,引出线所在的一侧应为投射方向。索引符号的编写与上述规定相同(图 4-60)。

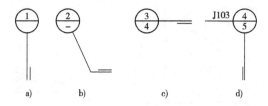

a)　　　　b)　　　　　　c)　　　　　　d)

图 4-60　用于索引剖面详图的索引符号

零件的编号以直径为 4~6mm(同一图样应保持一致)的细实线圆表示,其编号应为从上到下,从左到右,先型钢,后钢板,用阿拉伯数字按顺序编写(图 4-61)。

二、详图符号

详图的位置和编号,以详图符号表示。详图符号的圆以直径为 14mm 粗实线绘制。详图按下列规定编号:

(1)详图与被索引的图样同在一张图纸内时,在详图符号内用阿拉伯数字注明详图的编号[图 4-62a)]。

(2)详图与被索引的图样不在同一张图纸内,用细实线在详图符号内画一水平直径,在上半圆中注明详图编号,在下半圆中注明被索引的图纸的编号[图 4-62b)]。

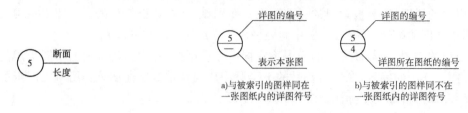

图 4-61　零件的编号　　　　　　　　**图 4-62　详图符号的注写方法**

三、引出线

引出线应以细实线绘制,采用水平方向的直线、与水平方向成 30°、45°、60°、90°的直线,或经上述角度再折为水平线。文字说明注写在水平线的上方[图 4-63a)],也有注写在水平线的端部[图 4-63b)]。索引详图的引出线,与水平直径线相连接[图 4-63c)]。

同时引出几个相同部分的引出线,互相平行[图 4-64a)],也有画成集中于一点的放射线[图 4-64b)]。

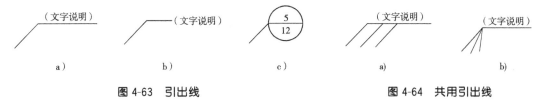

图 4-63　引出线　　　　　　　　　　图 4-64　共用引出线

第5章　焊缝常用符号识读

主要内容：焊缝常用符号识读；标准焊缝节点详图。
目标：掌握焊缝常用符号识读；标准焊缝节点详图。
重点：钢结构焊缝常用图示识读。
技能点：钢结构焊缝常用图示识读。

第1节　焊缝符号表示方法概述

焊缝符号一般由基本符号与指引线组成。必要时还可以加上辅助符号、补充符号和焊缝尺寸符号。图形符号的比例、尺寸和在图样上的标注方法，按工程制图有关规定，见表5-1。

焊接标准符号　　表5-1

基本焊接符号											
背面焊接	角焊	塞孔塞槽	开槽焊接								
			I形	Ⅱ形	X形	单斜形	K形	U形 双U形	J形 双J形	喇叭形 （双喇叭形）	斜喇叭形 （双斜喇叭形）

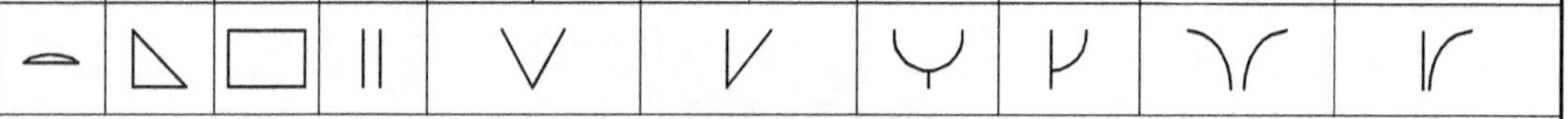

焊接符号补充说明						
背面垫板	内部垫板	四面围焊	现场焊接	焊缝表面形状		
				平面	凸面	凹面

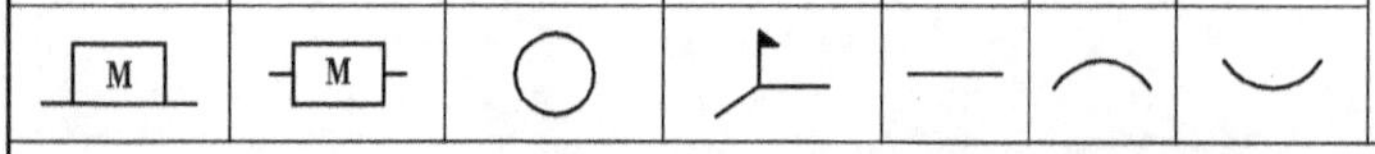

焊接符号各个要素的标注位置

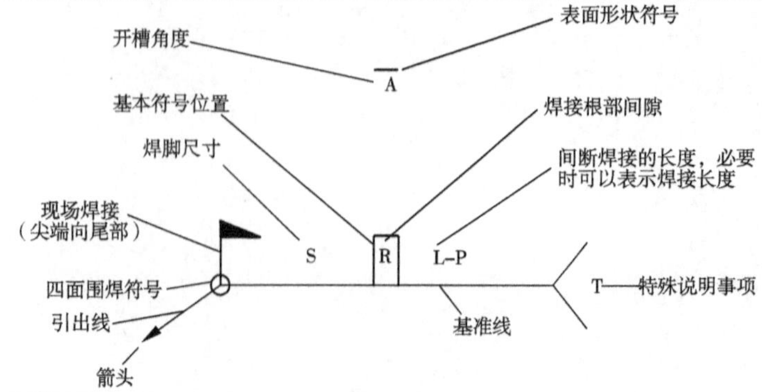
开槽角度
表面形状符号
A
基本符号位置
焊接根部间隙
焊脚尺寸
间断焊接的长度，必要时可以表示焊接长度
现场焊接
（尖端向尾部）
S
R
L-P
四面围焊符号
T——特殊说明事项
引出线
基准线
箭头

第 2 节　焊缝常用符号识读

一、焊缝代号

《焊缝符号表示法》(GB 324—2008)规定:焊缝代号由引出线、图形符号和辅助符号三部分组成。引出线由横线和带箭头的斜线组成。箭头指到图形上的相应焊缝处,横线的上面和下面用来标注图形符号和焊缝尺寸。当引出线的箭头指向焊缝所在的一面时,应将图形符号和焊缝尺寸等标准在水平横线的上面;当箭头指向对应焊缝所在的另一面时,则应将图形符号和焊缝尺寸标注在水平横线的下面。必要时,可在水平横线的末端加一尾部作为其他说明之用。

1. 基本符号

基本符号表示焊缝横截面的基本形式或特征(表 5-2)。

基 本 符 号　　　　　　　　　　表 5-2

序号	名　称	示　意　图	符　号
1	卷边焊缝(卷边完全熔化)		八
2	I 形焊缝		‖
3	V 形焊缝		∨
4	单边 V 形焊缝		∠
5	带钝边 V 形焊缝		Y
6	带钝边单边 V 形焊缝		⋎
7	带钝边 U 形焊缝		Y
8	带钝边 J 形焊缝		⋎
9	封底焊缝		⌒

序号	名　称	示　意　图	符　号
10	角焊缝		△
11	塞焊缝或槽焊缝		⊓
12	点焊缝		○
13	缝焊缝		⊖
14	陡边V形焊缝		⋁
15	陡边单V形焊缝		⋁
16	端焊缝		‖‖
17	堆焊缝		⌒⌒
18	平面连接(钎焊)		=
19	斜面连接(钎焊)		∥
20	折叠连接(钎焊)		⊇

2. 基本符号的应用(表 5-3)

基本符号的应用示例   表 5-3

序号	符号	示意图	标注示例	备注
1	V			
2	Y			
3	◿			
4	X			
5	K			

3. 基本符号的组合

标注双面焊焊缝或接头时,基本符号可以组合使用(表 5-4)。

基本符号的组合   表 5-4

序号	名称	示意图	符号
1	双面 V 形焊缝 (X 焊缝)		X
2	双面单 V 形焊缝 (K 焊缝)		K
3	带钝边的双面 V 形焊缝		✕
4	带钝边的双面单 V 形焊缝		K
5	双面 U 形焊缝		✕

4. 补充符号

用来补充说明有关焊缝或接头的某些特征（诸如表面形状、衬垫、焊缝分布、施焊地点等），见表 5-5、表 5-6。

补充符号　　　　　　　　　　　　　　　　　　　　　　　　　表 5-5

序号	名　称	符　号	说　明
1	平面	——	焊缝表面通常经过加工后平整
2	凹面	⌣	焊缝表面凹陷
3	凸面	⌒	焊缝表面凸起
4	圆滑过渡	⌣⌣	焊趾处过渡圆滑
5	永久衬垫	M	衬垫永久保留
6	临时衬垫	MR	衬垫在焊接完成后拆除
7	三面焊缝	⊏	三面带有焊缝
8	周围焊缝	○	沿着工件周边施焊的焊缝 标注位置为基准线与箭头线的交点处
9	现场焊缝	⚑	在现场焊接的焊缝
10	尾部	<	可以表示所需的信息

补充符号应用示例　　　　　　　　　　　　　　　　　　　　表 5-6

序号	名　称	示　意　图	符　号
1	平齐的 V 形焊缝		▽
2	凸起的双面 V 形焊缝		⋈
3	凹陷的角焊缝		⌣
4	平齐的 V 形焊缝和封底焊缝		▽
5	表面过渡平滑的角焊缝		⌣

序号	符 号	示 意 图	标注示例	备注
1		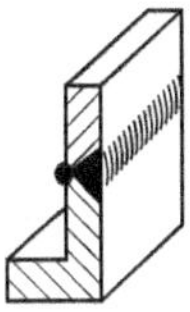	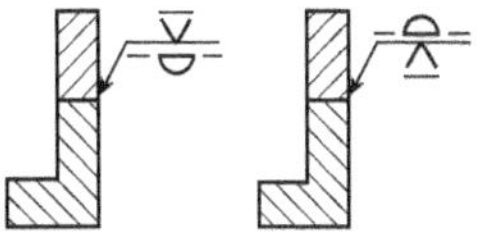	
2		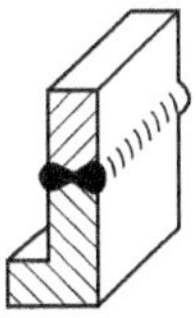	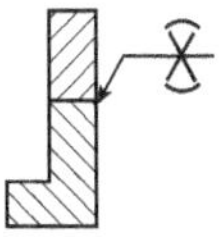	
3		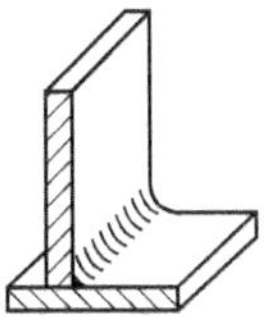	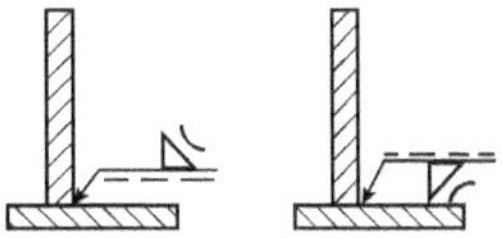	

常见的基本符号和补充符号应用举例见表 5-8 和表 5-9。

焊缝补充符号 表 5-8

序号	名 称	示意图	符号	说 明
1	带垫板符号	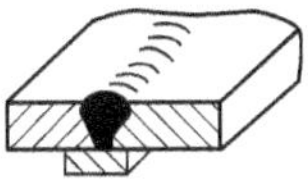		表示焊缝底部有垫板
2	三面焊缝符号	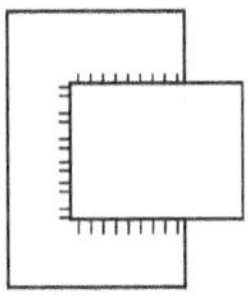		表示三面带有焊缝
3	周围焊缝符号	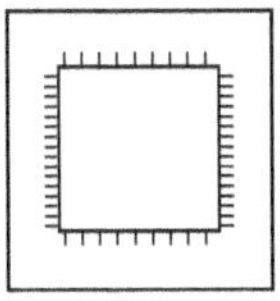	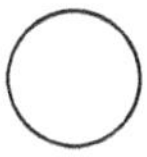	表示环绕工件周围焊缝
4	现场符号			表示在现场或工地上进行焊接
5	尾部符号			可以参照 GB 5185 标注焊接工艺方法等内容

第5章

焊缝常用符号识读

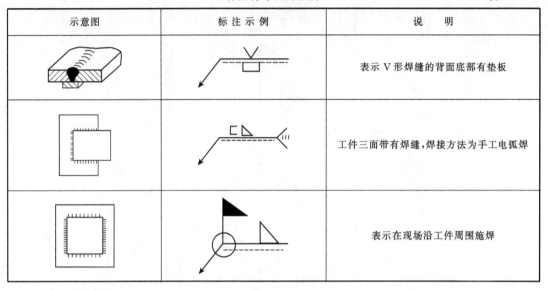

示意图	标注示例	说　　明
		表示 V 形焊缝的背面底部有垫板
		工件三面带有焊缝,焊接方法为手工电弧焊
		表示在现场沿工件周围施焊

二、基本符合和指引线的位置规定

1. 基本要求

在焊缝符号中,基本符号和指引线为基本要素。焊缝的准确位置通常由基本符号和指引线之间的相对位置决定,包括箭头的位置、基准线的位置、基本符号的位置。

2. 指引线

指引线由箭头线和基准线(实线和虚线)组成(图 5-1)。

3. 箭头线

箭头直接指向的接头侧为"接头的箭头线侧",与之相对的则为"接头的非箭头侧"(图 5-2)。

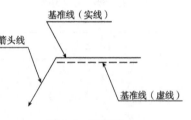

图 5-1　指引线

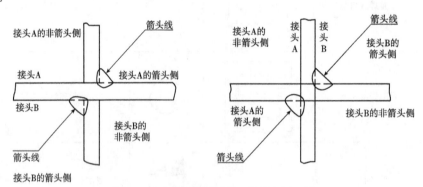

图 5-2　接头的"箭头侧"及"非箭头侧"示例

4. 基本符号与基准线的相对位置

基本符号在实线侧时,表示焊缝在箭头侧,参见图 5-3a)。基本符号在虚线侧时,表示焊缝在非箭头侧,参见图 5-3b)。对称焊缝允许省略虚线,参见图 5-3c);在明确焊缝分布位置的情况下,有些双面焊缝也省略虚线,参见图 5-3d)。

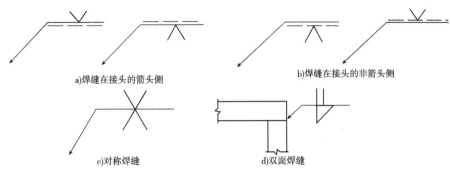

a)焊缝在接头的箭头侧　　　　　b)焊缝在接头的非箭头侧

c)对称焊缝　　　　　　d)双面焊缝

图 5-3　基本符号与基准线的相对位置

当焊缝分布比较复杂或用上述标注方法不能表达清楚时,在标注焊缝代号的同时,可在图形上加栅线表示(图 5-4)。焊缝的尺寸符号见表 5-10。

a)正面焊缝　　　　　　b)背面焊缝　　　　　　c)安装焊缝

图 5-4　用栅线表示焊缝

焊 缝 尺 寸 符 号　　　　　　　　　　表 5-10

符号	名称	示意图	符号	名称	示意图
δ	工件厚度		e	焊缝间距	
α	坡口角度		K	焊角尺寸	
b	根部间隙		d	熔核直径	
p	钝边		S	焊缝有效厚度	
c	焊缝宽度		N	相同焊缝数量符号	$N=3$
R	根部半径		H	坡口深度	
l	焊缝长度		h	余高	
n	焊缝段数	$n=2$	β	坡口面角度	

三、常用焊缝的表示方法

焊接钢构件的焊缝除应符合现行的国家标准《焊缝符号表示法》(GB 324—2008)中的规定外,还应遵循下列要求。

1. 单面焊缝的标注方法

当箭头指向焊缝所在的一面时,应将图形符号和尺寸标注在横线的上方;当箭头指向焊缝所在另一面(相对应的那面)时,应将图形符号和尺寸标注在横线的下方。如图5-5所示。

表示环绕工作件周围的焊缝时,其围焊焊缝符号为圆圈,绘在引出线的转折处,并标注焊角尺寸 K。图5-5的 a)和 b)均为对接焊缝,c)为角焊缝。图5-5a)中的左边的图为焊缝的示意图,右边的图为钢结构施工图纸中的采用的画法。

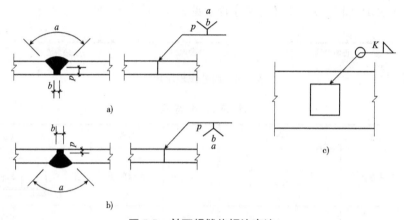

图5-5　单面焊缝的标注方法

2. 双面焊缝的标注

双面焊缝应在横线的上、下都标注符号和尺寸。上方表示箭头一面的符号和尺寸,下方表示另一面的符号和尺寸[图5-6a)];当两面的焊缝尺寸相同时,只需在横线上方标注焊缝的符号和尺寸[图5-6b)、c)、d)]。图5-6的 a)和 b)均为对接焊缝,c)和 d)为角焊缝。图5-6a)中的上边的图为焊缝的示意图,下边的图为钢结构施工图纸中的采用的画法。

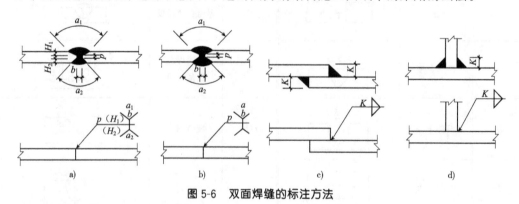

图5-6　双面焊缝的标注方法

3.3 个及 3 个以上的焊件焊缝

3 个和 3 个以上的焊件相互焊接的焊缝,不得作为双面焊缝标注。其焊缝符号和尺寸应分别标注(图5-7)。

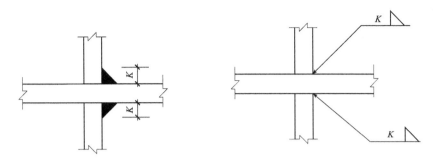

图 5-7　3 个以上焊件的焊缝标注方法

4. 相互焊接的 2 个焊件

相互焊接的 2 个焊件中,当只有 1 个焊件带坡口时(如单面 V 形),引出线箭头必须指向带坡口的焊件(图 5-8)。

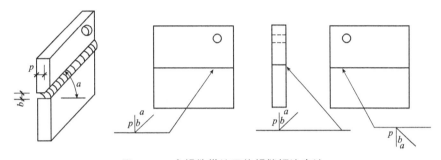

图 5-8　1 个焊件带坡口的焊缝标注方法

相互焊接的 2 个焊件,当为单面带双边不对称坡口焊缝时,引出线箭头必须指向较大坡口的焊件(图 5-9)。

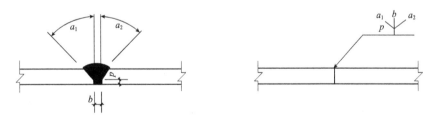

图 5-9　不对称坡口焊缝的标注方法

5. 分布不规则的焊缝

当焊缝分布不规则时,在标注焊缝符号的同时,宜在焊缝处加中实线(表示可见焊缝),或加细栅线(表示不可见焊缝)(图 5-10)。

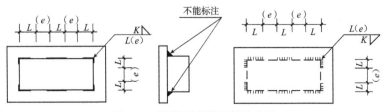

图 5-10　不规则焊缝的标注方法

6. 相同焊缝符号

应按下列方法表示：

在同一图形上，当焊缝型式、断面尺寸和辅助要求均相同时，可只选择一处标注焊缝的符号和尺寸，并加注"相同焊缝符号"，相同焊缝符号为 3/4（规范上印刷的是 3/4，应为 2/3）圆弧，绘在引出线的转折处（图 5-11a）。

在同一图形上，当有数种相同的焊缝时，可将焊缝分类编号标注。在同一类焊缝中可选择一处标注焊缝符号和尺寸。分类编号采用大写的拉丁字母 A、B、C……（图 5-11b）。

7. 现场焊接的焊缝

需要在施工现场进行焊接的焊件焊缝，应标注"现场焊缝"符号。现场焊缝符号为涂黑的三角形旗号，绘在引出线的转折处（图 5-12）。

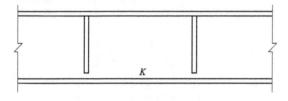

图 5-11　相同焊缝的标注方法

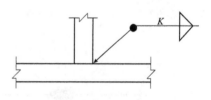

图 5-12　现场焊缝的标注方法

8. 较长角焊缝

图样中较长的角焊缝（如焊接实腹钢梁的翼缘焊缝），可不用引出线标注，而直接在角焊缝旁标注焊缝尺寸值 K（图 5-13）。

9. 熔透角焊缝

熔透角焊缝的符号应按图 5-14 方式标注。熔透角焊缝的符号为涂黑的圆圈，绘在引出线的转折处。

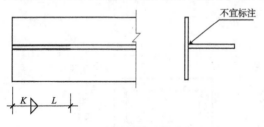

图 5-13　较长焊缝的标注方法

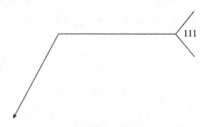

图 5-14　熔透角焊缝的标注方法

10. 局部焊缝

应按图 5-15 方式标注。

11. 焊接方法的标注

必要时，可以在尾部标注焊接方法代号（图 5-16）。

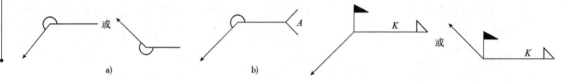

图 5-15　局部焊缝的标注方法

图 5-16　焊接方法的局部标注

12. 常用焊缝的表示示例(见表 5-11)

常用焊缝标注示例 表 5-11

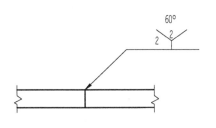
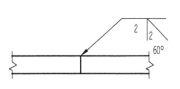

焊缝符号含义:焊缝在板件上面一侧,钝边 p 为2mm,根部间隙 b 为2mm,坡口角度 α 为60°

焊缝符号含义:焊缝在板件下面一侧,钝边 p 为2mm,根部间隙 b 为2mm,坡口角度 α 为60°

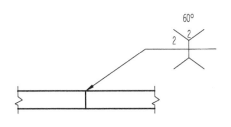
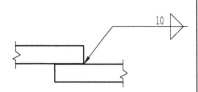

焊缝符号含义:焊缝为双面对接焊缝,钝边 p 为2mm,根部间隙 b 为2mm,坡口角度 α 为60°

焊缝符号含义:焊缝为双面角焊缝,焊脚尺寸 k 为10mm

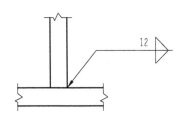
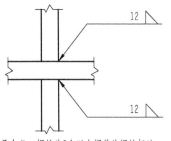

焊缝符号含义:焊缝为双面角焊缝焊脚尺寸 k 为12mm

焊缝符号含义:焊缝为3个以上焊件的焊缝标注,焊脚尺寸 k 为12mm

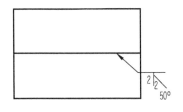
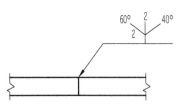

焊缝符号含义:焊缝在板件下面一侧,钝边 p 为2mm,根部间隙 b 为2mm,坡口角度 α 为50°

焊缝符号含义:焊缝在板件上面一侧,钝边 p 为2mm,根部间隙 b 为2mm,坡口角度 α_1 为60°,坡口角度 α_2 为40°

第3节 标准焊缝节点详图

标准焊缝节点详图

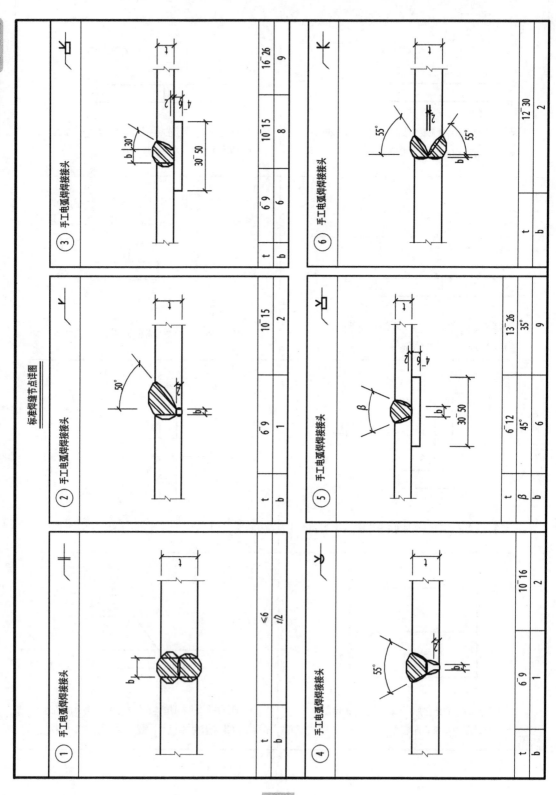

① 手工电弧焊接接头

t	≤6
b	t/2

② 手工电弧焊接接头

t	6~9	10~15
b	1	2

③ 手工电弧焊接接头

t	6~9	10~15	16~26
b	6	8	9

④ 手工电弧焊接接头

t	6~9	10~16
b	1	2

⑤ 手工电弧焊接接头

t	6~12	13~26
β	45°	35°
b	6	9

⑥ 手工电弧焊接接头

t	12~30
b	2

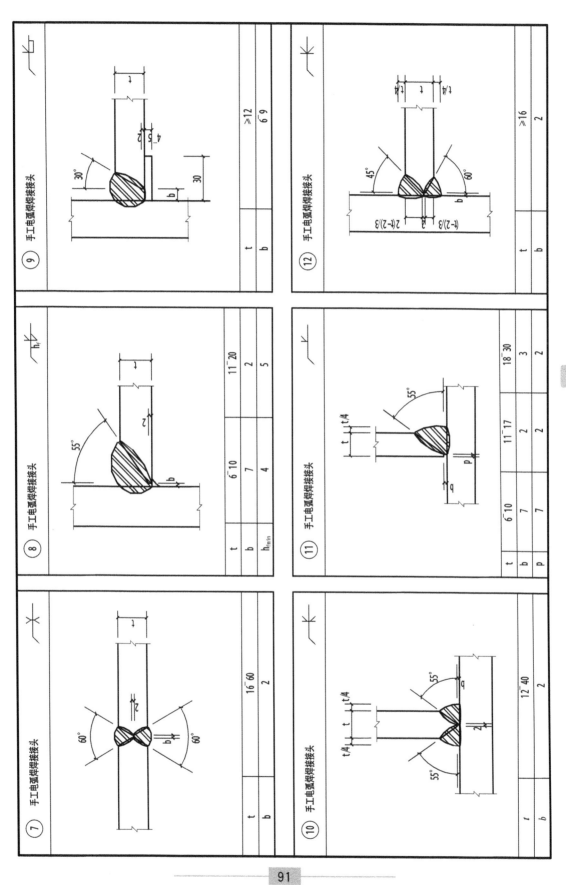

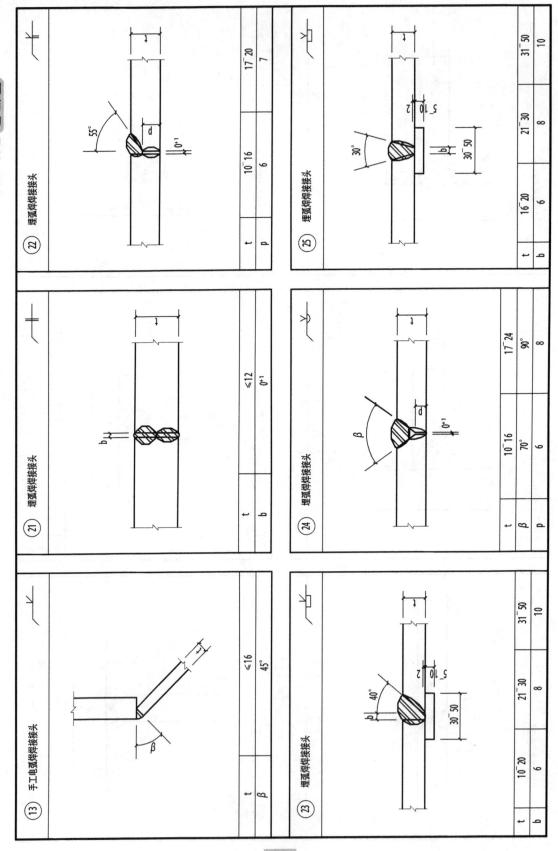

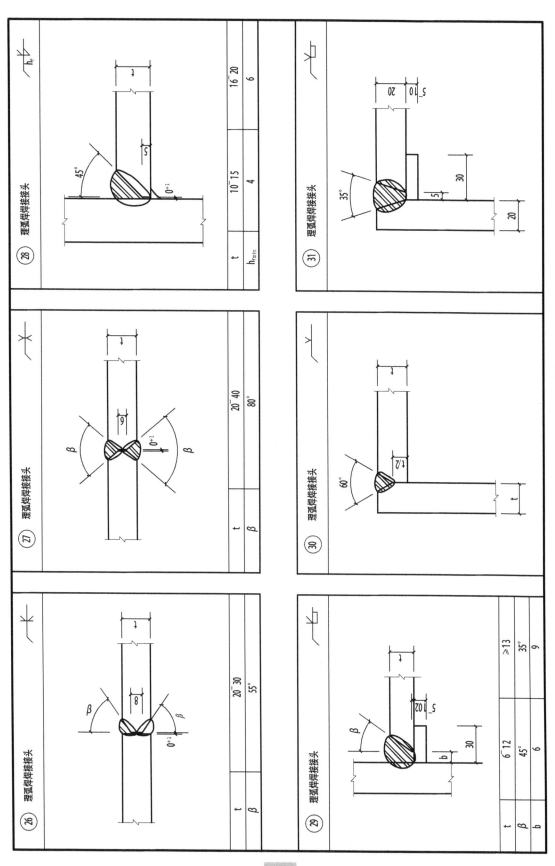

② 理弧焊焊接接头

| t | 20⁻30 | 55° |
| β | | |

② 理弧焊焊接接头

| t | 20⁻40 | 80° |
| β | | |

② 理弧焊焊接接头

| t | 10⁻15 | 4 |
| h_fmin | 16⁻20 | 6 |

② 理弧焊焊接接头

t	6⁻12	45°	6
β			
b	≥13	35°	9

③ 理弧焊焊接接头

③ 理弧焊焊接接头

第5章

焊缝常用符号识读

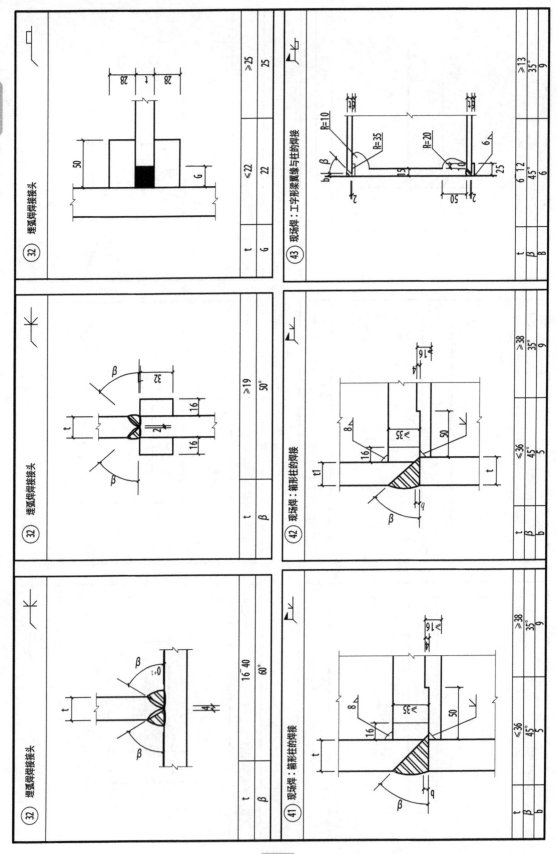

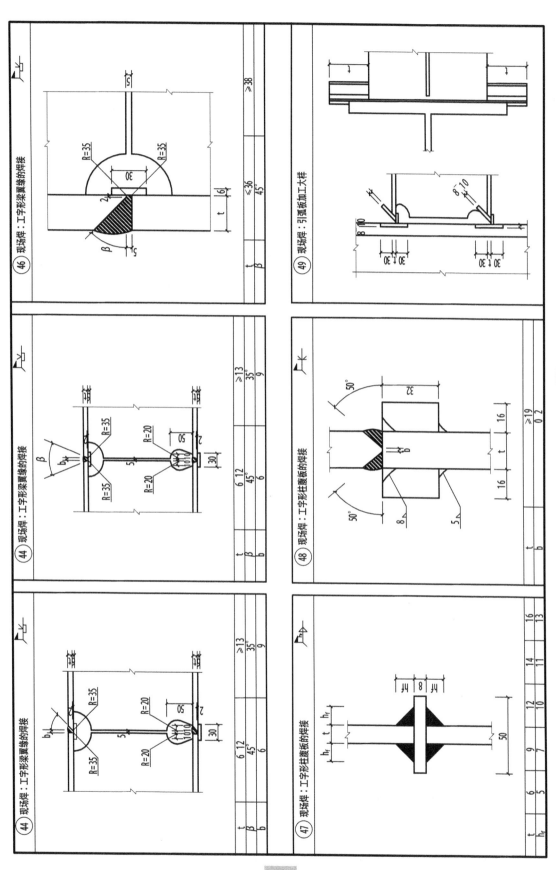

第5章
焊缝常用符号识读

第6章 轻型门式刚架施工图识读

主要内容：轻型门式刚架结构概述；轻型门式刚架柱脚锚栓的构造；轻型门式刚架梁与刚架柱的构造；轻型门式刚架檩条与墙梁的构造；柱间支撑与屋面支撑的构造；压型钢板、保温夹心板的构造；门式刚架施工图的内容；门式刚架施工图实例识读。

目标：掌握门式刚架结构的常见构造和节点；掌握门式刚架施工图的正确识读。

重点：门式刚架施工图的正确识读。

技能点：门式刚架结构的常见构造和节点图的识读；门式刚架施工图的识读。

第1节 轻型门式刚架结构概述

20 世纪 90 年代以来，随着我国经济与社会的快速发展，大量的工业厂房采用了轻型门式刚架结构形式。《门式刚架轻型房屋钢结构技术规程》(CECS102) 是我国设计、制作和安装门式刚架结构的主要技术标准。

单层门式刚架主要适用于一般工业与民用建筑及公用建筑、商业建筑，也可用于吊车起重量不大于 15t($Q \leqslant 15t$) 且跨度不大的工业厂房。门式刚架具有轻质、高强、工厂化和标准化程度较高、现场施工进度快等特点。在工业厂房中大量采用实腹式构件，实腹式构件的特点是用工量较少，装卸性好，还可降低房屋高度。

一、轻型单层门式刚架的组成

轻型单层门式刚架结构是一种轻型房屋结构体系：

(1)以轻型焊接 H 型钢(等截面或变截面)、热轧 H 型钢(等截面)或冷弯薄壁型钢等构成的实腹式门式刚架或格构式刚架作为主要承重骨架，用冷弯薄壁型钢(槽形、卷边槽形、Z 形等)做檩条、墙梁，并适当设置支撑。

(2)以压型金属板(压型钢板、压型铝板)做屋面、墙面。

(3)采用聚苯乙烯泡沫塑料、硬质聚氨酯泡沫塑料、岩棉、矿棉、玻璃棉等作为保温隔热材料。

1. 单层轻型钢结构房屋的组成与分类

单层轻型钢结构房屋的组成如图 6-1、图 6-2 所示。

分类方式见表 6-1。

典型结构图见 6-3。

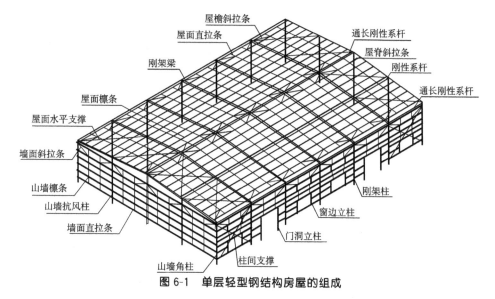

图 6-1 单层轻型钢结构房屋的组成

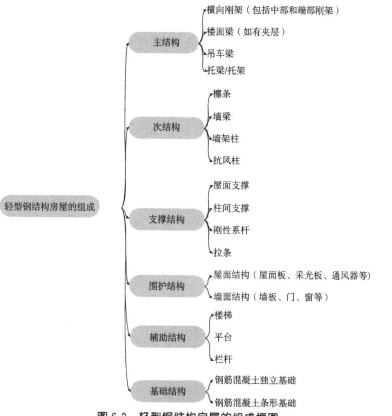

图 6-2 轻型钢结构房屋的组成框图

单层轻型钢结构房屋的分类   表 6-1

按构件体系	有实腹式与格构式;实腹式刚架的截面一般为工字形,格构式刚架的横截面为矩形或三角形
按截面形式	等截面(一般用于跨度不大、高度较低或有吊车的刚架);变截面(一般用于跨度较大或高度较高的刚架)
按结构选材	有普通型钢、薄壁型钢、钢管或钢板组焊

图 6-3　典型轻钢结构实例图

2. 门式刚架的各种建筑尺寸

门式刚架的跨度：取横向刚架柱轴线间的距离；门式刚架的跨度为 9～36m，以 3m 为模数，必要时也有采用非模数跨度的。当边柱宽度不等时外侧应对齐。挑檐长度根据使用要求确定，一般为 0.5～1.2m。

门式刚架的高度：地坪至柱轴线与斜刚架梁轴线交点的高度，根据使用要求的室内净高确定。无吊车时，高度一般为 4.5～9m；有吊车时应根据轨顶标高和吊车净空要求确定，一般为 9～12m。

门式刚架的柱距：宜为 6m，也可以采用 7.5m 或 9m，最大可到 12m，门式刚架跨度较小时，也可采用 4.5m。多跨刚架局部抽柱的地方，一般布置托梁。

门式刚架的檐口高度：地坪至房屋外侧檩条上缘的高度。

门式刚架的最大高度：地坪至房屋顶部檩条上缘的高度。

门式刚架的房屋宽度：房屋侧墙墙梁外皮之间的距离。

门式刚架的房屋长度：房屋两端山墙墙梁外皮之间的距离。

门式刚架的屋面坡度：宜取 1/20～1/8，在雨水较多地区应取较大值。挑檐的上翼缘坡度宜与横梁坡度一致。

门式刚架的轴线：一般取通过刚架柱下端中心的竖向直线；工业建筑边刚架柱的定位轴线一般取刚架柱外皮；斜刚架梁的轴线一般取通过变截面刚架梁最小段中心与斜刚架梁上表面平行的轴向。

温度区段长度：门式刚架轻型房屋的屋面和外墙均采用压型钢板时，其温度区段长度一般纵向区段为 300m，横向温度区段为 150m。

二、门式刚架各构件的作用

主刚架：主要承担建筑物上的各种荷载并将其传给基础。刚架与基础的连接有刚接和铰接两种形式，一般宜采用铰接，当水平荷载较大，房屋高度较高或刚度要求较高时，也可采用刚接。刚架柱与斜梁为刚接。刚架的特点是平面内刚度较大而平面外刚度很小，这就决定了它在水平荷载作用时，可承担平行与刚架平面的荷载，而对于垂直刚架平面的荷载抵抗能力很小。

门式刚架常见构造见图 6-4。

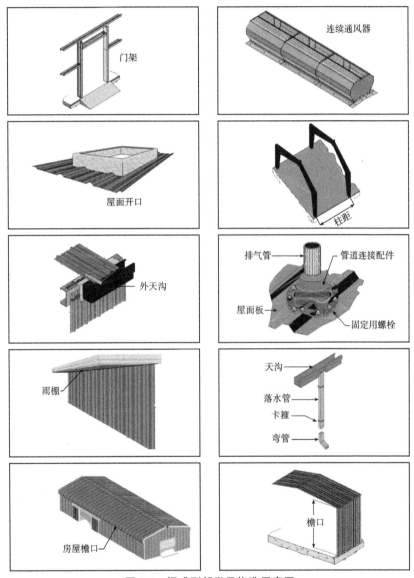

图 6-4　门式刚架常见构造示意图

墙架：主要承担墙体自重和作用于墙上的水平荷载（风荷载），并将其传给主体结构。

檩条：承担屋面荷载，并将其传给刚架。檩条通过螺栓与每榀刚架连接起来，与墙架梁一起与刚架形成空间结构。

隔撑：对于刚架斜梁，一般是上翼缘受压，下翼缘受拉，上弦由于檩条相连，一般不会出现失稳,但当屋面风荷载吸力作用时斜梁下翼缘有可能受压从而出现失稳现象,所以在刚架梁上设置隔撑是十分必要的。

水平支撑:刚架平面外的刚度很小,必须设置刚架柱之间的柱间支撑和刚架梁之间的水平支撑,使其形成具有足够刚度的结构。

拉条:由于檩条和墙架的平面外刚度小,有必要设置拉条(增加支撑),以减小在弱轴方向的长细比。

刚性系杆:由于檩条和墙架梁之间采用螺栓连接的,连接点接近铰接,又檩条和墙架梁的长细比都较大,在平行于房屋纵向荷载的作用下,其传力刚度有限,所以有必要在屋面的各刚架之间设置一定数量的刚性系杆。

剪力键:门式刚架与基础是通过地脚螺栓连接的,当水平荷载作用形成的剪力较大时螺栓就要承担这些剪力,一般不希望螺栓来承担这部分剪力,在设计时常采用设置刚架柱脚与基础之间的剪力键来承担剪力。

三、钢门式刚架的特点

1. 结构自重轻

围护结构由于采用压型金属板、玻璃棉及冷弯薄壁型钢等材料组成,屋面、墙面的质量都很轻,因而支承它们的门式刚架也很轻。根据国内的工程实例统计,单层门式刚架房屋承重结构的用钢量一般为 $10\sim30\text{kg/m}^2$;在相同的跨度和荷载条件情况下自重约仅为钢筋混凝土结构的 $1/20\sim1/30$。

由于单层门式刚架结构的质量轻,地基的处理费用相对较低,基础尺寸也相对较小。在相同地震烈度下门式刚架结构的地震反应小,一般情况下,地震作用参与的内力组合对刚架梁、柱构件的设计不起控制作用。但风荷载对门式刚架结构构件的受力影响较大,风荷载产生的吸力可能会使屋面金属压型板、檩条的受力反向,当风荷载较大或房屋较高时,风荷载可能是刚架设计的控制荷载。

2. 工业化程度高,施工周期短

门式刚架结构的主要构件和配件均为工厂制作,质量易于保证,工地安装方便。除基础施工外,现场基本上无湿作业,所需现场施工人员也较少。各构件之间的连接多采用高强度螺栓连接,是可以安装迅速的一个重要原因。

3. 综合经济效益高

门式刚架结构由于材料价格的原因,其造价虽然比钢筋混凝土结构等其他结构形式略高,但由于构件采用先进自动化设备生产制造;原材料的种类较少,易于采购,便于运输。因此,门式刚架结构的工程周期短,资金回报快,投资效益高。

4. 柱网布置比较灵活

传统的结构形式由于受屋面板,墙板尺寸的限制,柱距多为 6m,当采用 12m 柱距时,需设置托架及墙架柱。而门式刚架结构的围护体系采用金属压型板,所以柱网布置可不受建筑模数限制,柱距大小主要根据使用要求和用钢量最省的原则来确定。

5. 支撑体系轻巧

门式刚架体系的整体性可以依靠檩条、墙梁及隔撑来保证,从而减少了屋盖支撑的数量,同时支撑多用张紧的圆钢做成,很轻便。门式刚架的梁、柱多采用变截面杆,可以节省材料。刚架柱可以为楔形构件,梁则由多段楔形杆组成。

第2节 轻型门式刚架柱脚锚栓的构造

锚栓用于上部钢结构与下部基础的连接,承受柱底轴力/弯矩,在柱脚底板与基础间产生的拉力,剪力由柱底板与基础面之间的摩擦力抵抗,若摩擦力不足以抵抗剪力,则需在柱底板上焊接抗剪键以增大抗剪能力。

锚栓一端埋入混凝土中,埋入的长度要以混凝土对其的握裹力不小于其自身强度为原则,所以对于不同的混凝土强度等级和锚栓强度,所需最小埋入长度也不一样。

锚栓主要有两个基本作用:

(1)作为安装时临时的支撑,保证钢柱定位和安装稳定性。

(2)将柱脚底板内力传给基础。

锚栓采用 Q235 或 Q345 钢制作,分为弯钩式和锚板式两种(图 6-5)。

a)弯钩式

b)锚板式

图 6-5 常用锚栓

门式刚架的柱脚多按铰接支承设计,通常为平板支座,设 1 对或 2 对地脚螺栓。当用于工业厂房且有桥式吊车时,一般将柱脚设计为刚性连接。常见柱脚构造见图 6-6。

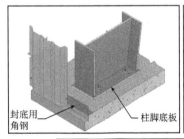
封底用角钢 柱脚底板

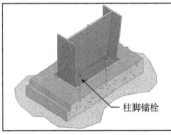
柱脚锚栓

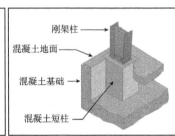
刚架柱
混凝土地面
混凝土基础
混凝土短柱

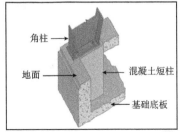
角柱
地面
混凝土短柱
基础底板

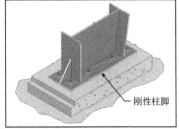
刚性柱脚

图 6-6 常见柱脚构造

对于铰接柱脚,锚栓直径由构造确定,一般不小于 M20;对于刚接柱脚,锚栓直径由计算确定,一般不小于 M30。锚栓长度由钢结构设计手册确定,若锚栓埋入基础中的长度不能满足要求,则考虑将其焊于受力钢筋上。为方便柱安装和调整,柱底板上锚栓孔为锚栓直径的 1.5 倍,或直接在底板上开缺口(见图 6-7)。

图 6-7　柱脚锚栓

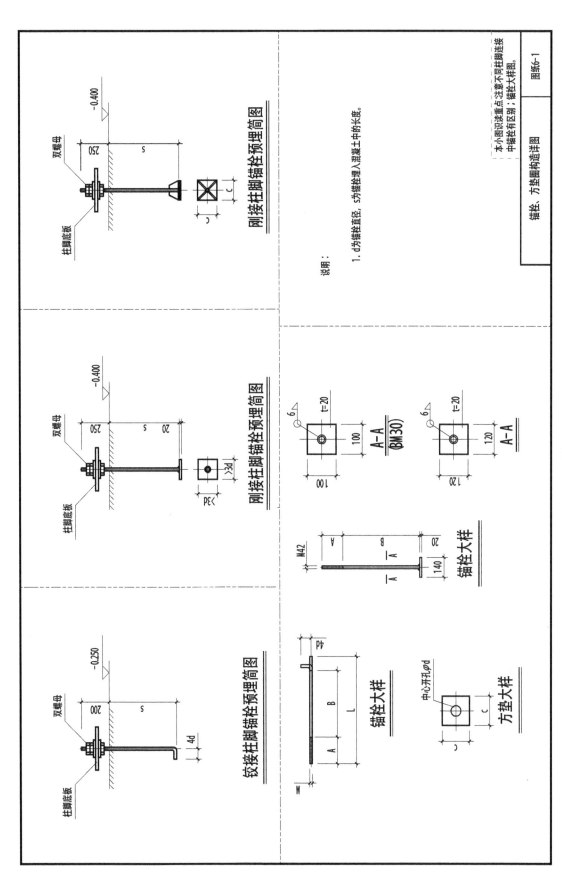

刚接柱脚锚栓预埋简图

说明：
1. d为锚栓直径，s为锚栓埋入混凝土中的长度。

刚接柱脚锚栓预埋简图

A-A
(BM30)

A-A

锚栓大样

铰接柱脚锚栓预埋简图

锚栓大样

方垫大样

本小图识读重点注意不同柱脚连接中锚栓有区别；锚栓大样图。

锚栓、方垫圈构造详图

图纸6-1

本小图识读重点：地脚螺栓是埋入式的，混凝土是分两次进行浇筑，注意与左图的区别与联系。

门式刚架柱底部的标准截面图（二）

第二次浇筑混凝土的位置

第一次浇筑混凝土的位置

细石混凝土

地脚螺栓

柱脚底板

本小图识读重点：地脚螺栓的布置，并注意是双螺母拧紧架固在钢筋混凝土基础表面。

门式刚架柱底部的标准截面图（一）

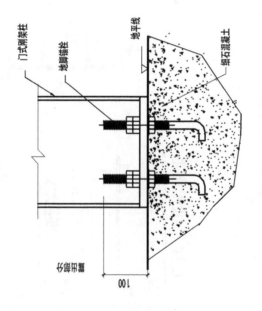

门式刚架柱

地脚螺栓

地平线

细石混凝土

柱脚底板

100

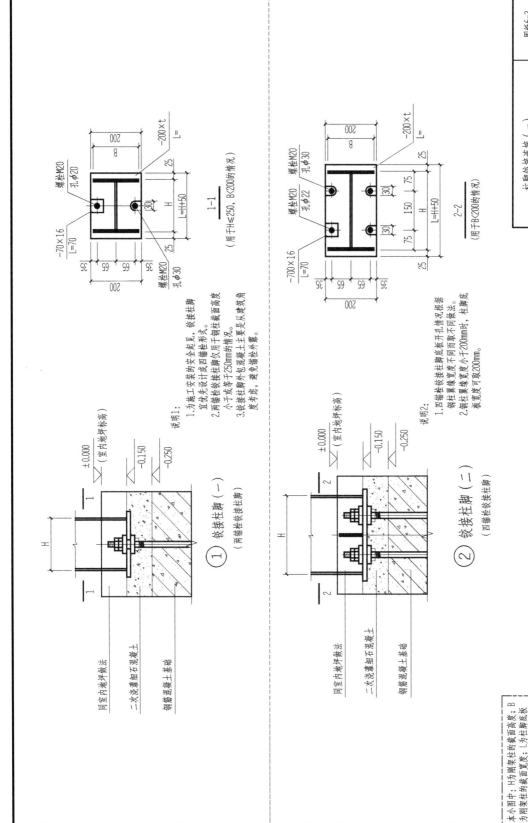

柱脚铰接连接（一）

钢结构 构造与识图

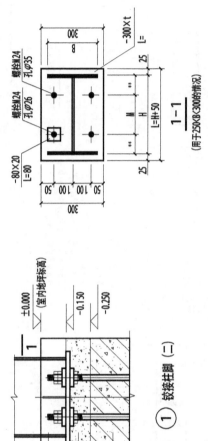

① 铰接柱脚（二）

±0.000（室内地坪标高）
-0.150
-0.250

同室内地坪做法
一次浇细石混凝土
二次浇细石混凝土
钢筋混凝土基础

螺栓M24 孔Φ35
螺栓M24 孔Φ26
-80×20 L=80
-300×t L=
1-1
（用于250≤B<300的情况）

螺栓M24 孔Φ35
螺栓M24 孔Φ26
-80×20 L=80
-250×t L=
1-1
（用于200≤B<250的情况）

尺寸对照表（单位：mm）

截面高度H	300	350	400	450	500	550	600
锚栓间距M	150	200	250	250	300	350	400

说明：
1.钢柱翼缘宽度小于250mm时，柱脚底板宽度可取250mm，钢柱翼缘宽度大于或等于250mm时，且小于300mm时，柱脚底板宽度可取300mm。

本小图中：H为刚架柱的截面高度；B为刚架柱的翼缘宽度；L为柱脚底板的长度；t为底板的厚度。

柱脚铰接连接（二）

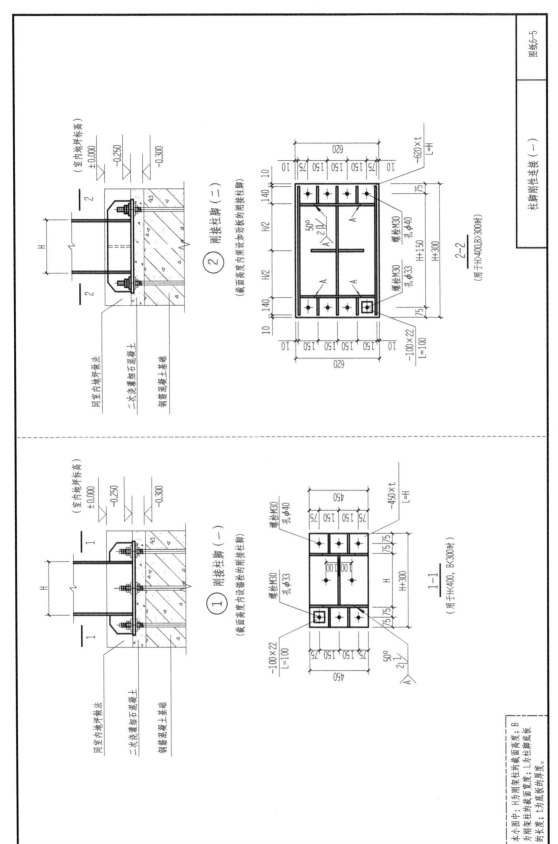

（室内地坪标高）
±0.000
-0.250
-0.300

② 刚接柱脚

（截面高度内系设劲板的刚接柱脚）

同室内地坪做法

二次灌细石混凝土

钢筋混凝土基础

50°
2 $\frac{1}{2}$

螺栓M30
孔φ40

螺栓M30
孔φ33

-100×22
L=100

2-2
（用于H>400,B>300时）

620
10 75 150 150 150 75 10
140 H2 H2 140
75 H150 H300 75
-620×t
L=H

（室内地坪标高）
±0.000
-0.250
-0.300

① 刚接柱脚

（截面高度内设锚栓的刚接柱脚）

同室内地坪做法

二次灌细石混凝土

钢筋混凝土基础

螺栓M30
孔φ40

螺栓M30
孔φ33

-100×22
L=100

50°
2 $\frac{1}{2}$

1-1
（用于H<400, B<300时）

450
75 150 150 75
75 75 H 75 75
H+300
-450×t
L=H

第6章

轻型门式刚架施工图识读

本小图中：H为刚架柱的截面高度；B
为刚架柱的截面宽度；L为柱脚底板
的长度；t为底板的厚度。

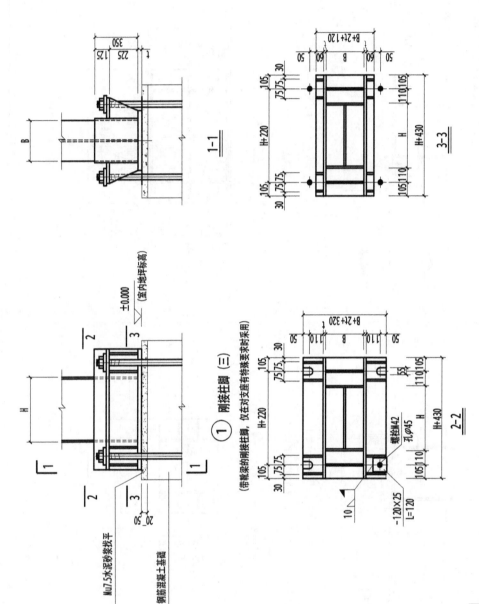

① 刚接柱脚（三）
（带靴梁的刚接柱脚，仅在对支座有特殊要求时采用）

1-1

3-3

2-2

本小图中：H为刚架柱的截面高度；B为刚架柱的截面宽度；L为柱脚底板的长度；t为底板的厚度。

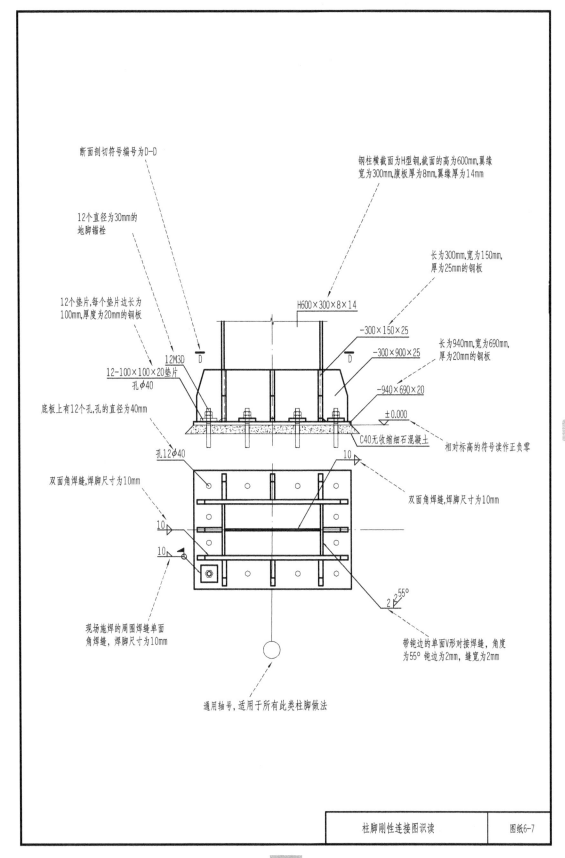

断面剖切符号编号为D-D

钢柱横截面为H型钢,截面的高为600mm,翼缘宽为300mm,腹板厚为8mm,翼缘厚为14mm

12个直径为30mm的地脚锚栓

长为300mm,宽为150mm,厚为25mm的钢板

12个垫片,每个垫片边长为100mm,厚度为20mm的钢板

H600×300×8×14

−300×150×25

长为940mm,宽为690mm,厚为20mm的钢板

12M3D

D

−300×900×25

12-100×100×20垫片
孔φ40

−940×690×20

±0.000

底板上有12个孔,孔的直径为40mm

C40无收缩细石混凝土

相对标高的符号读作正负零

孔12φ40

双面角焊缝,焊脚尺寸为10mm

10

双面角焊缝,焊脚尺寸为10mm

10

10

2 55°
2

现场施焊的周围焊缝单面角焊缝,焊脚尺寸为10mm

带钝边的单面V形对接焊缝,角度为55° 钝边为2mm,缝宽为2mm

通用轴号,适用于所有此类柱脚做法

柱脚刚性连接图识读

图纸6-7

第3节　轻型门式刚架梁与刚架柱的构造

一、刚架梁与刚架柱构造

主刚架由边柱、刚架梁、中柱等构件组成。边柱和梁通常根据门式刚架受力情况制作成变截面，达到节约材料降低造价的目的。典型的主刚架、主刚架节点连接形式如图6-8、图6-9所示。

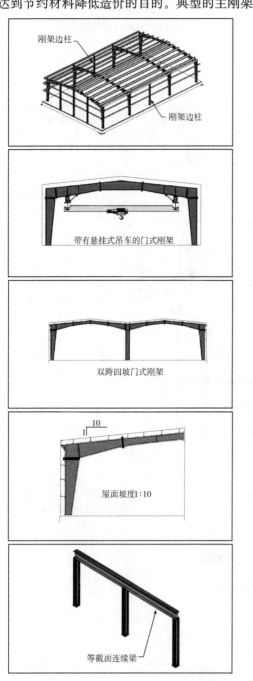

图 6-8　主刚架

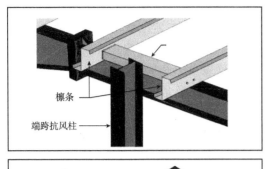

檩条

端跨抗风柱

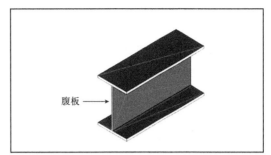

腹板

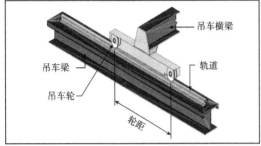

吊车横梁

吊车梁

吊车轮

轨道

轮距

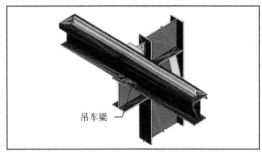

吊车梁

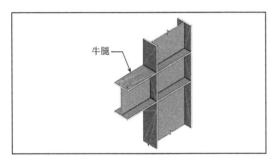

牛腿

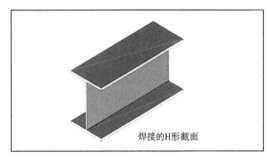

焊接的H形截面

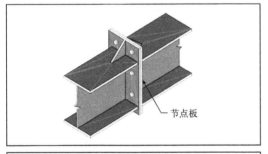

节点板

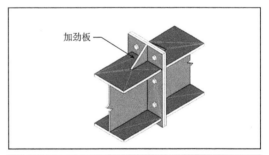

加劲板

刚架梁节点

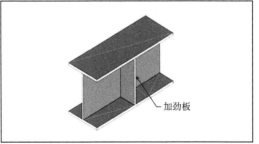

加劲板

图 6-9　主刚架节点连接形式

门式刚架轻型钢结构房屋的主刚架一般采用变截面实腹刚架,主刚架斜梁下翼缘和刚架柱内翼缘的平面外稳定性,由与檩条或墙梁相连接的隔撑来保证。主刚架间的交叉支撑一般采用张紧的圆钢。外墙宜采用压型钢板作围护面的轻质墙板和冷弯薄壁型钢墙梁,也可以采用砌体外墙或底部为砌体、上部为轻质材料的外墙。屋盖常采用压型钢板屋面板和冷弯薄壁型钢檩条,单层房屋可采用隔热卷材做屋盖隔热屋和保温层,也可以采用带隔热层的板材作屋面,屋面坡度一般取 1/20~1/8。在雨水较多的地区应取其中较大值。

门式刚架可由多个刚架梁、刚架柱单元构件组成,刚架柱一般为单独单元构件,斜刚架梁一般根据当地运输条件划分为若干个单元。刚架单元构件本身采用焊接,单元之间可通过节点板以高强度螺栓连接。

门式刚架的形式分为单跨、双跨和多跨、带挑檐和带毗屋的刚架等。多跨刚架中间柱与刚架斜梁的连接,可采用铰接。多跨刚架宜采用双坡或单坡屋盖,必要时也可采用由多个双坡单跨相连的多跨刚架形式。

二、山墙刚架构造

当轻型钢结构建筑存在吊车起重系统并且延伸到建筑物端部,或需要在山墙上开大面积无障碍门洞,应采用门式刚刚架端墙这种典型的构造形式。

刚架端墙由门式刚框架、抗风柱和墙架檩条组成。抗风柱上下端铰接,被设计成只承受水平风荷载作用的抗弯构件,由与之相连的墙梁提供柱子的侧向支撑。采用刚架的山墙形式,由于端刚架和中间标准刚架的尺寸完全相同,比较容易处理支撑连接节点,可以把支撑系统设置在结构的端开间。

三、托梁及屋面单梁

当某榀刚架柱因为建筑净空需要被抽除时,托梁通常横跨在相邻的两榀框架柱之间,支承已抽柱位置上的中间那榀框架上的斜梁。托梁是承受竖向荷载的结构构件,按照位置分为边跨托梁和跨中托梁,如图 6-10。

在多跨厂房或仓库内部,当为了满足建筑净空间要求而必须抽去一个或多个内部柱子时,托梁常放置在柱顶。当大梁直接搁置在托梁顶部时,需要额外添加隔撑为托梁下翼缘提供面外的支撑。钢托梁可以是通常的工字形组合截面梁或楔形组合截面梁,楔形组合截面梁可以是平顶斜底也可以是平底斜顶。

在混凝土结构上部搭建的钢结构屋面系统称为屋面钢结构。这种钢结构包括屋面梁、檩条、屋面支撑和屋面板。与全钢结构系统比较,当跨度较大时,采用屋面钢结构是不经济的。

屋面钢结构的大梁搁置在混凝土柱顶的预埋钢板上,并通过埋在混凝土中的锚栓固定(见图 6-11)。柱一般不能承受较大的水平推力,因此设计时允许梁的一端支座可以做水平滑移,在构造上可以通过开长的椭圆空来实现。

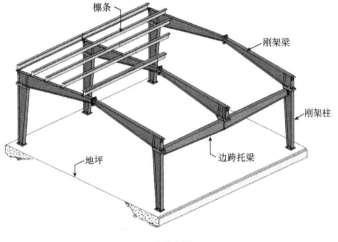

a) 边跨托梁

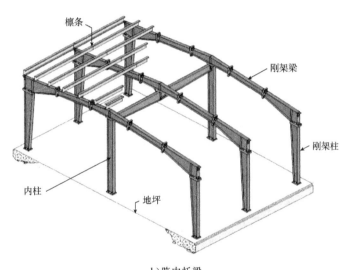

b) 跨中托梁

图 6-10 托梁

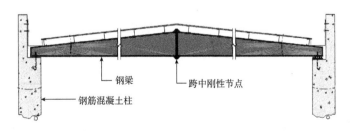

图 6-11 钢筋混凝土柱钢屋盖示意图

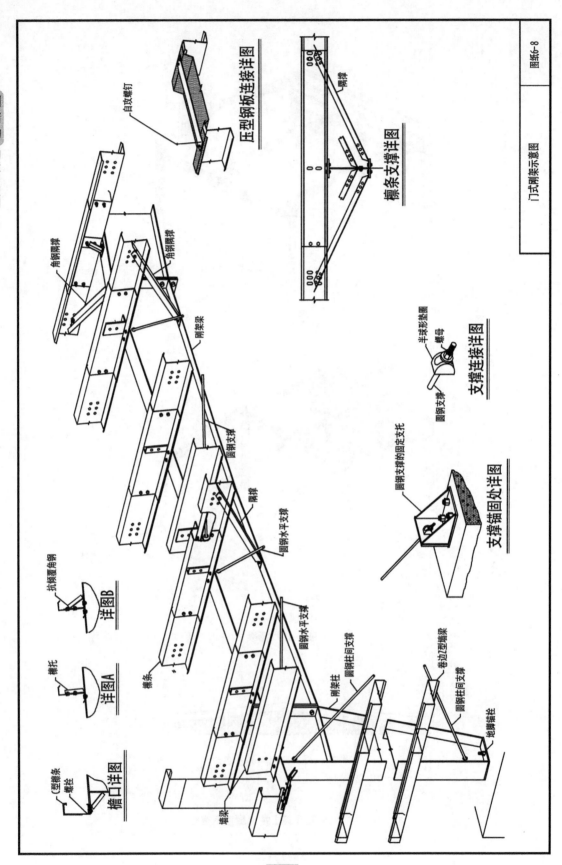

压型钢板连接详图

自攻螺钉

檩条支撑详图

隔撑

支撑连接详图

半球形垫圈

螺母

圆钢支撑

支撑锚固处详图

圆钢支撑的固定支托

角钢隔撑

角钢隔撑

刚架梁

圆钢支撑

隔撑

圆钢水平支撑

圆钢水平支撑

详图B

抗顶覆角钢

详图A

檩托

檩条

刚架柱

圆钢柱间支撑

卷边Z型檩梁

圆钢柱间支撑

地脚锚栓

C型檩条

螺栓

檐口详图

墙梁

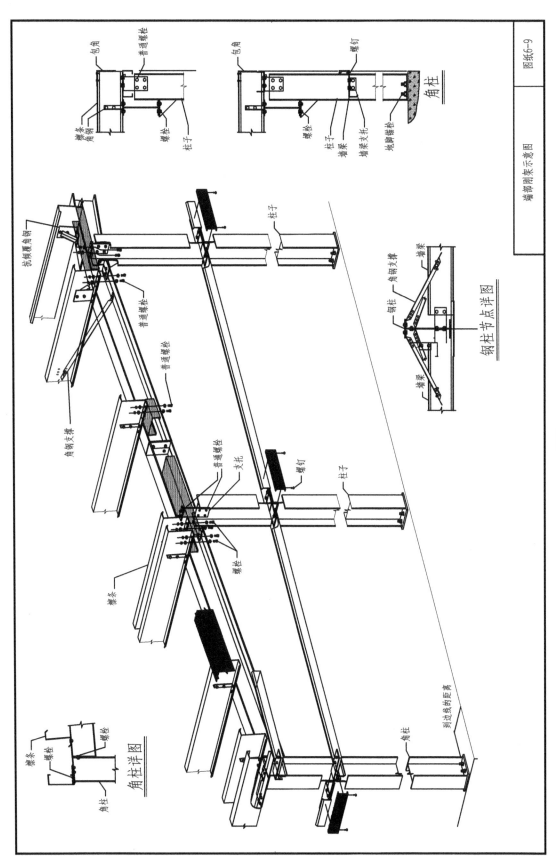

端部刚架示意图

包角

普通螺栓

包角

螺钉

角柱

螺条

角钢

螺条

柱子

墙梁

墙梁支托

地脚锚栓

抗倾覆角钢

柱子

普通螺栓

普通螺栓

墙梁

角钢支撑

钢柱

钢柱节点详图

墙梁

角钢支撑

普通螺栓

支托

螺钉

柱子

螺栓

螺条

角柱

到边线的距离

螺条

螺栓

螺栓

角柱详图

角柱

第6章

轻型门式刚架施工图识读

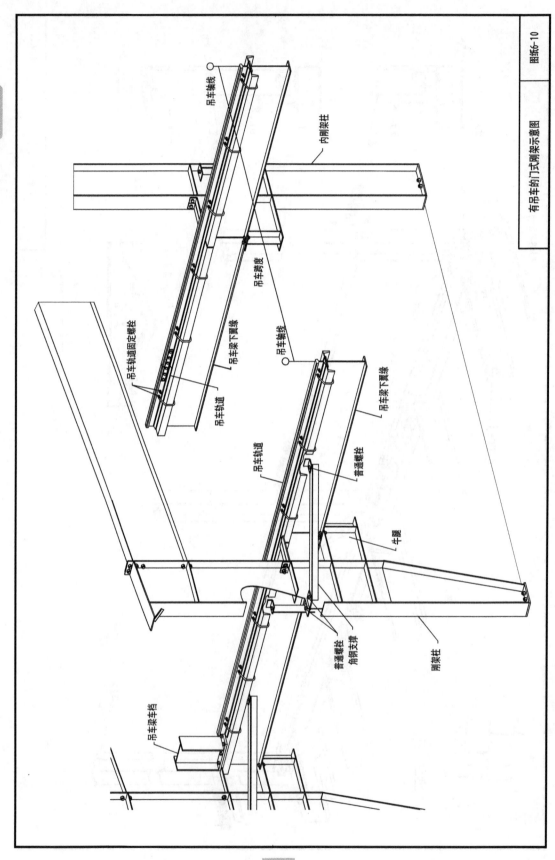

吊车轨线

内刚架柱

吊车跨度

吊车轨道固定螺栓

吊车轨线

吊车梁下翼缘

吊车轨道

吊车梁下翼缘

吊车轨道

普通螺栓

牛腿

普通螺栓
角钢支撑

刚架柱

吊车梁车挡

有吊车的门式刚架示意图

图纸6-10

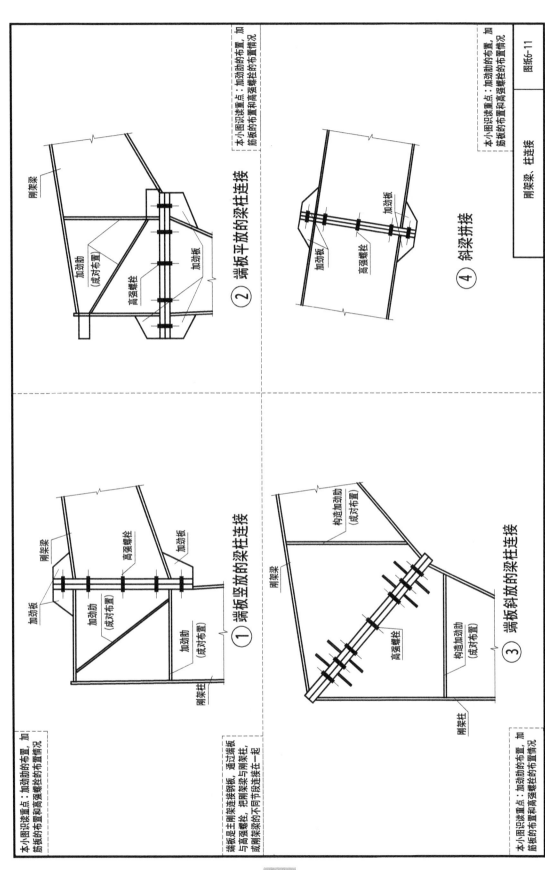

② 端板平放的梁柱连接

本小图识读重点:加劲肋的布置,加筋板的布置和高强螺栓的布置情况

④ 斜梁拼接

本小图识读重点:加劲肋的布置,加筋板的布置和高强螺栓的布置情况

① 端板竖放的梁柱连接

本小图识读重点:加劲肋的布置,加筋板的布置和高强螺栓的布置情况

端板是主刚架梁连接侧板,通过端板与高强螺栓,把刚架梁与刚架柱,或刚架梁的不同节段连接在一起

③ 端板斜放的梁柱连接

本小图识读重点:加劲肋的布置,加筋板的布置和高强螺栓的布置情况

第6章

轻型门式刚架施工图识读

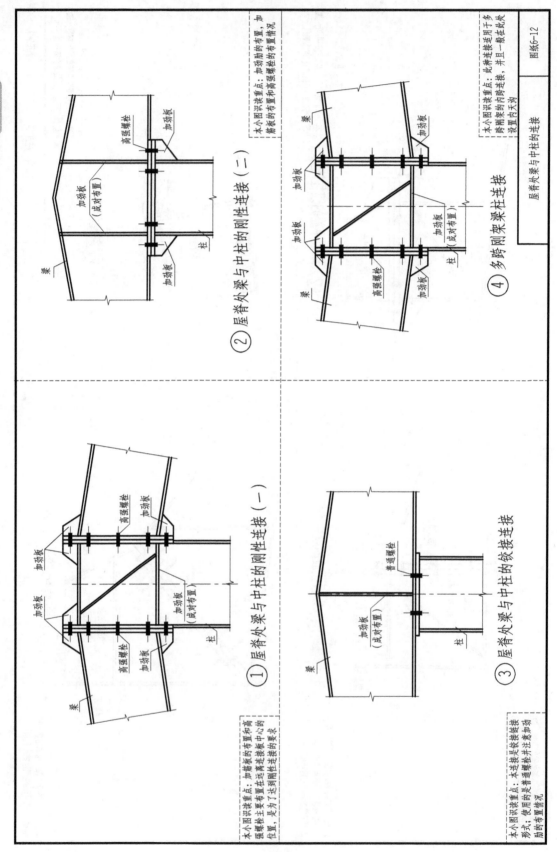

② 屋脊处梁与中柱的刚性连接（二）

本小图识读重点：加劲肋的布置和高强螺栓的布置，是为了述到刚性连接的要求情况。

④ 多跨刚架梁柱连接

本小图识读重点：此种连接适用于多跨刚架的内跨连接，并且在柱在此处设置内天沟。

① 屋脊处梁与中柱的刚性连接（一）

本小图识读重点：加劲肋的布置和高强螺栓主要布置在高强连接板中心的位置，是为了述到刚性连接的要求。

③ 屋脊处梁与中柱的铰接连接

本小图识读重点：本连接是铰接连接形式，使用的是普通螺栓并注意加劲肋的布置情况。

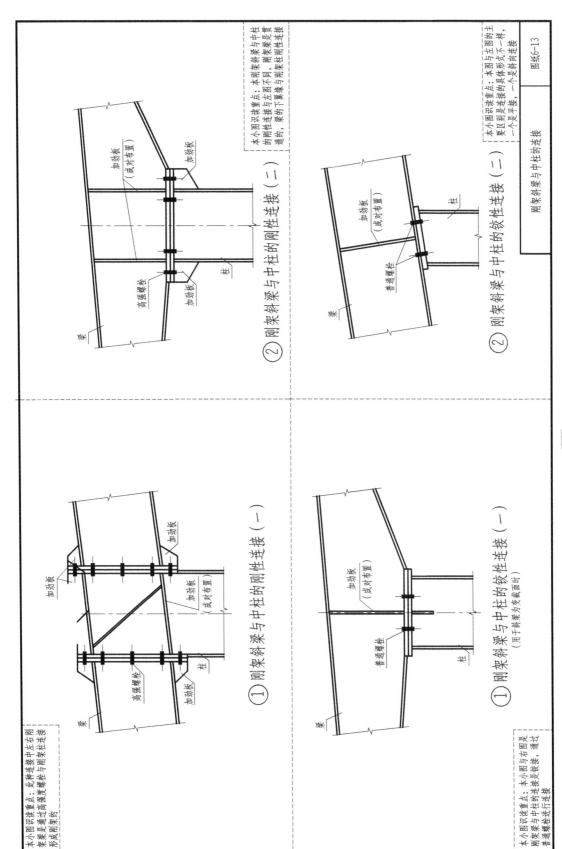

本小图识读重点：此种连接中左右刚架梁是通过高强螺栓与刚架柱连接的，形成刚架的

① 刚架斜梁与中柱的刚性连接（一）

本小图识读重点：本图与左右图不同的是刚性连接与左图相同的，刚架柱连接与左图是通的，梁的下翼缘与刚架柱刚性连接

② 刚架斜梁与中柱的刚性连接（二）

本小图识读重点：本图与右图是铰接的，通过普通螺栓与中柱的连接是铰接，通过普通螺栓进行连接

① 刚架斜梁与中柱的铰性连接（一）
（用于斜梁为变截面时）

本小图识读重点：本图与左右图的主要区别是连接的具体形式不一样，一个是平表，一个是斜梁间连接

② 刚架斜梁与中柱的铰性连接（二）

第6章

轻型门式刚架施工图识读

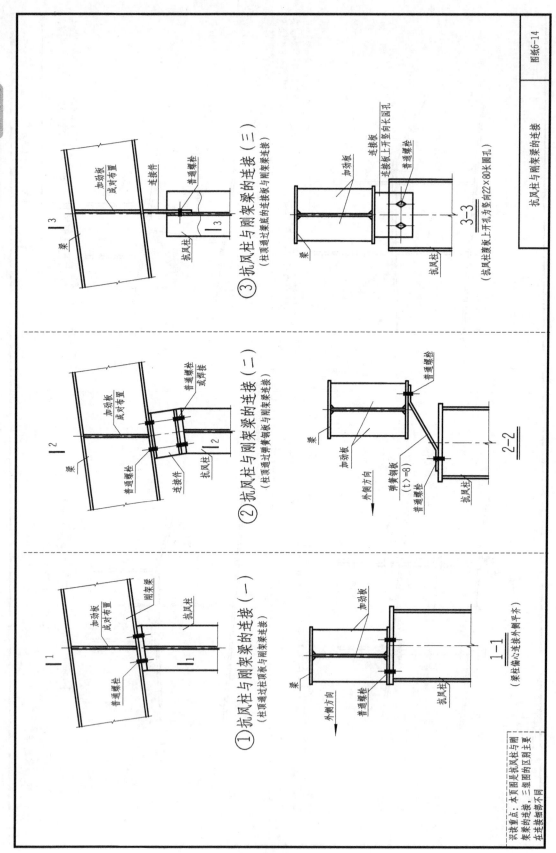

① 抗风柱与刚架梁的连接（一）
（柱顶通过顶板与刚架梁连接）

1-1
（梁柱偏心连接外侧平齐）

② 抗风柱与刚架梁的连接（二）
（柱顶通过弹簧钢板与刚架梁连接）

2-2

③ 抗风柱与刚架梁的连接（三）
（柱顶通过梁底的连接板与刚架梁连接）

3-3
（抗风柱顶板上开孔为22×80长圆孔）

图纸6-14

抗风柱与梁的连接

识读重点：本页图是抗风柱与
梁连接的连接，三组图的区别主要
在连接细部不同

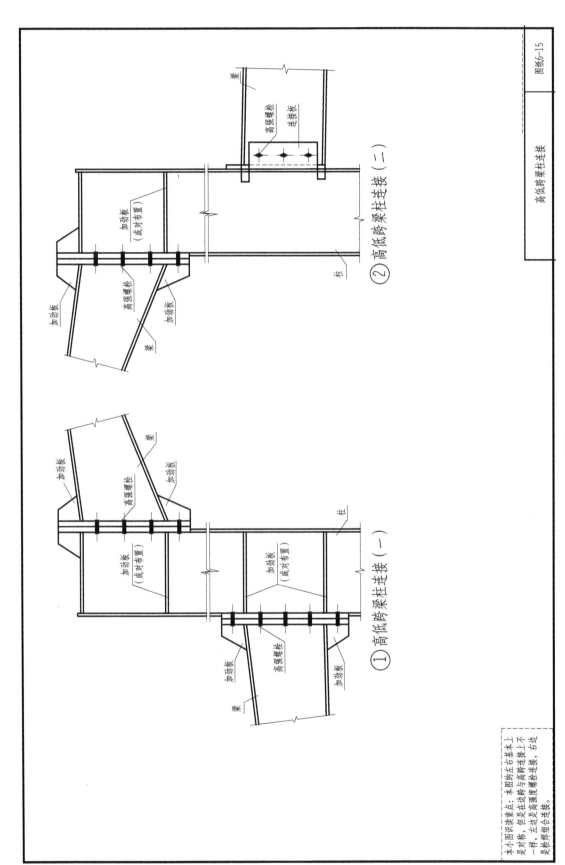

① 高低跨梁柱连接（一）

② 高低跨梁柱连接（二）

本小图识读重点：本图的左右基本上
是对称，但是左边跨与右跨在连接上不
一样，左边是高强螺栓连接，右边
是栓焊组合连接。

第6章

轻型门式刚架施工图识读

图纸6-15

高低跨梁柱连接

121

平板支座吊车梁连接

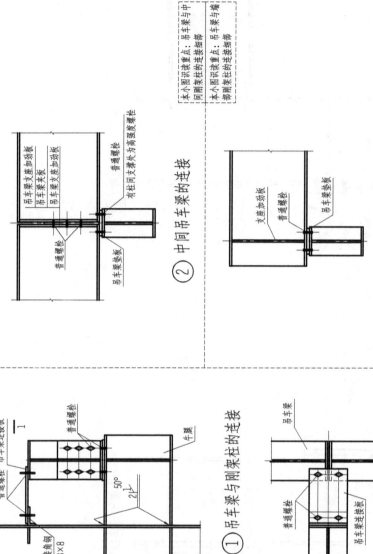

① 吊车梁与刚架柱的连接

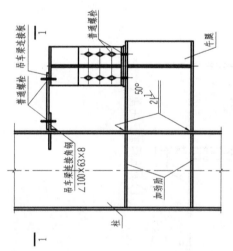

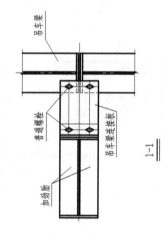

1-1

② 中间吊车梁的连接

① 端部吊车梁的连接

本小图识读重点：吊车梁与中间刚架柱的连接细部

本小图识读重点：吊车梁与端部刚架柱的连接细部

本小图识读重点：识读本图时必须注意刚架柱与吊车梁的相对位置，牛腿与吊车梁的相对位置，连接使用的螺栓情况

122

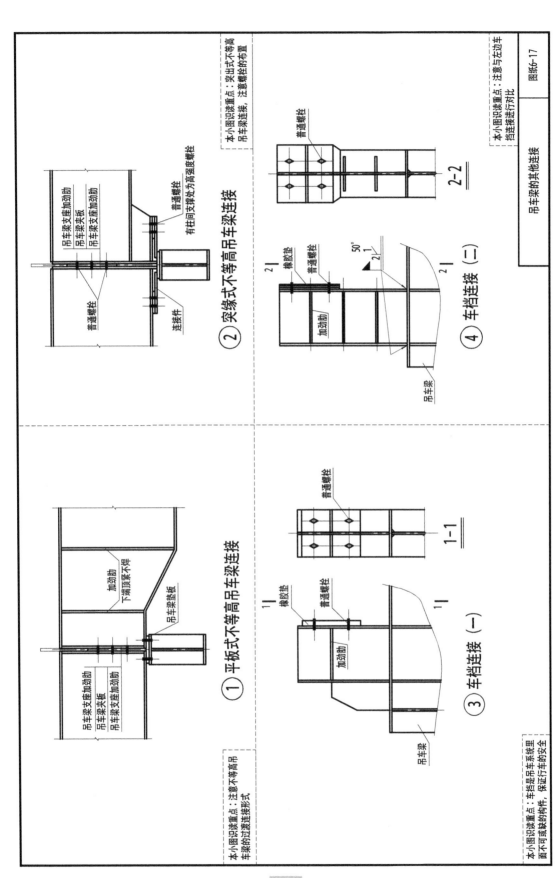

吊车梁的其他连接

本小图识读重点：突出式不等高
吊车梁连接，注意螺栓的布置

② 突缘式不等高吊车梁连接

吊车梁支座加劲肋
吊车梁夹板
吊车梁支座加劲肋

普通螺栓
有在间支撑处为高强度螺栓

连接件

普通螺栓

本小图识读重点：注意与左边车
挡连接进行对比

普通螺栓

2-2

2┃

橡胶垫
普通螺栓

加劲肋

50°

2┃

2┃

④ 车挡连接（二）

吊车梁

① 平板式不等高吊车梁连接

吊车梁支座加劲肋
吊车梁夹板
吊车梁支座加劲肋

加劲肋

下端顶紧不焊

吊车梁盖板

本小图识读重点：注意不等高吊
车梁的过渡连接形式

普通螺栓

1-1

1┃

橡胶垫
普通螺栓

加劲肋

1┃

③ 车挡连接（一）

吊车梁

本小图识读重点：车挡是吊车系统里
面不可或缺的构件，保证行车的安全

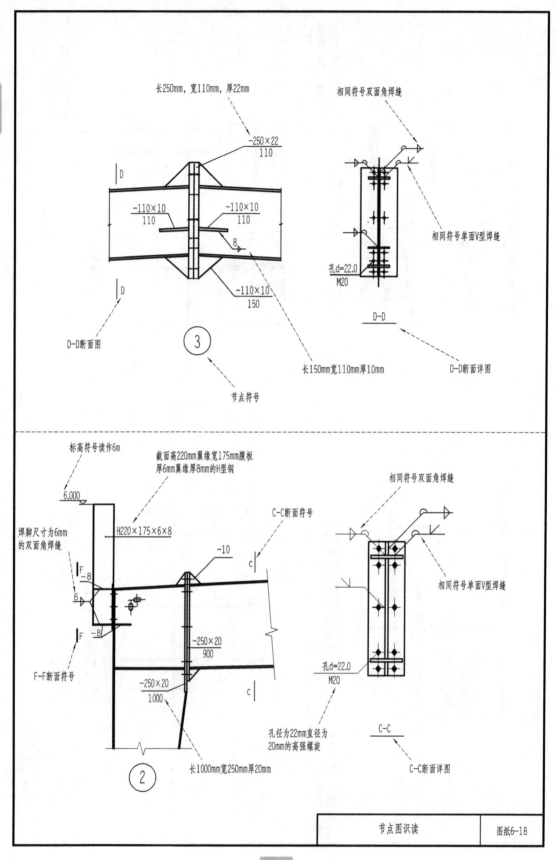

长250mm，宽110mm，厚22mm

$-250×22 \over 110$

相同符号双面角焊缝

$-110×10 \over 110$　$-110×10 \over 110$

8

相同符号单面V型焊缝

孔d=22.0
M20

D—D

D—D断面图

③

节点符号

长150mm宽110mm厚10mm

$-110×10 \over 150$

D—D断面详图

标高符号读作6m

6.000

截面高220mm翼缘宽175mm腹板
厚6mm翼缘厚8mm的H型钢

H220×175×6×8

C—C断面符号

相同符号双面角焊缝

焊脚尺寸为6mm
的双面角焊缝

-8

6

-8

-10

c

相同符号单面V型焊缝

$-250×20 \over 900$

孔d=22.0
M20

F—F断面符号

$-250×20 \over 1000$

②

长1000mm宽250mm厚20mm

c

孔径为22mm直径为
20mm的高强螺旋

C—C

C—C断面详图

节点图识读　　　图纸6-18

第4节 轻型门式刚架檩条与墙梁的构造

檩条、墙梁和檐口檩条构成轻型钢结构建筑的次结构系统。次结构系统主要有以下作用：

(1)可以支承屋面板和墙面板,将外部荷载传递给主结构;

(2)可以抵抗作用在结构上的部分纵向荷载,如纵向的风荷载,地震作用等;

(3)作为主结构的受压翼缘支撑而成为结构纵向支撑体系的一部分。

檩条是构成屋面水平支撑系统的主要部分;墙梁是墙面支撑系统中的重要构件;檐口檩条位于侧墙和屋面的接口处,对屋面和墙面都起到支撑的作用。

轻型门式刚架的檩条,墙梁以及檐口檩条一般都采用带卷边的槽形和Z型(斜卷边或直卷边)截面的冷弯薄壁型钢。

一、檩条的布置和构造

轻型门式刚架的檩条构件可以采用C型冷弯卷边槽钢和Z型带斜卷边或直卷边的冷弯薄壁型钢。构件的高度一般为140～300mm,厚度1.4～2.5mm。冷弯薄壁型钢构件一般采用 Q235 或 Q345,大多数檩条表面涂层采用防锈底漆,也有采用镀铝或镀锌的防腐措施。

1. 檩条间距和跨度的布置

檩条的设计首先应考虑天窗、通风屋脊、采光带、屋面材料及檩条供货规格的影响,以确定檩条间距,并根据主刚架的间距确定檩条的跨度。

2. 简支檩条和连续檩条的构造

檩条构件可以设计为简支构件,也可以设计为连续构件(图 6-12)。简支檩条和连续檩条一般通过搭接方式的不同来实现。简支檩条不需要搭接长度,Z 型檩条的简支搭接方式其搭接长度很小,对于 C 型檩条可以分别连接在檩托上。采用连续构件可以承受更大的荷载和变形,因此比较经济。檩条的连续化构造也比较简单,可以通过搭接和拧紧来实现。带斜卷边的 Z 型檩条可采用叠置搭接,卷边槽形檩条可采用不同型号的卷边槽形冷弯型钢套来搭接。

3. 侧向支撑的设置

外荷载作用下檩条同时产生弯曲和扭转的共同作用。冷弯薄壁型钢本身板件宽厚比大,抗扭刚度不足;荷载通常位于上翼缘的中心,荷载中心线与剪力中心相距较大;因为坡屋面的影响,檩条腹板倾斜,扭转问题将更加突出。所有这些说明,侧向支撑是保证冷弯薄壁型钢檩条稳定性的重要保障。

(1)屋面板的支撑作用

将屋面视为一大构件,承受平行于屋面方向的荷载,称之为屋面的蒙皮效应。考虑蒙皮效应的屋面板必须具有合适的板型、厚度及连接性能,主要是一些用自攻螺丝连接的屋面板,可以作为檩条的侧向支撑,使檩条的稳定性提高很多。

(2)拉条和支撑

提高檩条稳定性的重要构造措施是采用拉条或撑杆从檐口一端通长连接到另一端,连接每一根檩条。檩条的侧向支撑不宜太少,根据檩条跨度的不同,可以在檩条中央设一道或者在檩条中央及四等分点处各设一道,共三道拉条。一般情况下檩条上翼缘受压,所以拉条设置在檩条上翼缘1/3高的腹板范围内。

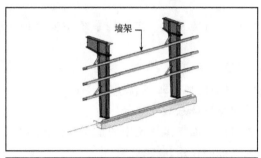

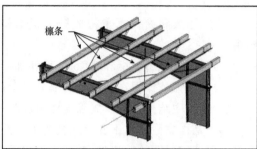

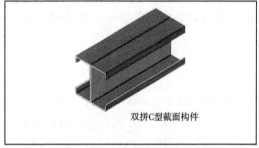

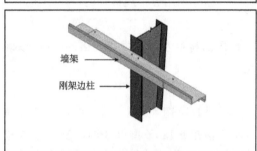

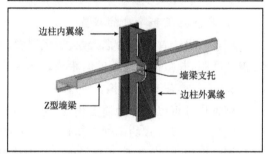

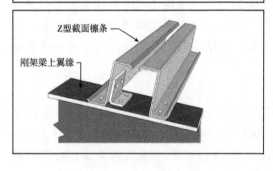

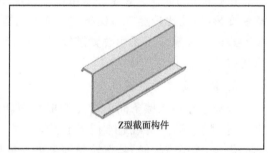

图 6-12 常见的檩条和墙梁的构造

由于需要考虑檩条在风吸力作用下的翼缘受压,需要把拉条设置在下翼缘附近。考虑到蒙皮效应,可以考虑上翼缘的侧向稳定性由自攻螺丝连接的屋面板提供,而只在下翼缘附近设置拉条;但对于非自攻螺丝连接的屋面板,则需要在檩条上下翼缘附近设置双拉条。对于带卷边的 C 型截面檩条,因在风吸力作用下自由翼缘将向屋脊变形,因此宜采用角钢截面或方管截面作撑杆。

采用拉条应在檐口处设置斜拉条,牢固地与檐口檩条在刚架处的节点连接。屋脊处的支撑起着将两侧的支撑联系起来的作用,以防止所有檩条向一个方向失稳,所以屋脊连接处多采用比较牢固的连接。

（3）檩托

在简支檩条的端部或连续檩条的搭接处,考虑设置檩托是比较妥善的防止檩条在支座处倾覆或扭转的方法。檩托常采用角钢,高度达到檩条高度的 3/4,且与檩条以螺栓连接。

（4）檩条和撑杆的布置

拉条和撑杆的布置应根据檩条的跨度、间距、截面形式和屋面坡度、屋面形式等因素来选择。

①当檩条跨度 $L \leqslant 4m$ 时,通常可不设拉条或撑杆;当 $4m < L \leqslant 6m$ 时,可仅在檩条跨中设置一道拉条,檐口檩条间应设置撑杆和斜拉条;当 $L > 6m$ 时,宜在檩条跨间三分点处设置两道拉条,檐口檩条间应设置撑杆和斜拉条。

②屋面有天窗时,宜在天窗两侧檩条间设置撑杆和斜拉条。

③当檩距较密时($s/L < 0.2$),可根据檩条跨度大小设置拉条及撑杆,以使斜拉条和檩条的交角不致过小,确保斜拉条拉紧。

④对称的双坡屋面,可仅在脊檩间设置撑杆,不设斜拉条,但在设计脊檩时应计入一侧所有拉条的竖向分力。

二、墙梁布置和构造

墙梁的布置与屋面檩条的布置有类似的考虑原则。墙梁的布置首先应考虑门窗、挑檐、遮雨篷等构件和围护材料的要求,综合考虑墙板板型和规格,以确定墙梁间距。墙梁的跨度取决于主刚架的柱距。

墙梁与主刚架柱的相对位置一般有 2 种。图 6-13 显示的是穿越式,墙梁的自由翼缘简单地与柱子外翼缘螺栓连接或檩托连接,根据墙梁搭接的长度来确定墙梁是连续的还是简支的。图 6-14 显示的是平齐式,即通过连接角钢将墙梁与柱子腹板相连,墙梁外翼缘基本与柱子外翼缘平齐。采用平齐式的墙梁布置方式,墙梁与主钢架柱简单地用节点板铰接方式相连,檐口檩条不需要额外的节点板,基底角钢与柱外缘平齐减小了基础的宽度。

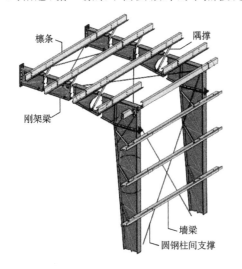

图 6-13　穿越式墙梁

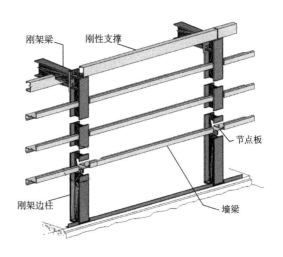

图 6-14　平齐式墙梁

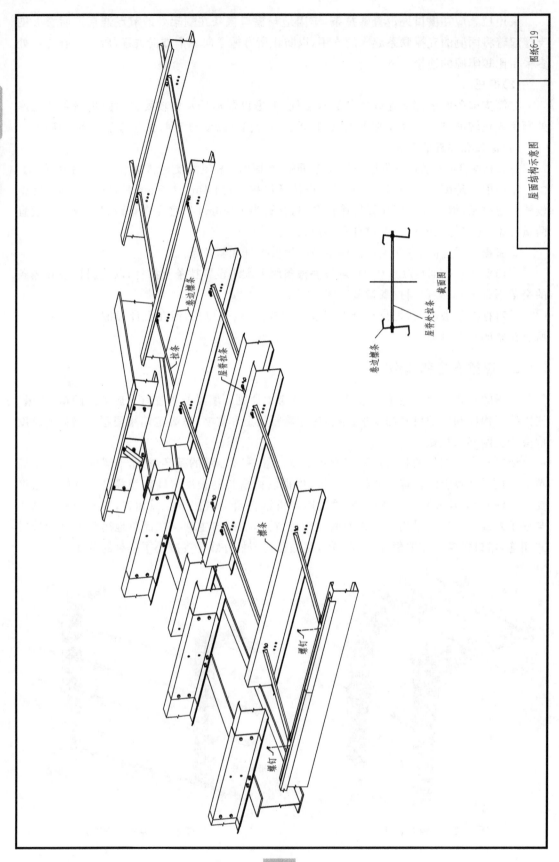

屋面结构示意图

卷边檩条

拉条

屋脊处拉条

檩条

螺钉

螺钉

卷边檩条

屋脊处拉条

截面图

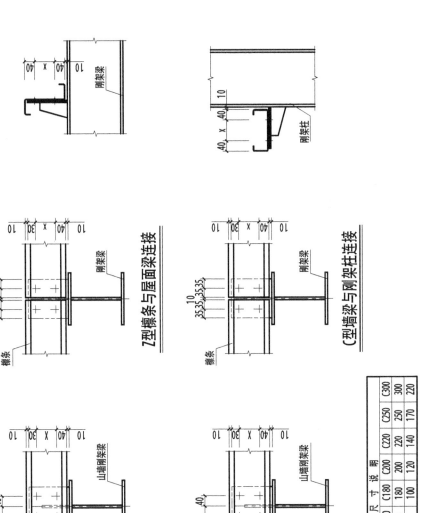

刚架梁

刚架柱

Z型檩条与屋面梁连接

刚架梁

檩条

C型墙梁与刚架柱连接

刚架柱

墙梁

山墙刚架梁

端部檩条

山墙刚架梁

端部墙梁

尺寸 说明	C140	C160	C180	C200	C220	C250	C300
H	140	160	180	200	220	250	300
X	60	80	100	120	140	170	220

本小图中：H为刚架柱的截面高度；B
为刚架柱的截面宽度；L为柱脚底板
的长度；t为底板的厚度。

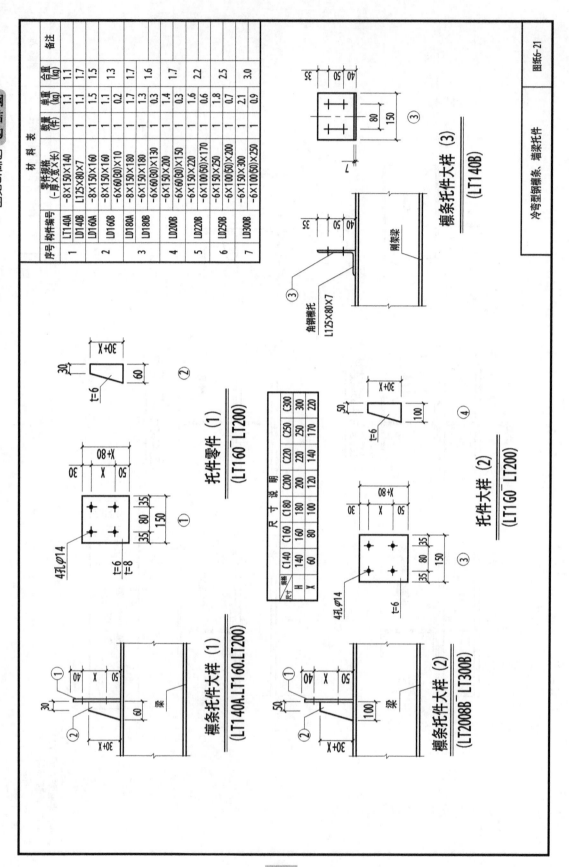

钢结构 图纸与详图

材 料 表

序号	构件编号	零件规格(一厚×宽×长)	数量(件)	单重(kg)	合重(kg)	备注
1	LT140A	-8×150×140	1	1.1	1.1	
	LD140B	L125×80×7	1	1.1	1.7	
	LD160A	-8×150×160	1	1.5	1.5	
2	LD160B	-8×150×160	1	1.1	1.3	
		-6×60(30)×10	1	0.2		
	LD180A	-8×150×180	1	1.7	1.7	
3	LD180B	-6×150×180	1	1.3	1.6	
		-6×60(30)×130	1	0.3		
4	LD200B	-6×150×200	1	1.4	1.7	
		-6×60(30)×150	1	0.3		
5	LD220B	-6×150×220	1	1.6	2.2	
		-6×100(50)×170	1	0.6		
6	LD250B	-6×150×250	1	1.8	2.5	
		-6×100(50)×200	1	0.7		
7	LD300B	-6×150×300	1	2.1	3.0	
		-6×100(50)×250	1	0.9		

墙梁托件大样(3) (LT140B)

角钢墙托 L125×80×7 刚架梁

托件零件(1) (LT160~LT200)

托件大样(2) (LT160~LT200)

墙梁托件大样(1) (LT140A.LT160.LT200)

墙梁托件大样(2) (LT2008B~LT300B)

尺寸说明

墙梁	C140	C160	C180	C200	C220	C250	C300
H	140	160	180	200	220	250	300
X	60	80	100	120	140	170	220

4孔φ14

图纸 6-21

冷弯型钢檩条、墙梁托件

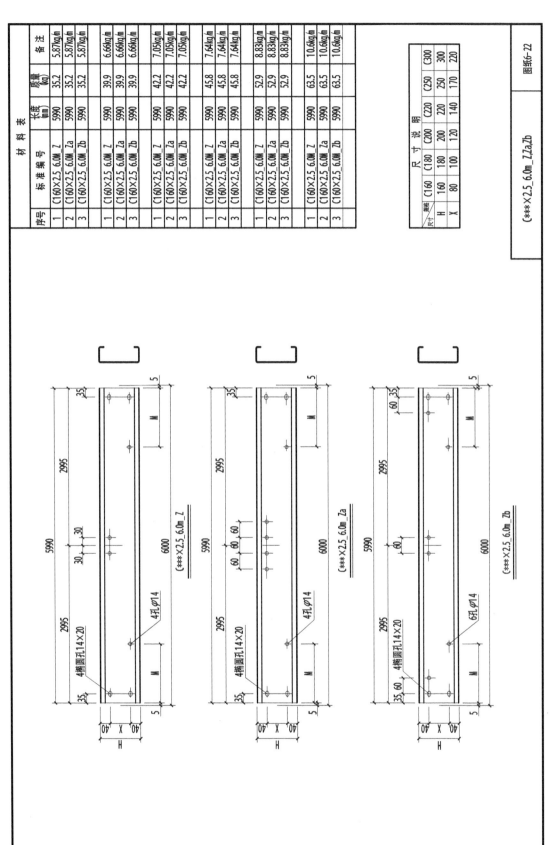

材料表

序号	标准编号	长度(mm)	质量(kg)	备注
1	C160×2.5 6.0m_Z	5990	35.2	5.87kg/m
2	C160×2.5 6.0m_Za	5990	35.2	5.87kg/m
3	C160×2.5 6.0m_Zb	5990	35.2	5.87kg/m
1	C160×2.5 6.0m_Z	5990	39.9	6.66kg/m
2	C160×2.5 6.0m_Za	5990	39.9	6.66kg/m
3	C160×2.5 6.0m_Zb	5990	39.9	6.66kg/m
1	C160×2.5 6.0m_Z	5990	42.2	7.05kg/m
2	C160×2.5 6.0m_Za	5990	42.2	7.05kg/m
3	C160×2.5 6.0m_Zb	5990	42.2	7.05kg/m
1	C160×2.5 6.0m_Z	5990	45.8	7.64kg/m
2	C160×2.5 6.0m_Za	5990	45.8	7.64kg/m
3	C160×2.5 6.0m_Zb	5990	45.8	7.64kg/m
1	C160×2.5 6.0m_Z	5990	52.9	8.83kg/m
2	C160×2.5 6.0m_Za	5990	52.9	8.83kg/m
3	C160×2.5 6.0m_Zb	5990	52.9	8.83kg/m
1	C160×2.5 6.0m_Z	5990	63.5	10.6kg/m
2	C160×2.5 6.0m_Za	5990	63.5	10.6kg/m
3	C160×2.5 6.0m_Zb	5990	63.5	10.6kg/m

尺寸说明

型号\尺寸	C160	C180	C200	C220	C250	C300
H	160	180	200	220	250	300
X	80	100	120	140	170	220

(***×2.5 6.0m_Z,Za,Zb)

图纸6-22

(***×2.5 6.0m_Z)

(***×2.5 6.0m_Za)

(***×2.5 6.0m_Zb)

Z/C冷弯热镀锌型钢截面特性

序号	截面代号	截面尺寸(cm)				截面面积A(cm²)	质量q(kg/m)	截面惯性矩		截面抵抗矩		回转半径	
		H	B	c	t			Ix(cm⁴)	Iy(cm⁴)	Wx(cm³)	Wy(cm³)	ix(cm)	iy(cm)
1	C60×1.6	60	20	10	1.6	1.92	1.56	10.7	1.1	3.57	0.88	2.36	0.76
2	C60×2.0	60	20	10	2.0	2.40	1.95	13.3	1.4	4.43	1.03	2.35	0.76
3	C80×2.5	80	50	25	2.5	5.260	4.129	50.950	20.178	12.737	7.108	3.112	0.958
4	C80×3.0	80	50	25	3.0	6.195	4.863	58.927	23.175	14.731	8.156	3.084	1.934
5	C100×1.6	100	50	20	1.6	3.84	3.12	57.0	12.0	11.18	3.52	4.07	1.87
6	C100×2.0	100	50	20	2.0	4.80	3.77	70.4	15.0	13.8	4.45	4.05	1.87
7	C120×2.0	120	50	20	2.0	5.20	5.20	103.8	19.7	17.28	6.16	4.91	2.01
8	C120×2.5	120	50	25	2.5	6.50	6.50	109.9	24.21	21.6	7.56	4.90	2.11
9	C140×2.0	140	50	20	2.0	6.510	5.110	188.502	22.423	26.928	6.572	5.38	1.855
10	C140×3.0	140	50	25	3.0	7.695	6.040	219.848	25.733	31.406	7.552	5.345	1.828
11	C150×2.0	150	50	20	2.0	6.3	4.946	103.8	31.6	27.81	7.31	5.90	2.31
12	C150×2.5	150	50	25	2.5	7.875	6.182	109.9	39.6	31.16	9.11	5.96	2.32
13	C160×3.0	160	60	20	3.0	8.895	6.982	339.955	41.989	42.494	10.109	6.182	2.172
14	C180×3.0	180	60	20	3.0	9.495	7.453	449.695	43.611	49.966	10.235	6.811	2.143
15	C200×2.5	200	60	20	2.5	9.125	7.163	587.3	70.0	57.85	14.03	7.41	2.71
16	C200×3.0	200	60	20	3.0	10.95	8.596	710.3	83.7	71.0	17.0	9.89	2.71
17	C250×2.5	250	70	20	2.5	10.375	8.144	1005	66.3	80.4	13.3	9.78	2.51
18	C250×3.0	250	70	20	3.0	12.45	9.773	1206	79.5	96.5	16.2	9.78	2.51

Z型冷弯热镀锌型钢的截面特性

说明：
本栏目中数据均摘自有关产品
样本中数据，仅供参考。

序号	截面代号	截面尺寸(cm)					截面面积A(cm²)	质量q(kg/m)	截面惯性矩		截面抵抗矩		回转半径	
		H	B	b	c	t			Ix(cm⁴)	Iy(cm⁴)	Wx(cm³)	Wy(cm³)	ix(cm)	iy(cm)
1	Z100×2.0	100	50	45	20	2.0	4.387	3.444	65.428	23.259	13.086	5.286	3.907	2.329
2	Z100×2.5	100	50	45	20	2.5	5.386	4.228	79.002	27.608	15.8	6.31	3.875	2.291
3	Z120×2.0	120	50	45	20	2.0	4.787	3.758	100.816	23.26	16.803	5.286	4.658	2.228
4	Z120×2.5	120	50	45	20	2.5	5.886	4.621	122.091	27.611	20.349	6.31	4.604	2.189
5	Z140×2.0	140	55	50	20	2.0	5.387	4.229	155.101	30.517	22.157	6.228	5.416	2.403
6	Z140×2.5	140	55	50	20	2.5	6.636	5.209	188.52	36.364	26.931	7.459	5.381	2.363
7	Z150×2.0	150	65	61	18	2.0	6.44	5.23	238	61	31.3	10.0	6.08	3.08
8	Z150×2.5	150	65	61	18	2.5	8.05	6.53	298	77	39.2	12.6	6.08	3.09
9	Z160×2.0	160	65	61	20	2.0	6.207	4.872	212.996	30.519	26.625	6.228	6.12	2.317
10	Z160×2.5	160	65	61	20	2.5	7.661	6.014	259.338	36.367	32.417	7.46	6.028	2.278
11	Z180×2.0	180	65	61	20	2.0	6.607	5.186	313.951	49.036	34.883	8.311	6.975	2.749
12	Z180×2.5	180	65	61	20	2.5	8.161	6.406	383.564	58.785	42.618	10.006	6.92	2.709
13	Z200×2.0	200	87	79	20	2.0	8.36	6.79	550	153	55	19.4	8.11	4.27
14	Z200×2.5	200	87	79	20	2.5	10.4	8.48	688	191	66.8	24.2	8.13	4.28
15	Z250×2.0	250	78	72	20	2.0	8.48	7.17	835	101	66.8	14.1	9.72	3.39
16	Z250×2.5	250	78	72	20	2.5	11.1	8.97	1040	127	83.5	17.6	9.70	3.39
17	Z280×2.0	280	110	100	21	2.0	10.7	8.63	1330	247	95	24.7	11.2	4.81
18	Z280×2.5	280	110	100	21	2.5	13.3	10.8	1663	309	119	30.9	11.2	6.82
19	Z300×2.0	300	110	100	21	2.0	11.1	8.96	1559	247	104	24.7	11.9	4.72
20	Z300×2.5	300	110	100	21	2.5	13.8	11.2	1948	309	130	30.9	12.0	4.73
21	Z350×2.0	350	129	121	30	2.0	16.67	13.5	3212	576	184	47.6	13.9	5.89
22	Z350×3.0	350	129	121	30	3.0	20.0	16.2	3856	691	220	57.1	13.9	5.89

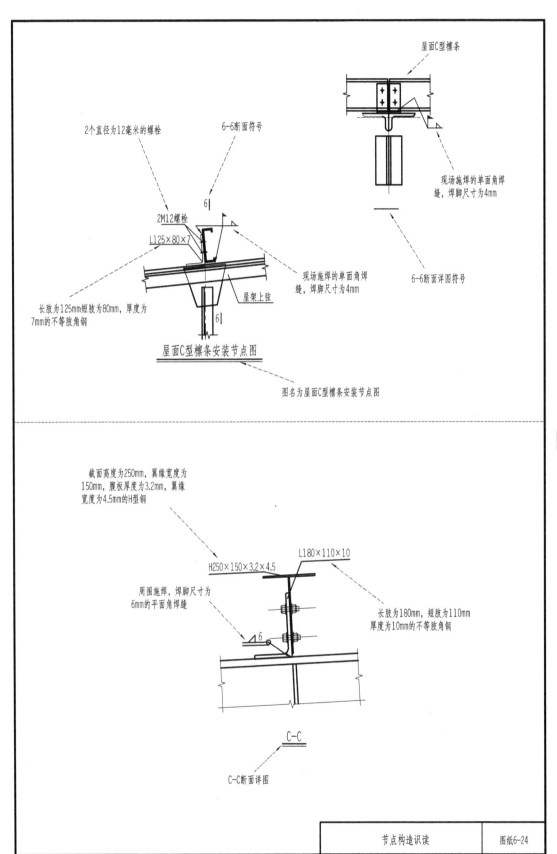

2个直径为12毫米的螺栓

6-6断面符号

屋面C型檩条

2M12螺栓

L125×80×7

现场施焊的单面角焊缝，焊脚尺寸为4mm

长肢为125mm短肢为80mm，厚度为7mm的不等肢角钢

屋架上弦

6-6断面详图符号

6

现场施焊的单面角焊缝，焊脚尺寸为4mm

屋面C型檩条安装节点图

图名为屋面C型檩条安装节点图

截面高度为250mm，翼缘宽度为150mm，腹板厚度为3.2mm，翼缘宽度为4.5mm的H型钢

L180×110×10

H250×150×3.2×4.5

周围施焊，焊脚尺寸为6mm的平面角焊缝

长肢为180mm，短肢为110mm厚度为10mm的不等肢角钢

6

C-C

C-C断面详图

节点构造识读 | 图纸6-24

第 5 节　柱间支撑与屋面支撑的构造

　　交叉支撑是轻型钢结构建筑中,用于屋顶、侧墙和山墙的标准支撑系统。交叉支撑有柔性支撑和刚性支撑两种。柔性支撑构件为镀锌钢丝绳索、圆钢、带钢或角钢,由于构件长细比较大,不考虑其抵抗压力作用。在一个方向的纵向荷载作用下,一根受拉,另一根则退出工作。设计柔性支撑时可对钢丝绳和圆钢施加预拉力以抵消自重产生的压力,这样计算时可不考虑构件自重。刚性支撑构件为方管或圆管,可以承受拉力和压力。

　　由于建筑物在长度方向的纵向结构刚度较弱,于是需要沿建筑物的纵向设置支撑以保证其纵向稳定性。支撑结构及其与之相连的两榀主刚架形成了一个完全的稳定开间,在施工或使用过程中,它都能通过屋面檩条或系杆为其余各榀刚架提供最基本的纵向稳定保障。

一、支撑布置的目的与原则

　　支撑系统的主要目的是把施加在建筑物纵向上的风荷载、吊车荷载、地震作用等从其作用点传到柱基础最后传到地基,轻型钢结构的标准支撑系统有斜交叉支撑、门架支撑和柱脚绕弱轴抗弯固接的刚接柱支撑。

　　(1)柱间支撑和屋面支撑必须布置在同一开间内形成抵抗纵向荷载的支撑桁架。支撑桁架的直杆和单斜杆应采用刚性系杆,交叉斜杆可采用柔性构件。刚性系杆是指圆管、H 型截面、Z 或 C 型冷弯薄壁截面等,柔性构件是指圆钢、拉索等只受拉截面。柔性拉杆必须施加预紧力以抵消其自重作用引起的下垂。

　　(2)支撑的间距一般为 30～40m,不应大于 60m。

　　(3)支撑可布置在温度区间的第一个或第二个开间,当布置在第二个开间时,第一开间的相应位置应设置刚性系杆。

　　(4)支撑斜杆能最有效地传递水平荷载,当柱子较高导致单层支撑构件角度过大时应考虑设置双层柱间支撑。

　　(5)刚架柱顶、屋脊等转折处应设置刚性系杆。结构纵向于支撑桁架节点处应设置通长的刚性系杆。

　　(6)轻钢结构的刚性系杆可由相应位置处的檩条兼作,刚度或承载力不足时设置附加系杆。

　　除了结构设计中必须正确设置支撑体系以确保其整体稳定性之外,还必须注意结构安装过程中的整体稳定性。安装时应该首先构建稳定的区格单元,然后逐榀将平面刚架连接于稳定单元上直至完成全部结构。在稳定的区格单元形成前,必须施加临时支撑固定已安装的刚架部分。

二、支撑的类型

　　1. 柔性支撑和刚性支撑

　　见图 6-15。

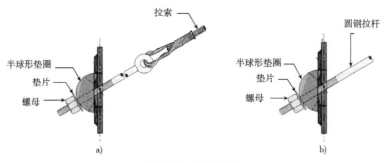

图 6-15　柔性支撑

2. 张拉圆钢支撑杆

张拉圆钢交叉支撑在轻钢结构中使用最多。由于杆件是利用张拉来克服本身自重从而避免松弛,所以预张力对支撑的正常工作是必不可少的。在实际施工中没有测应力的条件,一般通过控制杆件的垂度来保证张拉的有效性。

3. 门架支撑

由于建筑功能及外观的要求,在某些开间内不能设置交叉支撑,这时可以设置门架支撑。这种支撑形式可以沿纵向固定在两个边柱间的开间或多跨结构的两内柱之开间。支撑门架构件由支撑梁和固定在主刚架腹板上的支撑柱组成,其中梁和柱必须做到完全刚接,当门架支撑顶距离主刚架檐口距离较大时,需要在支撑门架和主刚架间额外设置斜撑。在设计该支撑时,要求门架和相同位置设置的交叉支撑刚度相等,同时节点必须做到完全刚接。

三、柱间支撑

柱间支撑形式见图 6-16,其具体设置要求:

(1)无吊车时柱间支撑的间距宜取 30～45m;当有吊车时宜设设在温度区段中部,或当温度区段较长时宜设在三分点处,且间距不宜大于 60m。

(2)当建筑物宽度大于 60m 时,内柱列宜适当增加柱间支撑。

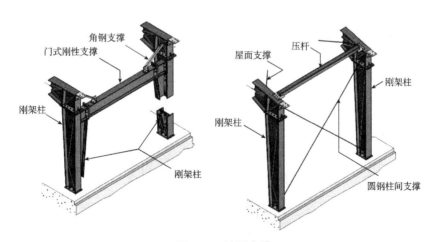

图 6-16　柱间支撑

(3)支撑与构件的夹角应在 30°～60°范围内,宜接近 45°。

(4)柱间支撑可采用带张紧装置的十字交叉圆钢支撑,当桥式吊车起重量大于 5t 时,宜采用型钢支撑。

(5)柱间支撑的内力,应根据该柱列所受纵向荷载(如风、吊车制动力)按支承于柱脚基础上的竖向悬臂桁架计算。

(6)对于交叉支撑可不计压杆的受力。当同一柱列设有多道柱间支撑时,纵向力在支撑间可按均匀分布考虑。

(7)在每一伸缩缝区段,沿每一纵向柱列均应设置柱间垂直支撑。

支撑的构造见图6-17。

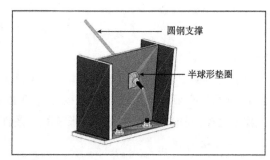

图 6-17 支撑构造

四、屋面水平支撑

(1)屋盖横向支撑宜设在温度区间端部的第一个或第二个开间。

(2)在刚架转折处(柱顶和屋脊)应沿房屋全长设置刚性系杆。

(3)柱间支撑和屋面支撑必须布置在同一开间内,形成抵抗纵向荷载的支撑桁架。

(4)屋面交叉支撑和柔性系杆可按拉杆设计,非交叉支撑中的受压杆件及刚性系杆应按压杆设计。

(5)刚性系杆可由檩条兼作,此时檩条应满足对压弯构件的刚度和承载力要求。

(6)屋盖横向水平支撑可仅设在靠近上翼缘处。

(7)交叉支撑可采用圆钢,按拉杆设计。

(8)屋面横向水平支撑内力,应根据纵向风荷载按支承于柱顶的水平桁架计算,对于交叉支撑可不计压杆的受力。

五、隔撑布置

为保证刚架梁下翼缘和柱内翼缘的平面外稳定性,可在梁与檩条或柱与墙梁之间增设隔撑,如图6-18。

图 6-18 隔撑布置

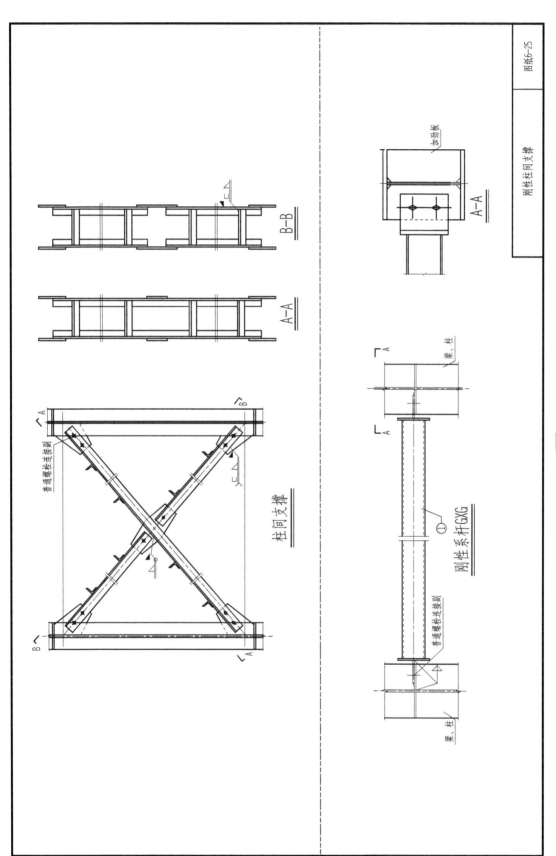

柱间支撑

刚性系杆GXG

梁、柱

普通螺栓连接副

梁、柱

A—A

加劲板

B—B

A—A

普通螺栓连接副

第6章

轻型门式刚架施工图识读

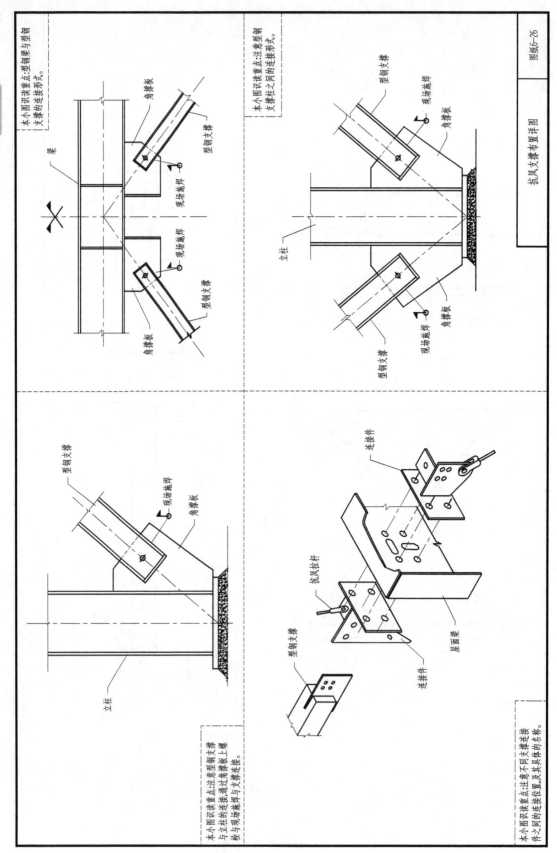

本小图识读重点:型钢梁与型钢支撑的连接形式。

本小图识读重点:型钢支撑与立柱的连接通过角撑板上梁与现场端撑杆与支撑连接。

本小图识读重点:注意型钢支撑与立柱之间的连接形式。

本小图识读重点:注意不同支撑连接件之间的连接位置及其具体构件的名称。

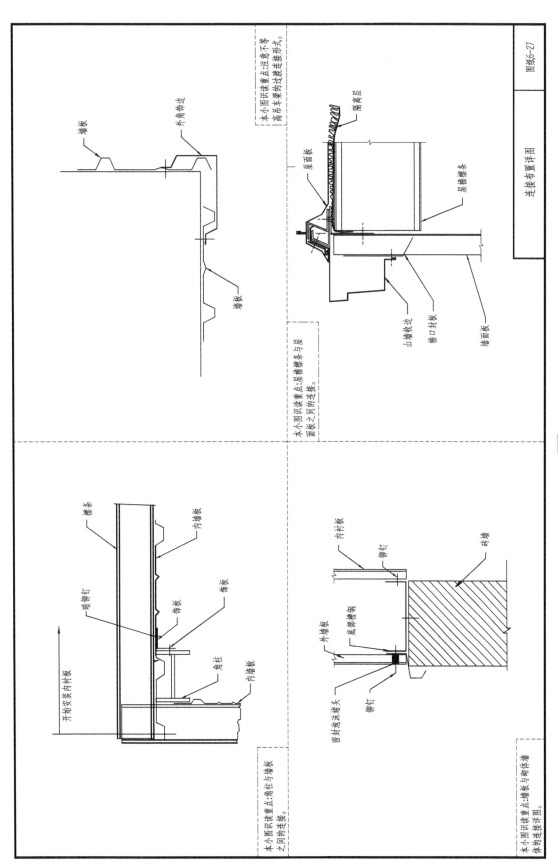

本小图识读重点：过墙车架不等高吊车梁的过渡连接形式。

图纸6-27　连接布置详图

墙板

外角饰边

墙板

本小图识读重点：屋脊檩条与屋面板之间的连接。

隔离层

屋面板

屋脊檩条

山墙收边

檐口封板

墙面板

檩条

内墙板

暗铆钉

开始安装内衬板

饰板

角柱

内墙板

本小图识读重点：角柱与墙板之间的连接。

内衬板

铆钉

外墙板

底部槽钢

密封泡沫堵头

铆钉

砖墙

本小图识读重点：墙板与砌体墙体的连接详图。

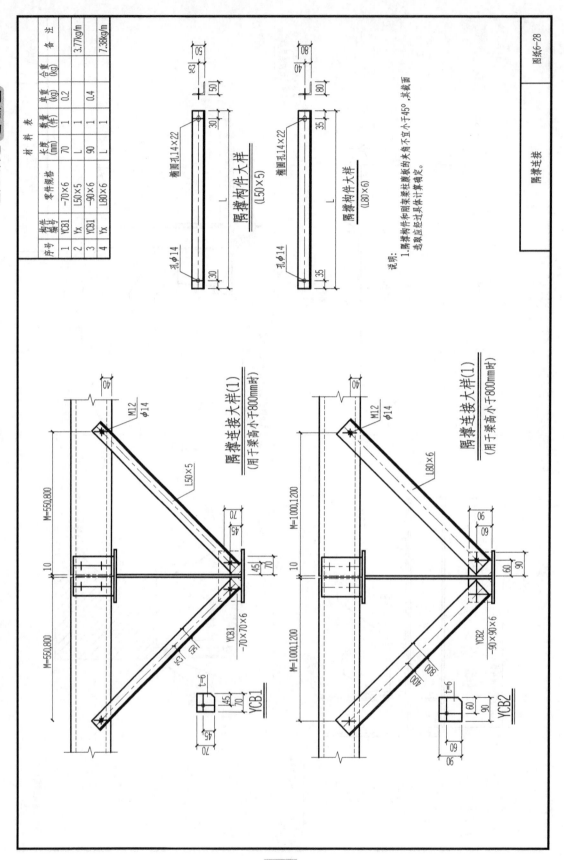

材料表

序号	构件编号	零件规格	长度(mm)	数量(件)	单重(kg)	合重(kg)	备注
1	YCB1	−70×6	70	1	0.2		3.77kg/m
2	Yx	L50×5	L	1		25	
3	YCB1	−90×6	90	1	0.4		7.38kg/m
4	Yx	L80×6	L	1		40	

隅撑构件大样
(L50×5)

隅撑构件大样
(L80×6)

说明：
1.隅撑构件和隅撑与梁柱截面的夹角不宜小于45°,其截面选取应经过具体计算确定。

隅撑连接大样(1)
(用于梁高小于800mm时)

隅撑连接大样(1)
(用于梁高小于800mm时)

YCB1

YCB2

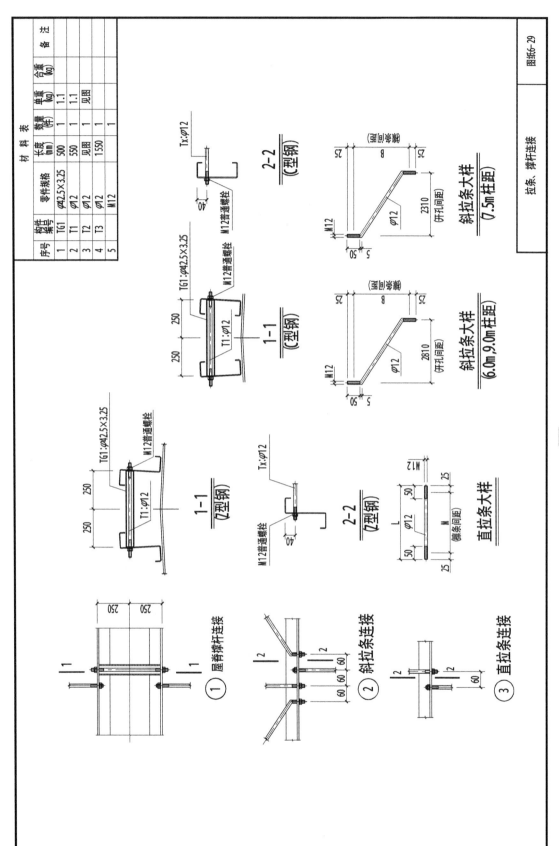

拉条、撑杆连接

序号	构件编号	零件规格	长度(mm)	数量(件)	单重(kg)	合重(kg)	备注
1	TG1	φ42.5×3.25	500	1	1.1		
2	T1	φ12	550	1	1.1		
3	T2	φ12	见图	1	见图		
4	T3	φ12	1550	1			
5		M12		1			

材 料 表

1-1
（C型钢）

TG1:φ42.5×3.25
M12普通螺栓
T1:φ12
250 250

2-2
（C型钢）

Tx:φ12
M12普通螺栓
40

斜拉条大样
（6.0m 9.0m柱距）

M12
φ12
5 50
2810
（开孔间距）
25 B 25
（檩条间距）

斜拉条大样
（7.5m柱距）

M12
φ12
5 50
2310
（开孔间距）
25 B 25
（檩条间距）

1-1
（Z型钢）

TG1:φ42.5×3.25
M12普通螺栓
T1:φ12
250 250

2-2
（Z型钢）

Tx:φ12
M12普通螺栓
40

直拉条大样

M12
φ12
L
M
（檩条间距）
50 50
25 25

① **屋脊撑杆连接**
250 250
1-1

② **斜拉条连接**
60 60 60
2 2

③ **直拉条连接**
60
2 2

第6章

轻型门式刚架施工图识读

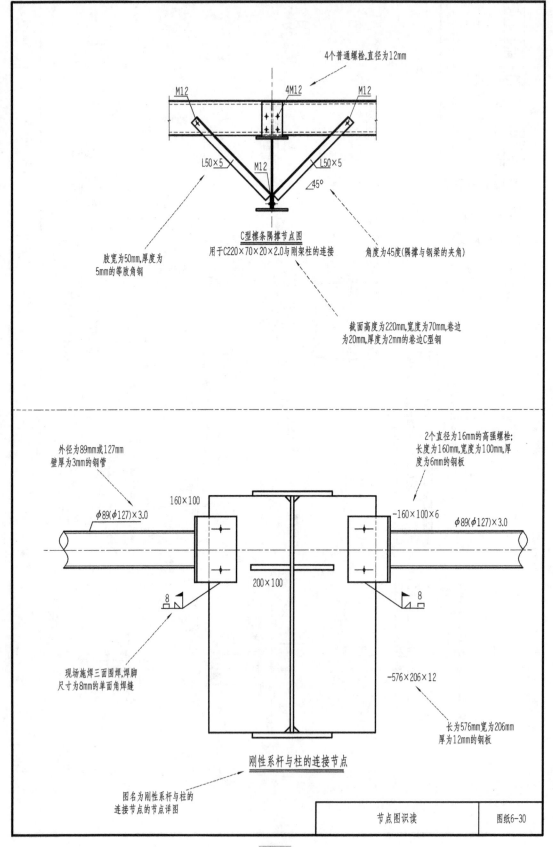

4个普通螺栓,直径为12mm

M12　　　4M12　　　M12

L50×5　　　M12　　　L50×5

∠45°

C型檩条隔撑节点图
用于C220×70×20×2.0与刚架柱的连接

肢宽为50mm,厚度为
5mm的等肢角钢

角度为45度(隔撑与钢梁的夹角)

截面高度为220mm,宽度为70mm,卷边
为20mm,厚度为2mm的卷边C型钢

外径为89mm或127mm
壁厚为3mm的钢管

2个直径为16mm的高强螺栓;
长度为160mm,宽度为100mm,厚
度为6mm的钢板

160×100

φ89(φ127)×3.0

-160×100×6

φ89(φ127)×3.0

200×100

8

8

现场施焊三面围焊,焊脚
尺寸为8mm的单面角焊缝

-576×206×12

刚性系杆与柱的连接节点

长为576mm宽为206mm
厚为12mm的钢板

图名为刚性系杆与柱的
连接节点的节点详图

| 节点图识读 | 图纸6-30 |

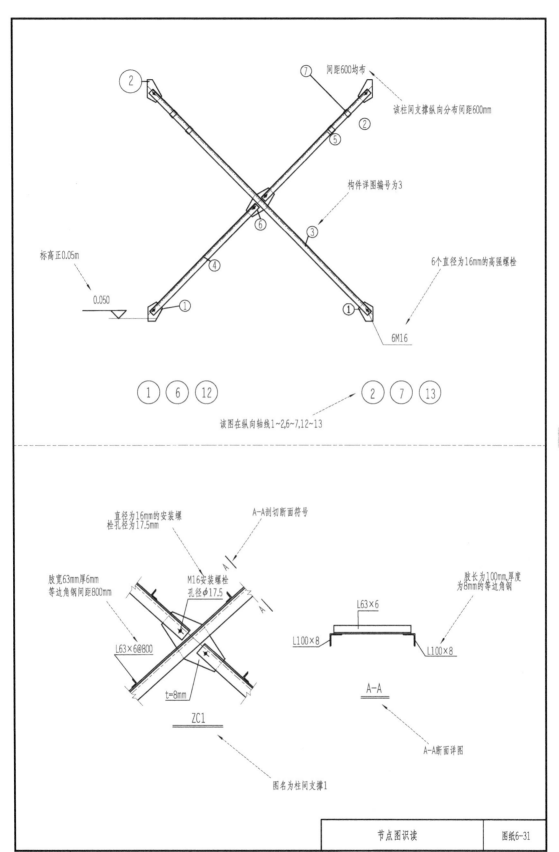

间距600均布

该柱间支撑纵向分布间距600mm

标高正0.05m

0.050

构件详图编号为3

6个直径为16mm的高强螺栓

6M16

该图在纵向轴线1~2,6~7,12~13

直径为16mm的安装螺
栓孔径为17.5mm

A-A剖切断面符号

肢宽63mm厚6mm
等边角钢间距800mm

M16安装螺栓
孔径φ17.5

肢长为100mm,厚度
为8mm的等边角钢

L63×6@800

t=8mm

L63×6

L100×8

L100×8

A-A

ZC1

A-A断面详图

图名为柱间支撑1

节点图识读

图纸6-31

第6节　压型钢板、保温夹心板的构造

采用彩色压型钢板或保温夹芯板作为维护结构屋面与墙面,是钢结构工业厂房与民用建筑的常用做法,它具有施工简便、施工周期较短、经济实用的特点。屋面与墙面的承重结构是轻钢龙骨组成的檩条体系。

一、压型金属板的类型

压型金属板是以冷轧薄钢板为基板,经镀锌或镀锌后覆以彩色涂层再经辊弯成型的波纹板材(图 6-19),具有成型灵活、施工速度快、外观美观、质量轻、易于工业化和商品化生产等特点,广泛用作建筑屋面及墙面围护材料。

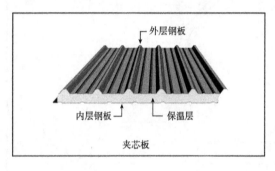
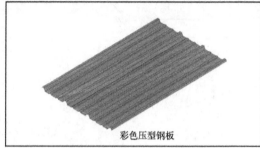

夹芯板　　　　　　　　　　　　　　彩色压型钢板

图 6-19　压型金属板的类型图片

1. 镀锌压型钢板

镀锌压型钢板,其基板为热镀锌板,镀锌层重应不小于 $275g/m^2$(双面),产品标准应符合国家标准《连续热镀锌薄钢板和钢带》(GB/T 2518)的要求。

2. 涂层压型钢板

为在热镀锌基板上增加彩色涂层的薄板压型而成,其产品标准应符合《彩色涂层钢板及钢带》(GB/T 12754)的要求(见表 6-2)。

钢板和钢带的分类和代号　　　　　　　　　　　表 6-2

分类方法	类　别	代　号
按用途分	建筑外用	JW
	建筑内用	JN
	家用电器	JD
按表面状态分	涂层板	TC
	印花板	YH
	压花板	YaH

分类方法	类　别	代　号
按涂料种类分	外用聚酯	WZ
	内用聚酯	NZ
	硅改性聚酯	GZ
	外用丙烯酸	WB
	内用丙烯酸	NB
	塑料溶胶	SJ
	有机溶胶	YJ
按基材类别分	低碳钢冷轧钢带	DL
	小锌花平整钢带	XP
	大锌花平整钢带	DP
	锌铁合金钢带	XT
	电镀锌钢带	DX

3. 锌铝复合涂层压型钢板

锌铝复合涂层压型钢板为新一代无紧固件扣压式压型钢板,其使用寿命更长,但要求基板为专用的、强度等级更高的冷轧薄钢板。压型钢板根据其波形截面可分为:

(1)高波板:波高大于 75mm,适用于做屋面板。

(2)中波板:波高 50~75mm,适用于做楼面板及中小跨度的屋面板。

(3)低波板:波高小于 50mm,适用于做墙面板。

二、压型钢板

压型钢板是采用镀锌钢板、冷轧钢板、彩色钢板等做原料,经辊压冷弯成各种波形的压型板,具有轻质高强、美观耐用、施工简便和抗震防火的特点。它的加工和安装已做到标准化、工厂化和装配化。目前已有《建筑压型钢板》(GB/T 12755)和《压型金属板设计施工规程》(YBJ 216),并正式列入《冷弯薄壁型钢结构技术规范》(GB 50018)中使用。

压型钢板的截面呈波形,从单波到 6 波,板宽 360~900mm。大波为 2 波,波高 75~130mm,小波(4~7 波)波高 14~38mm,中波波高达 51mm。板厚 0.6~1.6mm(一般可用 0.6~1.0mm)。压型钢板的最大允许檩距,可根据支承条件、荷载及芯板厚度,由产品规格中选用。压型钢板用于建筑屋面或墙面时其厚度不宜小于 0.4mm,分长尺和短尺两种。一般采用长尺,板的纵向可不搭接。适用于平波的梯形屋架和门式刚架。

由于热轧薄钢板经冷压或冷轧成型,具有较大宽度,其曲折外形大大增加了钢板在其平面外的惯性矩、刚度和抗弯能力。主要用于屋面板、墙板、楼板(在其上浇混凝土或钢筋混凝土叠合面层成为组合楼板,用于多层及高层房屋结构)等。它具有质量轻、强度和刚度大、施工简便和美观等优点。压型钢板表面可以涂漆、镀锌、涂有机层(也称彩色钢板);有保温要求时尚可与保温材料结合制成组合板(也称复合板或夹心板)。压型钢板通常可压或轧成 V

形、肋形、加劲的肋形、波形或其他需要的外形。板厚对屋面板和墙板通常用 0.4～1.6mm，对楼板为 2～3mm；波高一般为 10～200mm，具体由承重和使用要求确定。

三、压型钢板的表示方法

压型钢板编号（YX）及规格尺寸组成：压型钢板用 YX H－S－B 表示。

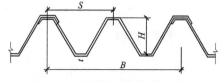

图 6-20　压型钢板的截面形状

YX——压、型的汉语拼音字母；

H——压型钢板波高；

S——压型钢板的波距；

B——压型钢板的有效覆盖宽度；

t——压型钢板的厚度，如图 6-20 所示。

编号示例：波高为 35mm，波与波之间距离为 125mm、单块压型钢板有效宽度为 750mm 的压型钢板，其板型编号为：YX35－125－750。

YX130－300－600　表示压型钢板的波高为 130mm，波距为 300mm；有效的覆盖宽度为 600mm，见图 6-21。压型钢板的厚度通常是在说明材料性能时说明。

YX173－300－300　表示压型钢板的波高为 173mm、波距为 300mm，有效的覆盖宽度为 300mm，见图 6-22。

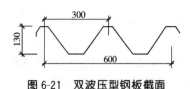

图 6-21　双波压型钢板截面

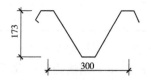

图 6-22　单波压型钢板截面

四、彩涂钢板

在连续机组上以冷轧带钢、镀锌带钢（电镀锌和热镀锌）为基板，经过表面预处理（脱脂和化学处理），用辊涂的方法，涂上一层或多层液态涂料，经过烘烤和冷却所得的板材即为涂层钢板。由于涂层可以有各种不同的颜色，习惯上把涂层钢板叫做彩色涂层钢板。由于涂层是在钢板成型加工之前进行的，在国外叫做预涂层钢板。

彩色涂层钢板各项指标应符合（GB/T 12754）的规定，建筑用彩色涂层钢板的厚度包括基材和涂层两部分，基材厚度范围为 0.38～1.2mm，材质为热镀锌钢板，必要时可镀铝锌。

五、彩涂钢板的分类

按用途分：建筑外用（JW）、建筑内用（JN）和家用电器（JD）。

按表面状态分为涂层板（TC）、印花板（YH）、压滑板（YaH）。

彩色涂层板可以用多种涂料和基底板材制作。只要用于建筑物的围护和装饰。

其标记方式为：钢板用途代号－表面状态代号－涂料代号－基材代号－板厚×板宽×板长。

1. 压型钢板按波高分类

(1)高波板：波高大于 70mm 的压型钢板；

(2)底波板：波高等于或小于 70mm 的压型钢板。

2. 按基板分类的彩色涂层钢板分类

(1)冷轧基板彩色涂层钢板

由冷轧基板生产的彩色板,具有平滑美丽的外观,且具有冷轧板的加工性能;但是表面涂层的任何细小划伤都会把冷轧基板暴露在空气中,从而使露铁处很快生成红锈。因此这类产品只能用于要求不高的临时隔离措施和作室内用材。

(2)热镀锌彩色涂层钢板

把有机涂料涂复在热镀锌钢板上得到的产品即为热镀锌彩涂板。热镀锌彩涂板除具有锌的保护作用外,表面上的有机涂层还起了隔绝保护、防止生锈的作用,使用寿命比热镀锌板更长。热镀锌基板的含锌量一般为 $180g/m^2$（双面）,建筑外用热镀锌基板的镀锌量最高为 $275g/m^2$。

(3)热镀铝锌彩涂板

根据要求,也可以采用热镀铝锌钢板作为彩涂基板($55\%AI-Zn$ 和 $5\%AI-Zn$)。

(4)电镀锌彩涂板

用电镀锌板为基板,涂上有机涂料烘烤所得的产品为电镀锌彩涂板,由于电镀锌板的锌层薄,通常含锌量为 $20g/m^2$,因此该产品不适合使用在室外制作墙、屋顶等。但因具有美丽的外观和优良的加工性能,因此主要可用于家电、音响、钢家具、室内装潢等。

六、压型钢板纵向连接

压型钢板纵向连接应位于檩条或墙梁处,两块板均应伸至支撑构件上,搭接长度:高波屋面板为 350mm,屋面坡度小于等于 10% 的低波板为 250mm,屋面坡度大于等于 10% 的底波面板为 200mm;墙板为 120mm;屋面搭接时,板缝间需通常设密封胶带。如图 6-23。

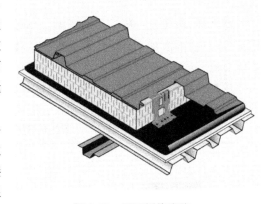

图 6-23　屋面板的连接

(1)自攻螺钉:主要用于压型钢板、夹心板、异型板等于檩条、墙梁及钢支架连接。位于檩条与墙梁上的板与板的纵向连接处,连接间距小于等于 350mm,并且每块板与同一根檩条或墙梁的连接不得少于三点;在板中间非纵向连接处,板材与檩条或墙梁的连接点不得少于两点;在屋脊、檐口处的连接点以适当加密。

(2)拉铆钉:主要用于板与板连接,拉铆钉间距一般为 $100\sim500mm$。

(3)膨胀螺栓:用于彩色钢板、连接构件与砌体或混凝土结构连接固定,中距小于等于 350mm。

七、夹心板定义

夹心板指彩色涂层钢板面层及底板与保温芯材通过黏结剂复合而成的保温复合维护板材;根据其芯材的不同分为硬质聚氨酯夹芯板、聚苯乙烯夹芯板、岩棉夹芯板。

夹心板的厚度为 $30\sim250mm$,建筑围护通常采用夹芯板厚度范围为 $50\sim100mm$,彩色钢板厚度为 0.5mm、0.6mm;如条件容许,经过计算屋面板底板和墙板内侧墙也可采用

0.4mm 厚彩色钢板。

夹心板屋面的纵向搭接应位于檩条处,两块板均应伸入支撑构件上,每块板支承长度大于等于 50mm,为此搭接处应改为双檩条或一侧加焊通长焊通长角钢。

夹心板纵向搭接长度(面层彩色钢板):屋面坡度大于等于 200mm,屋面坡度小于等于 10% 时为 250mm。搭接部位均应设密封胶带。连接方式通常为插入式。其纵向连接较为不易,故插入式连接的墙板应避免纵向连接。

夹心板的横向连接为搭接,尺寸按具体板型决定。夹心板墙面一般为插接,连接方向宜于主导方向一致。

屋面板编号:由产品代号及规格尺寸组成。

墙面板编号:由产品代号、连接代号及规格尺寸组成。

产品代号:硬质聚氨酯夹芯板—JYJB;聚苯乙烯夹芯板—JJB;岩棉夹芯板—JYB。

连接代号:插接式挂件联接—Qa;插接式紧固件连接—Qb;拼接式紧固件连接—Qc。

标记示例:波高为 42mm,波与波间距为 333mm,单块夹芯板有效宽度为 1000mm 的硬质聚氨酯夹芯屋面板。板型编号为:JYJB42—333—1000;单块夹芯板有效宽度为 1000mm、插接式挂件联接的硬质聚氨酯夹芯板墙板,其板型编号为:JYJB—Qa1000。

夹芯板的重量为 0.12～0.25kN/m² 。一般采用长尺,板长不超过 12m,板的纵向可不搭接,也适用于平坡的梯形屋架和门式刚架。

八、压型金属板配件

泛水板、包角板一般采用与压型金属板相同的材料,用弯板机加工,由于泛水板、包角板等配件(包括落水管、天沟等)都是根据工程对象、具体条件单独设计,故除外形尺寸偏差外,不能有统一的要求和标准。

压型金属板之间的连接除了板间的搭接外,还需使用连接件,国内常用的主要连接件及性能如表 6-3 所示。

压型金属板常用的主要连接件   表 6-3

名　　称	性　　能	用　　途
单向固定螺栓	抗剪力 2.7t 抗拉力 1.5t	屋面高波压型金属板与固定支架的连接
单向连接螺栓	抗剪力 1.34t 抗拉力 0.8t	屋面高波压型金属板侧向搭接部位的连接
连接螺栓		屋面高波压型金属板与屋面檐口挡水板、封檐板的连接
自攻螺丝 (二次攻)	表面硬度: HRC50～58	墙面压型金属板与墙梁的连接
钩螺栓		屋面低波压型金属板与檩条的连接,墙面压型金属板与墙梁的连接
铝合金拉铆钉	拉剪力 0.2t 抗拉力 0.3t	屋面低波压型金属板、墙面压型金属板侧向搭接部位连接,泛水板之间,包角板之间或泛水板、包角板与压型金属板之间搭接部位的连接

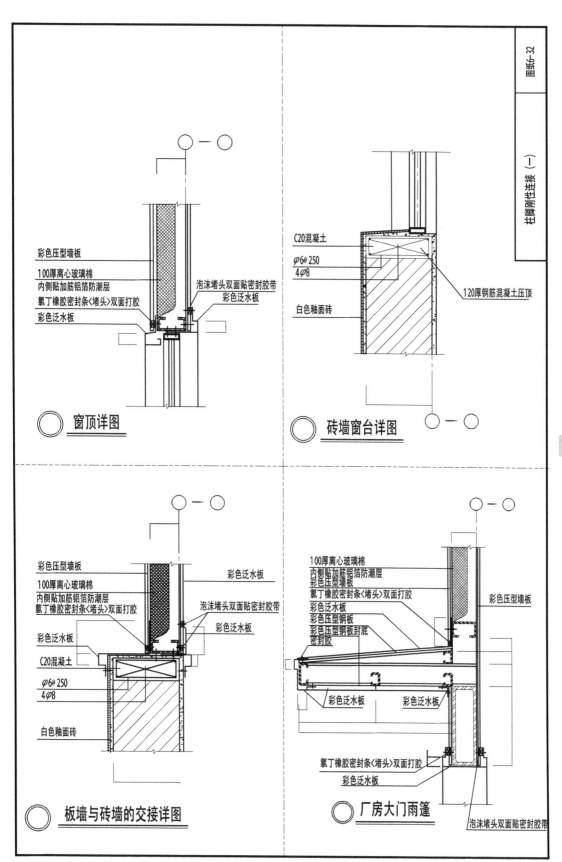

窗顶详图

彩色压型墙板
100厚离心玻璃棉
内侧贴加筋铝箔防潮层
氯丁橡胶密封条〈堵头〉双面打胶
彩色泛水板

泡沫堵头双面贴密封胶带
彩色泛水板

砖墙窗台详图

C20混凝土
φ6@250
4φ8
白色釉面砖

120厚钢筋混凝土压顶

板墙与砖墙的交接详图

彩色压型墙板
100厚离心玻璃棉
内侧贴加筋铝箔防潮层
氯丁橡胶密封条〈堵头〉双面打胶
彩色泛水板
C20混凝土
φ6@250
4φ8
白色釉面砖

彩色泛水板
泡沫堵头双面贴密封胶带
彩色泛水板

厂房大门雨篷

100厚离心玻璃棉
内侧贴加筋铝箔防潮层
彩色压型墙板
氯丁橡胶密封条〈堵头〉双面打胶
彩色泛水板
彩色压型钢板
彩色压型钢板封底
密封胶

彩色压型墙板

彩色泛水板
彩色泛水板

氯丁橡胶密封条〈堵头〉双面打胶
彩色泛水板
泡沫堵头双面贴密封胶带

第6章

轻型门式刚架施工图识读

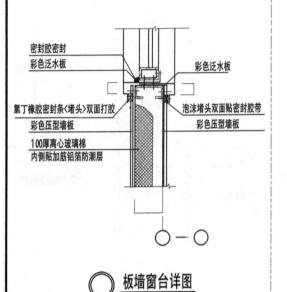

密封胶密封
彩色泛水板
彩色泛水板
氯丁橡胶密封条〈堵头〉双面打胶
彩色压型墙板
100厚离心玻璃棉
内侧贴加筋铝箔防潮层
泡沫堵头双面贴密封胶带
彩色压型墙板

○──○

板墙窗台详图

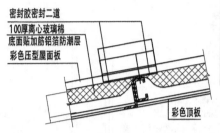

密封胶密封二道
100厚离心玻璃棉
底面贴加筋铝箔防潮层
彩色压型屋面板
彩色顶板

屋面板搭接图

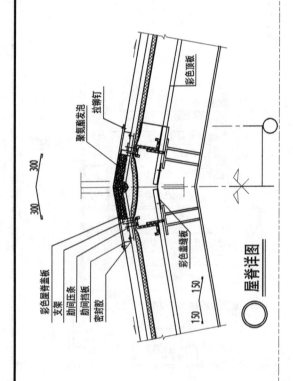

彩色屋脊盖板
支架
肋间压条
肋间挡板
密封胶
彩色顶板
聚氨酯发泡
拉铆钉
彩色盖墙板
150　150
300
300

屋脊详图

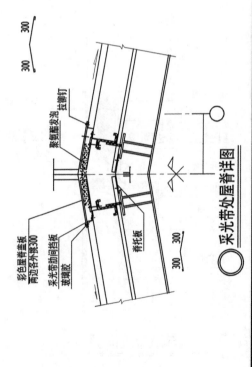

彩色屋脊盖板
两边各外搭300
采光带肋间挡板
玻璃胶
聚氨酯发泡
拉铆钉
彩色顶板
脊托板
脊板
300
300　300

采光带处屋脊详图

150

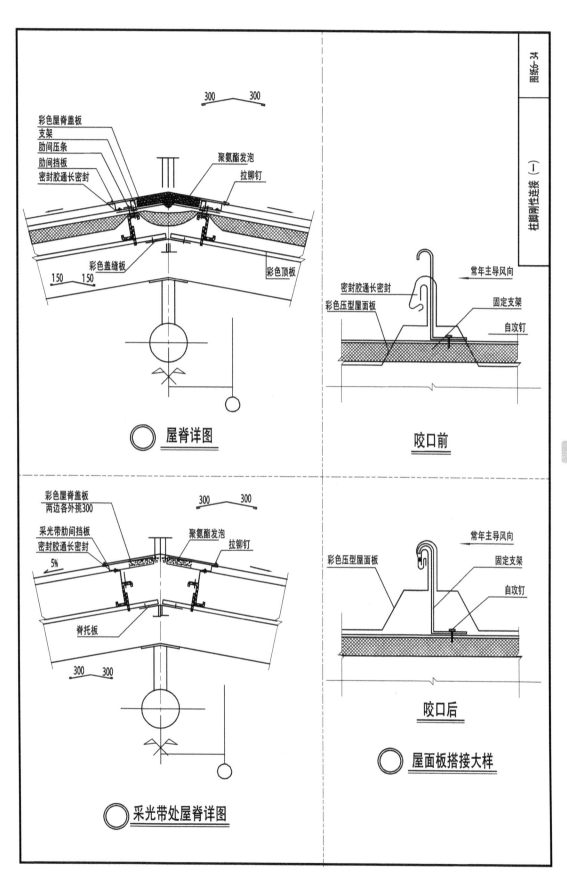

彩色屋脊盖板
支架
肋间压条
肋间挡板
密封胶通长密封

聚氨酯发泡
拉铆钉

300　300

150　150
彩色盖缝板
彩色顶板

○ 屋脊详图

密封胶通长密封
彩色压型屋面板

常年主导风向

固定支架
自攻钉

咬口前

彩色屋脊盖板
两边各外挑300

采光带肋间挡板
密封胶通长密封

5%

300　300

聚氨酯发泡
拉铆钉

脊托板

300　300

○ 采光带处屋脊详图

彩色压型屋面板

常年主导风向

固定支架
自攻钉

咬口后

○ 屋面板搭接大样

第6章

轻型门式刚架施工图识读

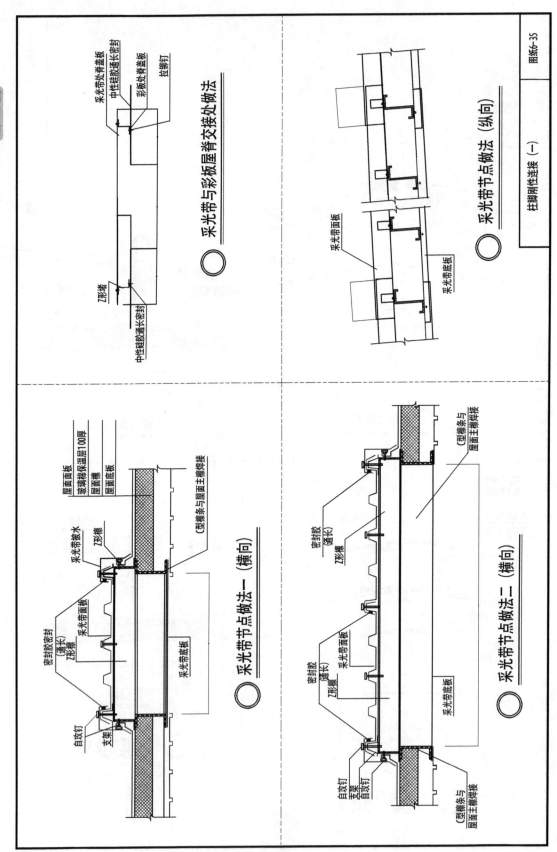

采光带与彩板层脊交接处做法

采光带节点做法（纵向）

采光带节点做法一（横向）

采光带节点做法二（横向）

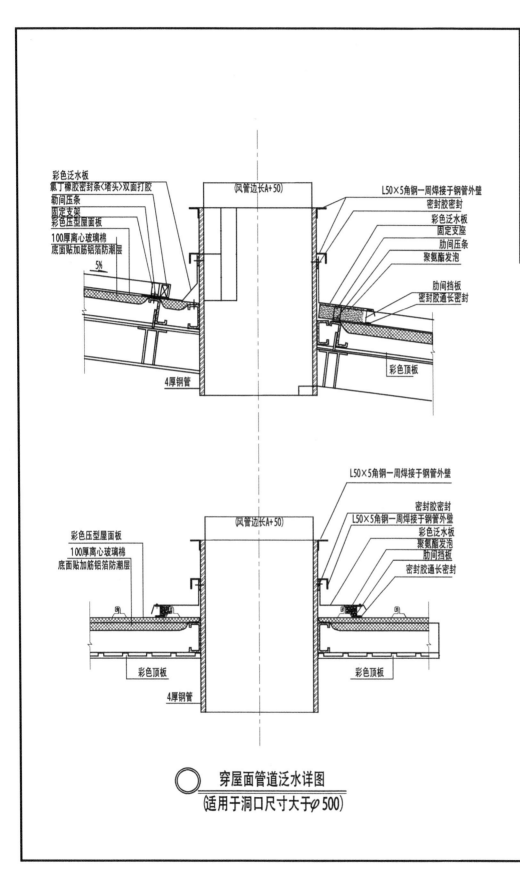

彩色泛水板
氯丁橡胶密封条（堵头）双面打胶
肋间压条
固定支架
彩色压型屋面板
100厚离心玻璃棉
底面贴加筋铝箔防潮层
5%

4厚钢管

（风管边长A+50）

L50×5角钢一周焊接于钢管外壁
密封胶密封
彩色泛水板
固定支座
肋间压条
聚氨酯发泡
肋间挡板
密封胶通长密封

彩色顶板

彩色压型屋面板
100厚离心玻璃棉
底面贴加筋铝箔防潮层

（风管边长A+50）

L50×5角钢一周焊接于钢管外壁
密封胶密封
L50×5角钢一周焊接于钢管外壁
彩色泛水板
聚氨酯发泡
肋间挡板
密封胶通长密封

彩色顶板

彩色顶板

4厚钢管

穿屋面管道泛水详图
（适用于洞口尺寸大于φ500）

第6章

轻型门式刚架施工图识读

第7节 门式刚架施工图的内容

一、钢结构设计图纸的内容

钢结构设计图内容一般包括：图纸目录；设计总说明；柱脚锚栓布置图；纵、横、立面图；构件布置图；节点详图；构件图；钢材及高强螺栓估算表。

1. 设计总说明：

(1)设计依据包括：工程设计合同书有关设计文件，岩土工程报告、设计基础资料及有关设计规范、规程等。

(2)设计荷载资料：各种荷载的取值；抗震设防的烈度和抗震设防类别。

(3)设计简介：简述工程概况，设计假定、特点和设计要求及使用程序等。

(4)材料的选用：对各部分构建选用的钢材应按主次分别提出钢材质量等级和牌号以及性能的要求。相应钢材等级性能选用配套的焊条和焊丝的牌号及性能要求，选用高强度螺栓和普通螺栓的性能级别等。

(5)制作安装：

①制作的技术要求及允许偏差。

②螺栓连接的精度和施拧要求。

③焊缝质量要求和焊缝检验等级要求。

④防腐和防火措施平。

⑤运输和安装要求。

⑥需要做试验的特殊说明。

2. 柱脚锚栓布置图

按一定比例绘制柱网平面布置图。在该图上标注出各个柱脚锚栓的位置，也就是相对于纵横轴线的位置尺寸，并在基础剖面上标注出锚栓空间位置标高，标明锚栓规格数量及埋设深度。

3. 纵、横、立面图

当房屋钢结构比较高大或平面布置比较复杂柱网不太规则，或立面高低错落，为表达清楚整个结构体系的全貌，绘制纵、横、立面图，主要表达结构的外形轮廓，相关尺寸和标高，纵横轴线编号及跨度尺寸和高度尺寸，剖面选择具有代表性的或需要特殊表示清楚的地方。

4. 结构布置图

结构布置图主要表达各个构件在平面中所处的位置并对各种构件选用的截面进行编号。

(1)屋盖平面布置图：包括屋架布置图(或刚架布置图)、屋盖檩条布置图和屋盖支撑布置图，屋盖檩条布置图主要表明檩条间距和编号以及檩条之间设置的直拉条、斜拉条布置和编号。屋盖支撑布置图主要表示屋盖水平支撑、纵向刚性支撑、屋面梁的隅撑的布置图及编号。

（2）柱子平面布置图主要表示钢柱（或门式钢架）和山墙柱的布置及编号。其纵剖面表示柱间支撑及墙梁布置与编号，包括墙梁的直拉条和斜拉条布置与编号，柱隅撑布置与编号。横剖面重点表示山墙柱间支撑、墙梁及拉条面布置与编号。

（3）吊车梁平面布置表示吊车梁、车档及其支撑布置与编号。

（4）高层钢结构的结构布置图：

①高层钢结构的各层平面应分别绘制结构平面布置图，若有标准层可合并绘制，对于平面布置较为复杂的楼层，必要时可增加剖面以表示清楚个构件关系。

②当高层结构采用钢与混凝土的组合的混合结构或部分混合结构时，则可仅表示型钢部分及其连接，而混凝土结构部分另行出图与配合使用（包括构件截面与编号。两种材料转换处宜画节点详图）。

③除主要构件外，楼梯结构系统构件上开洞、局部加强、维护结构可根据不同内容分别编制专门的布置图及相关节点图，与主要平立面布置图配合使用。

④对于双向受力构件，至少应将柱子脚底的双向内力组合值及其方向写清楚，以便于基础详图设计。

⑤布置图应注明柱网的定位轴线编号、跨度和柱距，在剖面图中主要构件在有特殊连接或特殊变化处（如柱子上牛腿或支托处，安装接头、柱梁接头处或柱子界面处）应标注标高。

⑥构件标号：首先必须按《建筑结构制图标准》规定的常用构件代号作为构件编号构件代号，在实际工程中，可能会有在一项目里，同样名称而不同材料的构件，为便于区分，可在构件代号前加注材料代号，但要在图纸中加以说明。一些特殊构件代号中未作出规定，可参照的编制方法用汉语拼音字头编带号。在代号后面可用阿拉伯数字按构件的主次顺序进行编号，一般来说只在构件的主要投影面上标注一次，不要在重复编写，以防出错。

⑦结构布置图中的构件，除钢与混凝土组合截面构件外，可用单线条绘制，并明确表示构件连接点的位置。粗实线为由编号数字的构件，细实线为有关联但非主要表示其他构件，虚线可用来表示垂直支撑和隅撑等。

⑧每张构件布置图均应列出构件表。

5. 节点详图

①节点详图在设计阶段应表示清楚各构件间的相互连接关系及其构造特点，节点上应标明在整个结构物的相关位置，即应标出轴线编号、相关尺寸、主要控制标高、构件编号或截面规格、节点板厚度及加劲肋做法。构件与节点板采用焊接连接时，应标明焊脚尺寸及焊缝符号。构件采用螺栓连接时，应标明螺栓是何种螺栓，螺栓直径、数量。设计阶段的节点详图具体构造做法必须交代清楚。

②绘制那些节点图，主要为相同构件的拼接处；不同构件的连接处；不同构件材料连接处；需要特殊交代清楚的地方。

③节点的圈法：应根据设计者要表达清楚其设计意图来圈定范围，重要的位置或连接较多的部分可圈较大范围，以便看清楚其全貌，如屋脊与山墙部分，纵横墙及柱与山墙部位等。一般是在平面布置图或立面图上圈定节点，重要的典型安装拼接节点应绘制节点详图。

6. 构件图

格构式构件包括平面桁架和立体桁架以及截面较为复杂的组合构件等需要绘制构件

图,门式刚架由于采用变截面,故也可以绘制构件图以便通过构件图表达构件外形、几何尺寸及构件中杆件(或板件)的截面尺寸,以方便绘制施工图。

平面或立体桁架构件图。一般杆件均用单线绘制,弦杆必须注明重心距,其几何尺寸应以重心线为准。

当桁架构件图为轴对称时,分为左侧标注杆件截面大小,右侧标注杆件内力。当桁架构件图为不对称时,则杆件上方标注杆件截面大小下方标注杆件内力。

柱子构件图一般按其外形分拼装单元竖放绘制,在支承吊车梁肢和支承屋架肢上用双线,腹杆用单实线绘制,并绘制各截面变化处的各个剖面,注明相应的规格尺寸,柱段控制标高和轴线编号的相关尺寸。柱子尽量全长绘制,反映柱子全貌,如果竖放绘制有困难,可以整根柱子平放绘制,柱顶放在左侧,柱脚放在右侧,尺寸和标高均应标注清楚。

门式刚架构件图可利用对称性绘制,主要标注其变截面柱和变截面斜梁的外形和几何尺寸,定位轴线和标高,以及柱截面与定位轴线的相关尺寸等。

高层钢结构中特殊构件宜绘制构件图。

二、钢结构施工详图设计的深度

钢结构施工详图(也称加工制作详图)由具有钢结构专项设计资质的加工制作企业完成,或委托具有该项资质的设计单位完成。

钢结构施工详图编制的依据是钢结构设计图。钢结构施工详图的深度要遵照《钢结构设计规范》(GB 50017)按便于加工制作的原则,对构件的构造予以完善,根据需要按钢结构设计图提供的内力进行焊缝计算或螺栓连接计算确定杆件长度和连接板尺寸。并考虑运输和安装的能力确定构件的分段。

通过制图将构件的整体形象,构件中各零件的加工尺寸和要求,零件间的连接方法等详尽地介绍给构件制作人员。将构件所处的平面和立面位置,以及构件之间、构件与外部其他构件之间的连接方法等详尽地介绍给构件的安装人员。

绘制钢结构施工详图必须对钢结构加工制作、生产程序和安装方法有所了解,才能使绘制的施工详图实用。

绘制钢结构施工详图关键在于“详”。图纸是直接下料的依据,故尺寸标注要详细准确,图纸表达要“意图明确”、“语言精练”,要争取最少的图形,最清楚地表达设计意图,以减少绘制图纸工作量,达到提高设计人员劳动效率的目的。

三、钢结构施工详图的图纸绘制

钢结构施工详图的图纸内容包括:图纸目录;施工详图总说明;锚栓布置图;构件布置图;安装节点图;构件详图。

1. 总说明:施工总说明是对加工制造和安装人员要强调的技术条件和提出施工安装的要求,具体内容:

(1)详图的设计依据是设计图样;

(2)简述工程概况;

(3)结构选用钢材的材质和牌号要求;

(4)焊接材料的材质和牌号要求,或螺栓连接的性能等级和精度类别要求;

(5)结构构件在加工制作过程的技术要求和注意事项;

(6)结构安装过程中的技术要求和注意事项;

(7)对构件质量检验的手段、等级要求、以及检验的依据;

(8)构件的分段要求及注意事项;

(9)钢结构的除锈和防腐以及防火要求;

(10)其他方面的特殊要求与说明。

2. 锚栓布置图

锚栓布置图是根据设计图样进行设计,必须表明整个结构物的定位轴线和标高。在施工锚栓详图中必须表明锚栓中心与定位轴线的关系尺寸、锚栓之间的定位尺寸。绘制详图标明锚栓螺栓长度,在螺栓处的螺栓直径及埋设深度的圆钢直径、埋设深度以及锚固弯钩长度,标明双螺栓及其规格,如果同一根柱脚有多个锚栓则在锚栓之间应设置固定架,把锚栓的相对位置固定好,固定架应有较好的刚度,固定架表面标明其标高位置,然后列出材料表。

3. 结构布置图

(1)构件在结构布置图中必须进行编号,在编号前必须熟悉每个构件的结构形式、构造情况、所用材料、几何尺寸、与其他构件连接形式等,并按构件所处地位的重要程度分类,依次绘构件的编号。

(2)构件编号的原则

对于结构形式、各部分构造、几何尺寸、材料截面、零件加工、焊脚尺寸和长度完全一样的可以编为同一个号,否则应另行编号。

对朝长度、超高度、超宽度或箱形构件,若需要分段、分片运输时,应将各段、各片分别编号。

一般选用汉语拼音字母作为编号的字首,编号用阿拉伯数字按构件主次顺序进行标注,而且只在构件的主要投影面上标注一次,必要时再以底视图或侧视图补充投影,但不应重复。

各项构件的编号必须连接,例如上、下弦系杆,上、下弦水平支撑等的编号必须各自按顺序编号,不应出现反复、跳跃编号。

(3)构件编号

对于厂房柱网系统的构件编号,柱子是主要构件,柱间支撑次之,故应先编柱子编号,后编支撑编号。

对于高层钢结构,应先编框架柱,后编框架梁,然后次梁及其他构件。

平面布置图:先编主梁:先横向,从左至右;后竖向,自下而上。

后编次梁:先横向,从左至右;后竖向,自下而上。

立面布置图:先编主要柱子,后编较小柱子。

先编大支撑,后编小支撑。

对于屋盖体系:

先下弦平面图,后上弦平面图。依次对屋架、托梁、垂直支撑、系杆和水平支撑进行编号,后对檩条及拉条编号。

(4)构件表:在结构布置图中必须列出构件表,构件表中要标明构件编号、构件名称、构件截面、构件数量、构件单重和总重,以便于阅图者统计。

4. 安装节点图

(1)安装节点包含的内容：

安装节点图是用以表明各构件间相互连接情况,构件与外部构件的连接形式、连接方式、控制尺寸和有关标高。对屋盖强调上弦和下弦水平支撑就位后角钢的肢尖朝向。表明构件的现场或工厂的拼接节点。表明构件上的开孔(洞)及局部加强对构造处理。表明构件上加劲肋的做法。表明抗剪键等布置与连接构造。

(2)安装节点按适当比例绘制,要注明安装及构造要求的有关尺寸及有关标高。

(3)安装节点圈定方法与绘制要求

选比较复杂结构的安装节点,以便提供安装时使用。与不同结构材料连接的节点。与相邻结构系统连接比较复杂的节点。构件在安装时的拼接接头。与节点连接的构件较多的节点。

5. 构件详图绘制

(1)图形简化:为减少绘图工作量,应尽量将图形相同和图形相反的构件合并画在一个图上。若构件本身存在对称关系,可以绘制构件的一半。

(2)图形分类排版:尽量将同一个构件集中绘制在一张或几张图上,板面图形排放应:满而不挤,井然有序,详图中应突出主视图位置,剖面图放在其余位置,图形要清晰、醒目,并符合视觉比例要求。图形中线条粗、细、实、虚线要明显区别,层次要分明,尺寸线与图形大小和粗细要适中。

(3)构件详图应依据布置图的构件编号按类别顺序绘制,构件主投影面的位置应与布置图一致。构件主投影面应标注加工尺寸线、装配尺寸线和安装尺寸线三道尺寸明显分开标注。

(4)较长且复杂的格构式柱,若因图幅不能垂直绘制,可以横放绘制,一般柱脚应置于图纸右侧。

(5)大型格构式构件在绘制详图时应在图纸的左上角绘制单线几何图形,表明其几何尺寸及杆件内力值,一般构件可直接绘制详图。

(6)零件编号。对多图形的图面,应按从左至右,自上而下的顺序编零件号。先对主材编号,后其他零件编号。先型材,后板材、钢管等,先大后小,先厚后薄。两根构件相反,只给正当构件零件编号。对称关系的零件应编为同一零件号。当一根构件分画于两张图上时,应视作同一张图纸进行编号。

钢结构设计施工说明

一、本施工图中所注尺寸除标高以米为单位外，其余均以毫米为单位。

二、本设计采用中科院沈阳PKPM2005及上海同济大学钢结构设计软件进行设计。

三、设计依据及施工应遵守的技术规范与规程：
1. 建筑结构荷载规范（GB 50009-2001）
2. 钢结构设计规范（GB 50017-2003）
3. 混凝土结构设计规范（GB 50010-2002）
4. 建筑抗震设计规范（GB 50011-2001）
5. 冷弯薄壁型钢结构技术规程（GBJ 81-2002）
6. 建筑地基基础设计规范（JGJ 81-2002）
7. 钢结构工程施工及质量验收规范（GB 50205-2001）
8. 钢结构高强度螺栓连接的设计施工及验收规程（JGJ 82-91）

四、荷载取值：
1. 屋面恒荷载取值0.3kN/m²
2. 屋面活荷载取值0.5kN/m²
3. 雪荷载取值0.40kN/m²
4. 风荷载取值0.50kN/m²，地面粗糙度类别B类

五、材料：
1. 本工程钢板（含楼面板）采用Q345钢制作，檩条（材质：Q345、热镀锌）、支撑、焊管等型钢采用Q235钢制作。结构钢材应符合《GB/T 1591-94》中规定的Q345和《GB 700-88》规定的Q235要求。伸长率、屈服点、冷弯试验合格，磷、硫的极限含量。钢材的抗拉强度实测值不应小于1.2钢材应有明显的屈服点。钢材的比值和合格的可焊性和合格的冲击韧性。当截面板件厚度≥40mm时，钢材应保证厚度方向性能钢板，沿厚度方向性能的合格，不应小于20%，应有良好的可焊性和合格的冲击韧性。

2. 焊条：手工焊采用E50××焊条，其性能应符合《GB/T 5117-95》接用E43××系列焊条，其性能应符合《GB/T 5118-95》的规定。Q235本体、Q235和Q345连接用应焊条，其性能应符合《GB/T 5117-95》《GB/T 8110-95》的规定。自动焊时根据钢材牌号选用相应的焊丝。

3. 本设计中主要连接采用高强度螺栓（详见相关施工图），螺栓强度等级为10.9级。其与所连接构件的接触面应采用喷砂面处理，摩擦面的抗滑移系数μ=0.40应由试验确定。高强度螺栓接触面应采用喷砂面处理后的后生赤锈。

4. 钢材构件安装采用普通螺栓，螺栓孔为二类孔。
高强度螺栓，螺母和垫圈采用《GB 3077-88》和《GB 699-88》规定的材料制作。
普通螺栓，螺母和垫圈采用《GB 700-88》规定的Q235钢制作。

5. 高强度六角螺栓其规格及其规格和尺寸应符合GB 1228-91及GB 1231-91中的规定。

6. 屋面板上层采用角钢I型，镀锌锌板（基板厚度大于0.53）；中间为100mm欧文斯柯宁玻璃棉保温棉（单层铝箔），容重为16kg/m³；下部为φ1.0不锈钢圆丝：屋面采光带材料为乳白色聚氨酯易脆采光板（1.5mm厚），采光板型号同屋面板，要求温度＞80°时，自行催化不产生熔融。

六、结构制造
1. 钢材制作时，应按照《钢结构工程施工及验收规范》进行制作。
2. 所有钢材在制作前应用均匀找正后方可下料。
3. 钢材加工前应进行校直，使之平直，以免影响制作精度。
4. 接连加工选择合理的焊接顺序，以减少钢结构中产生的焊接变形和残变，焊缝长度及高度除图中已注明外，其余均为角焊，焊缝检查等级取为二级外，其余均为三级。
角焊缝高度如下表：

t	6	8	10	12	14	16	20
焊缝高度 h_f	6	6	8	10	10	12	14

七、结构安装
1. 在安装钢构件前，应检查链接间的距离尺寸，其螺栓是否有损伤（施工时注意保护）。
2. 结构安装时应采取适当措施，以防止过大的积蓄变形。
3. 结构安装就位，应及时将本结构及其他结构的连接固定，保证结构的稳定性。
4. 所有上部构件安装就位，必须在下部构件安装以后才能进行。

八、高强度螺栓的施工要求
1. 安装时螺栓应自由穿入孔内，气割，毛刺等扩孔。
2. 高强度螺栓紧密合。
3. 高强度螺栓终拧严禁再拧。

九、钢结构的涂装和除锈
1. 所有钢构件应彻底清除表面杂物及油污，严格除锈，手工应达St2级，喷砂应达Sa2.5级。其要求见《GBJ205-90》。
2. 所有钢构件出厂前均应除防锈底漆两度，面漆由甲方定。
3. 高强度螺栓接触面不得刷油漆。
4. 本工程钢材防火等级为二级，次结构的耐火等级为下B级。

十、本工程按国家现行有关规范进行施工及验收。

十一、本工程所有吊梁大总点应从屋梁上翼缘开始在下B≥φ12钢孔。

◆高强螺栓　φ安装螺栓　◆普通螺栓
◆高强螺栓　φ安装螺栓 ＝ 普通螺栓＋圆孔

重要表示：本图页以下各章工程实例图中，以虚线描绘的文字，均为帮助读者识读图纸的注释说明文字，非本架施工图中的内容。

识图要点：1.看本图的标题栏，了解图纸的名称、设计单位以入员等信息，了解图纸中的设计依据、施工中应该遵守的技术规范和规程的名称，并应注意规范规程的最新版本，及时更新版本。2.看本图中的设计要求：钢材信息是否符合GB 50009、GB 50018的相关要求。4.看材料适用和施工要求：钢材构造、制造和施工要求、材料适用和施工要求。求：钢材构造、加工制造要求。油漆和除锈要求。

工程实例图识读

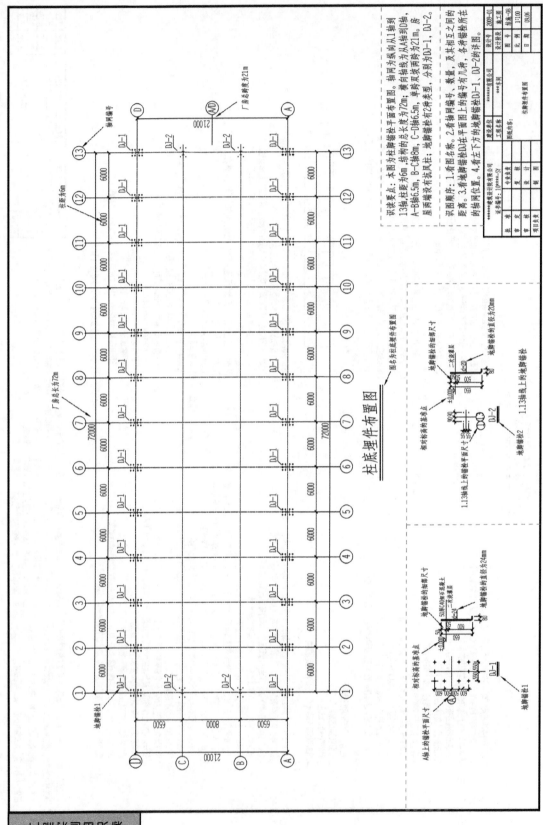

柱底埋件布置图

工程实例图识读

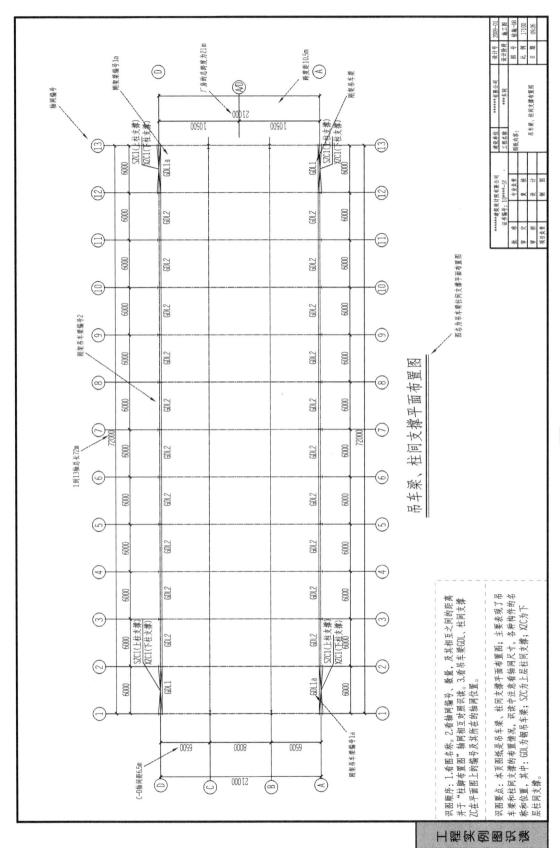

吊车梁、柱间支撑平面布置图

工程实例图识读

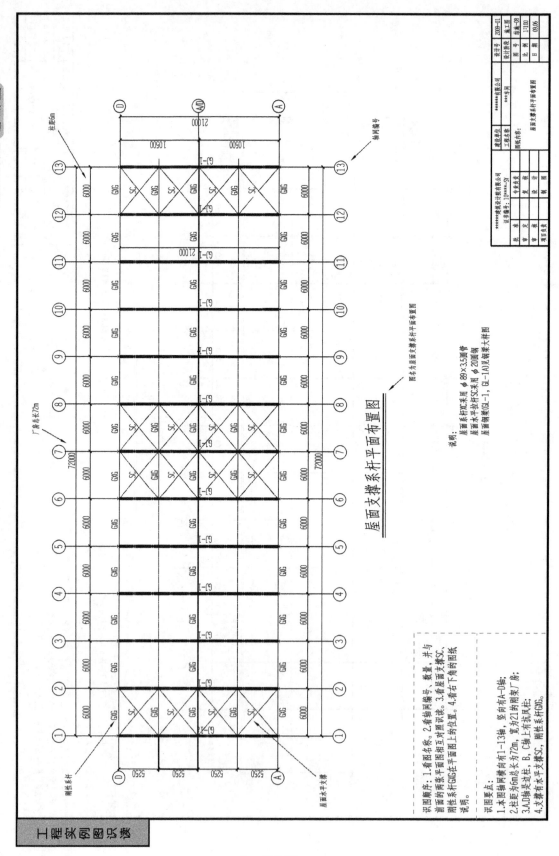

屋面支撑系杆平面布置图

说明：
屋面系杆XC采用 φ89×3.5圆管
屋面水平拉杆SC采用 φ21的圆钢
屋面刚性系杆(GL-1, GL-1A)见钢梁大样图

图乡为屋面支撑系杆平面布置图

识图顺序：1.看图名称；2.看轴网编号、数量，并与墙面的南、北两张平面图相互对照读图。3.看屋面支撑SC、刚性系杆GWG在平面图上的位置。4.看右下角的附图纸说明。

识图要点：
1.本图横向有1~13轴，竖向有A~D轴；
2.柱距为6m总长为72m，复到21时附架厂房；
3.A、D端灵边柱，B、C轴上有抗风柱；
4.支撑有水平支撑SC，刚性系杆GWG。

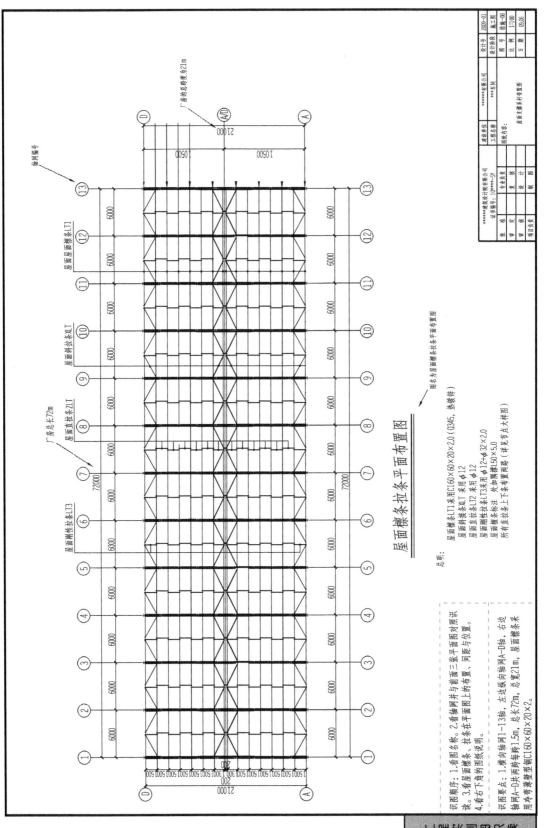

屋面檩条拉条布置图

屋面檩条拉条平面布置图

总说明：
屋面檩条LT1采用C160×60×20×2.0（Q345，热镀锌）
屋面斜接条XLT1采用φ12
屋面直拉条LT2采用φ12
屋面刚性拉条LT3采用φ12+φ32×2.0
屋面檩撑条LT3采用L50×5.0
所有直拉条上下条布置要两圈（详见节点大样图）

图名为屋面檩条拉条平面布置图

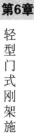

识图顺序：1.看图名名称。2.看轴网并与前面三张平面图对照识读。3.看屋面檩条、拉条在平面图上的布置位置。4.看右下角的图纸说明。

识图要点：1.横向轴网1～13轴，左边纵向轴网A～D轴，右边轴网A～D跨两跨每跨1.5m，总宽21m，屋面檩条采用冷弯薄壁型钢C160×60×20×2。

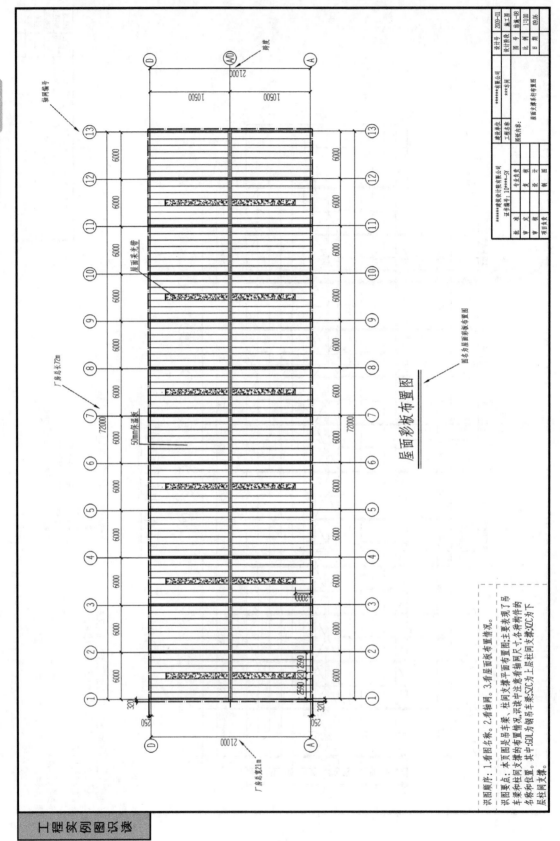

屋面彩板布置图

识图顺序：1.看图名称。2.看轴网。3.看屋面板布置情况。

识图要点：本页图是屋面支撑平面布置图，主要表现了吊车梁和柱间支撑的布置情况。识读中注意看各轴网尺寸、各部构件的名称和位置。其中GDL为钢吊车梁，SJC为上层柱间支撑，XJC为下层柱间支撑。

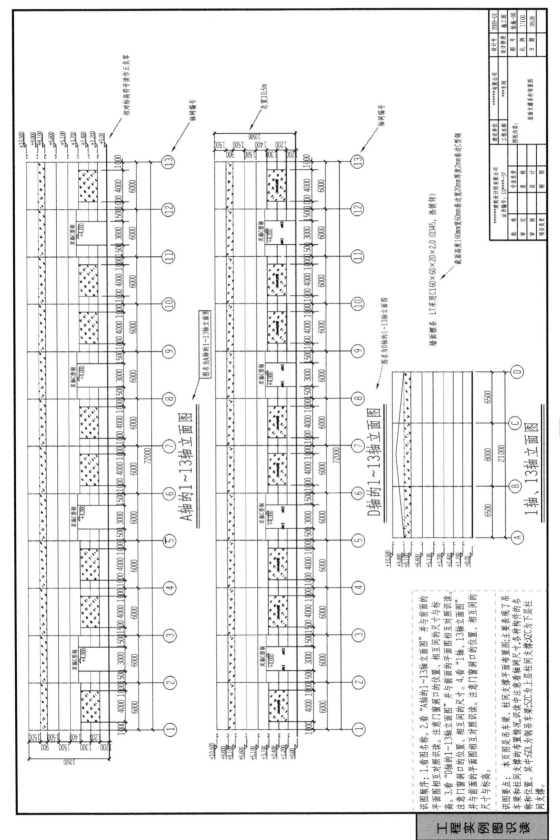

第6章

轻型门式刚架施工图识读

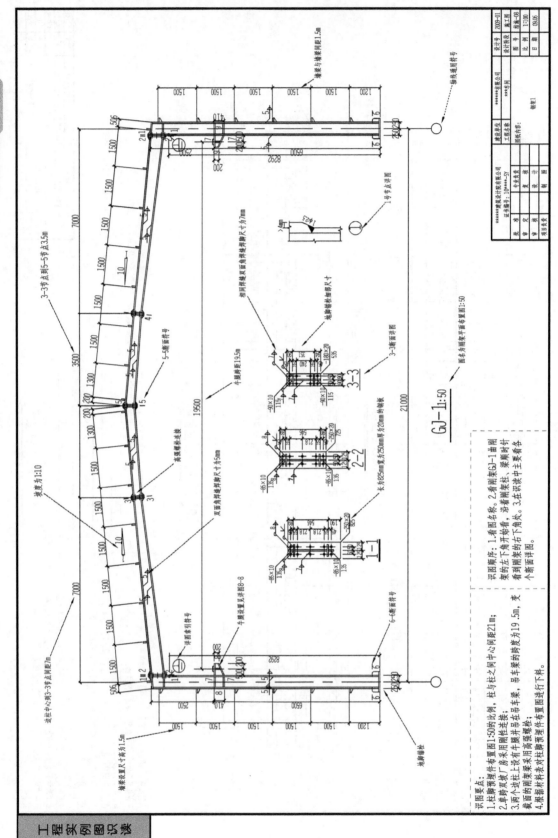

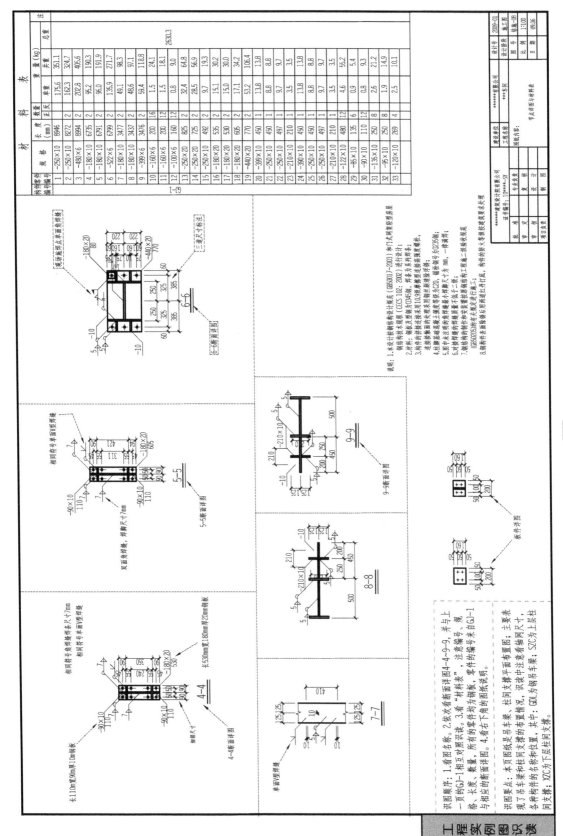

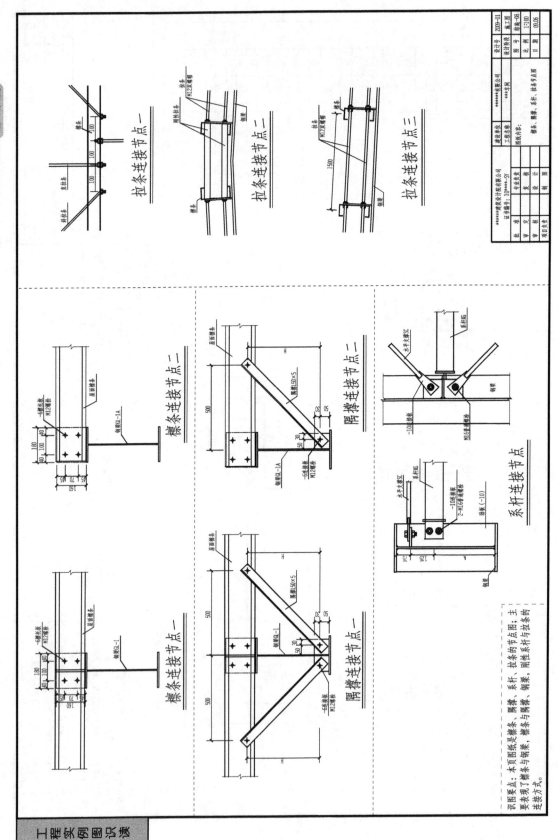

钢结构

构造与图识读

工程实例图识读

拉条连接节点一

拉条连接节点二

拉条连接节点三

檩条连接节点一

檩条连接节点二

隅撑连接节点一

隅撑连接节点二

系杆连接节点

识图要点：本页图纸是檩条、隅撑、系杆、拉条的节点图：主要表现了檩条与钢梁、檩条与隅撑、隅撑与钢梁、阔撑系杆与拉条的连接方式。

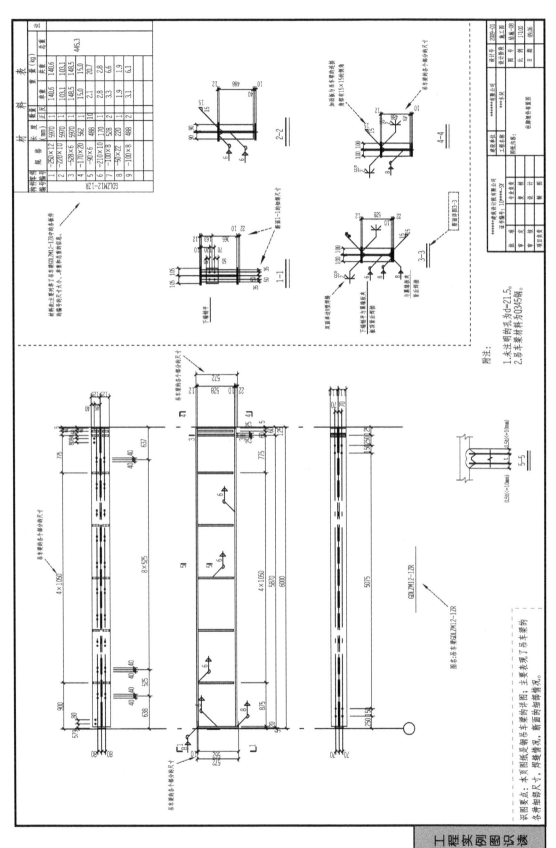

第7章 多层及高层钢结构施工图识读

主要内容：多层与高层钢结构概述，多层与高层钢结构的柱脚构造，多层与高层钢结构的柱子构造，多层与高层钢结构的梁构造，多层与高层钢结构的梁柱节点构造，多层与高层钢结构的支撑构造，多层与高层钢结构施工图实例识读。

目标：了解多层高层钢结构的特点，熟悉多层与高层钢结构的柱脚构造，多层与高层钢结构的柱子构造，多层与高层钢结构的梁构造，多层与高层钢结构的梁柱节点构造，多层与高层钢结构的支撑构造，多层与高层钢结构施工图实例识读。

重点：多层高层钢结构的构造和施工图识读。

技能点：多层高层钢结构的构造和施工图识读。

第1节 多层及高层钢结构概述

高层钢结构一般是指 10 层及 10 层以上（或 28m 以上），主要是采用型钢、钢板连接或焊接成构件，再经连接而成的结构体系。高层钢结构常采用钢框架结构、钢框架—支撑结构、钢框架—混凝土核心筒（剪力墙）结构等形式，后者在现代高层、超高层建筑中应用较为广泛，属于钢—混凝土混合结构，使钢材和混凝土优势互补、充分发挥材料效能。

一、多层及高层结构类型

1. 多层结构房屋

（1）框架体系

框架结构是最早用于高层建筑的结构形式，柱距宜控制在 6～9m 范围内，次梁间距一般以 3～4m 为宜，如图 7-1 所示。

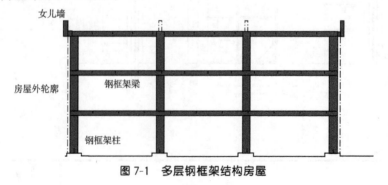

图 7-1　多层钢框架结构房屋

框架结构的主要优点：平面布置较灵活，刚度分布均匀，延性较大，自振周期较长，对地震作用不敏感。

（2）斜撑体系

框架结构上设置适当的支撑或剪力墙，用于地震区时，具有双重设防的优点，可用于不超过 40～60 层的高层建筑。结构及受力特点：

①内部设置剪力墙式的内筒，与其他竖向构件主要承受竖向荷载；

②外筒体采用密排框架柱和各层楼盖处的深梁刚接，形成一个悬臂筒（竖直方向）以承受侧向荷载；

③同时设置刚性楼面结构作为框筒的横隔。

2. 高层钢结构的体系

高层钢结构的结构体系主要有框架体系、框架—支撑（剪力墙板）体系、筒体体系（框筒、筒中筒、桁架筒、束筒等）或巨型框架体系。

（1）框架体系

框架体系是沿房屋纵、横方向由多榀平面框架构成的结构。这类结构的抗侧向荷载的能力主要决定于梁柱构件和节点的强度与延性，故节点常采用刚性连接。

（2）框架—支撑体系

框架—支撑体系是在框架体系中沿结构的纵、横两个方向均匀布置一定数量的支撑所形成的结构体系，如图 7-2 所示。支撑体系的布置由建筑要求及结构功能来确定。

图 7-2　框架支撑结构

支撑类型的选择与是否抗震有关，也与建筑物的层高、柱距以及建筑使用要求有关。

①中心支撑

中心支撑是指斜杆、横梁及柱汇交于一点的支撑体系，或两根斜杆与横杆汇交于一点，也可与柱子汇交于一点，但汇交时均无偏心距。

②偏心支撑

偏心支撑是指支撑斜杆的两端，至少有一端与梁相交（不在柱节点处），另一端可在梁与柱交点处连接，或偏离另一根支撑斜杆一段长度与梁连接，并在支撑斜杆杆端与柱子之间构成一耗能梁段，或在两根支撑与杆之间构成一耗能梁段的支撑。

（3）框架—剪力墙板体系

框架—剪力墙板体系是以钢框架为主体，并配置一定数量的剪力墙板。剪力墙板的主要类型有：钢板剪力墙板，内藏钢板支撑剪力墙墙板，带竖缝钢筋混凝土剪力墙板。

（4）筒体体系

筒体结构体系可分为框架筒、桁架筒、筒中筒及束筒等体系。

（5）巨型框架体系

巨型框架体系是由柱距较大的立体桁架梁柱及立体桁架梁构成，如图7-3所示。

图7-3　香港汇丰银行大楼

二、多层及高层钢结构布置

钢结构设计的基本原则是：结构必须有足够的强度、刚度和稳定性，整个结构安全可靠；结构应符合建筑物的使用要求，有良好的耐久性；结构方案尽可能节约钢材，减轻钢结构重量；尽可能缩短制造、安装时间，节约劳动工日；结构构件应便于运输、便于维护，在可能条件下，尽量注意美观，特别是外露结构，有一定建筑美学要求。按照上述原则，根据实际案例原建筑设计的布置和功能要求，综合考虑了结构的经济性、建筑设计的特点和施工合理性等因素，采用钢框架—支撑和钢框架—剪力墙结构体系，并分别进行了布置。

1. 梁柱体系

平面采用普通梁柱体系。梁采用热轧焊接 H 形截面钢梁，柱为焊接箱形钢柱。整个结构设计成刚性框架结构，竖向荷载由梁、板、柱承担。框架的梁与梁、梁与柱、柱与基础均按刚性连接设计，现场连接采用高强螺栓与焊接共同作用。次梁为 H 型截面单跨简支梁，设计主次梁时均不考虑楼盖与钢梁的组合作用。

2. 抗剪体系

在全部水平风荷载和地震作用下，上述结构体系局部刚度较弱，因此钢框架—支撑结构体系通过布置中心支撑来抵抗水平荷载。钢框架—剪力墙结构体系的中间部分电梯井与楼梯间布置钢筋混凝土剪力墙，来抵抗水平外力的冲击。

3. 楼盖体系

一般各层楼（屋）盖均采用钢筋混凝土楼（屋）盖，楼板厚度依结构计算定为 110～

140mm。在结构计算中,认为楼盖刚度足够大,符合平面内无限刚性的假定。

4. 基础形式

钢框架—支撑采用柱下独基,钢框架—剪力墙采用柱下独基与筏板基础。

5. 内外墙体系

钢框架—剪力墙采用蒸压轻质加气混凝土板材(简称 ALC 板材),外墙板厚为 200mm,内墙板厚 100mm。钢框架—支撑采用陶粒混凝土砌块。

三、多层及高层钢结构的特点

钢结构是用钢板、热轧型钢或冷加工成型的薄壁型钢制造而成的。与其他建筑材料的结构相比,钢结构有如下一些特点。

1. 材料的强度高,塑性和韧性好

钢与混凝土、砌体相比,虽然质量密度较大,但其屈服点较混凝土和木材要高得多,其质量密度与屈服点的比值相对较低。在承载力相同的条件下,钢结构与钢筋混凝土结构、砌体结构相比,构件较小,重量较轻,便于运输和安装。特别适用于跨度大或荷载很大的构件和结构。

钢结构在一般条件下不会因超载而突然断裂,对动力荷载的适应性强。具有良好的吸能能力和延性,使钢结构具有优越的抗震性能。但另一方面,由于钢材的强度高,做成的构件截面小而壁薄,受压时需要满足稳定的要求,强度有时不能充分发挥。

2. 材质均匀,与力学计算的假定比较符合

钢材内部组织比较接近于匀质和各向同性,而且在一定的应力幅度内几乎是完全弹性的,弹性模量大,有好的塑性和韧性,为理想的弹塑性体。因此,钢结构的实际受力情况和工程力学计算结果比较符合。钢材在冶炼和轧制过程中质量可以得到严格控制,材质波动的范围小。

3. 钢结构制造简便,施工周期短

钢结构所用的材料单纯而且是成材,加工比较简便,并能使用机械操作。钢结构生产具备成批大件生产和高度准确性的特点,大量的钢结构构件一般在专业化的金属结构工厂制作,按工地安装的施工方法拼装,所以其生产作业面多,可缩短施工周期,进而为降低造价、提高效益创造条件。对已建成的钢结构也比较容易进行改建和加固,用螺栓连接的结构还可以根据需要进行拆迁。

4. 钢结构的重量轻

钢材的密度虽比混凝土等建筑材料大,但钢结构却比钢筋混凝土结构轻,因为钢材的强度与密度之比要比混凝土大得多。以同样的跨度承受同样荷载,钢屋架的重量最多不超过钢筋混凝土屋架的 1/3～1/4,冷弯薄壁型钢屋架甚至接近 1/10,为吊装提供了方便条件。对于需要长距离运输的结构构件,如建造在交通不便的山区和边远地区的工程,重量轻也是一个重要的有利条件。

5. 具有一定的耐热性

温度在 250℃以内,钢的性质变化很小,温度达到 300℃以上,强度逐渐下降,达到 450～650℃时,强度降为零。因此,钢结构可用于温度不高于 250℃的场合。在自身有特殊防火要求的建筑中,钢结构必须用耐火材料予以维护。当防火设计不当或者防火层处于破坏的状

况下,有可能将产生灾难性的后果。钢材长期经受100℃辐射热时,强度没有多大变化,具有一定的耐热性能,但温度达150℃以上时,就须用隔热层加以保护。例如,利用蛭石板、蛭石喷涂层或石膏板等加以防护。

6.钢结构抗腐蚀性较差

钢结构的最大缺点是易于腐蚀。新建造的钢结构一般都需仔细除锈、镀锌或刷涂料。以后隔一定时间又要重新刷涂料,维护费用较钢筋混凝土和砌体结构高。目前国内外正在发展不易锈蚀的耐候钢,具有较好的抗锈性能,已经逐步推广应用,可大量节省维护费用并取得了良好的效果。

第 2 节　多层及高层钢结构的柱脚构造

一、柱脚概述

柱脚的功能是将柱子的内力可靠地传递给基础,并与基础牢固的连接。柱脚的具体构造取决于柱的截面形式及柱与基础的连接方式。柱与基础的连接方式有刚接和铰接两种形式。刚接柱脚与混凝土基础的连接方式有支承式(也称外露式)、埋入式(也称插入式)、外包式三种。框架结构大多采用刚接柱脚,铰接柱脚宜为支承式。

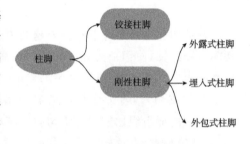

当柱在荷载组合下出现拉力时,可采用预埋锚栓或柱翼缘设置焊钉等办法(图 7-4)。外包式基础的传力方式与埋入式相似,因外包层混凝土层较薄,需配筋加强。

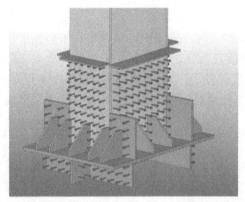

图 7-4　柱翼缘设置焊钉

1.外露式柱脚

外露式柱脚的常见形式见图纸 7-1。柱脚铰接时,常采用双锚栓或四锚栓,取决于钢柱的截面高度。柱脚刚性连接时,常常采用带靴梁的构造。

2.外包式柱脚

外包式柱脚是将钢柱柱底板放置在混凝土基础顶面,由基础的钢筋混凝土短柱将钢柱包裹住的一种连接方式。外包式柱脚的常见的形式见图纸 7-1、7-3。

3. 埋入式柱脚

埋入式柱脚是将钢柱底端插入钢筋混凝土基础梁或地下室墙体内的一种刚性柱脚,通过柱身与混凝土之间的接触传力,可以承受较大的柱脚反力,主要用于多高层钢结构工程中,如图 7-5 所示。埋入式柱脚的常见形式见图纸 7-1、7-4。

图 7-5 埋入式柱脚

二、轴心受压柱的柱脚

轴心受压柱的柱脚可以是铰接柱脚,如图纸 7-2;也可以是刚接柱脚,如图纸 7-3。最常采用的铰接柱脚是由靴梁和底板组成的柱脚,如图纸 7-2e)所示。柱身的压力通过与靴梁连接的竖向焊缝先传给靴梁,这样柱的压力就可向两侧分布开来,然后再通过与底板连接的水平焊缝经底板达到基础。当底板的底面尺寸较大时,为了提高底板的抗弯能力,可以在靴梁之间设置隔板。柱脚通过埋设在基础里的锚栓来固定。按照构造要求采用 2～4 个直径为 20～25mm 的锚栓。为了便于安装,底板上的锚栓孔径用锚栓直径的 1.5～2 倍,套在锚栓上的零件板是在柱脚安装定位以后焊上的。图纸 7-1b)是附加槽钢后使锚栓处于高位紧张的刚性柱脚,为了加强槽钢翼缘的抗弯能力,在它的下面焊以肋板。柱脚锚栓分布在底板的四周以便使柱脚不能转动。

三、压弯构件的柱脚

压弯构件与基础的连接也有铰接柱脚和刚接柱脚两种类型。铰接柱脚不受弯矩,它的构造和计算方法与轴心受压柱的柱脚基本相同。刚接柱脚因同时承受压力和弯矩,构造上要保证传力明确,柱脚与基础之间的连接要兼顾强度和刚度,并要便于制造和安装。无论铰接还是刚接,柱脚都要传递剪力。对于一般单层厂房来说,剪力通常不大,利用底板与基础之间的摩擦就足以胜任。

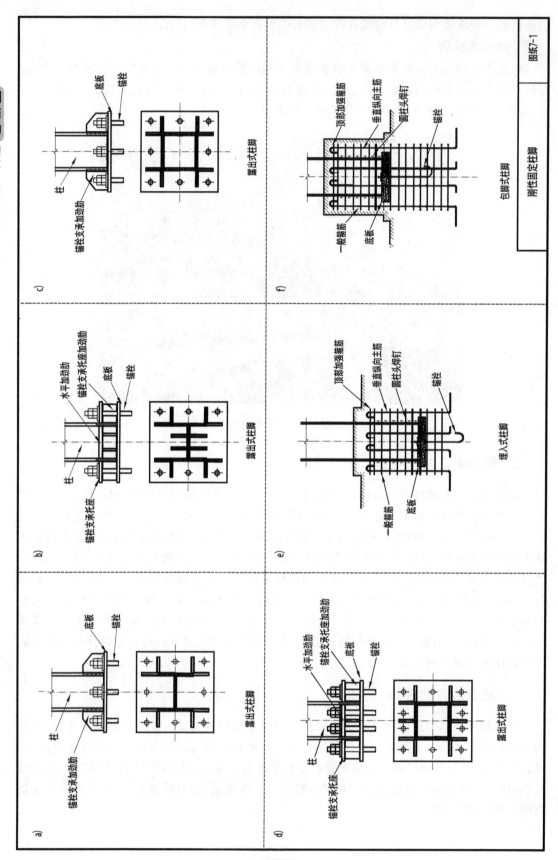

a) 露出式柱脚
锚栓支承加劲肋
柱
底板
锚栓

b) 露出式柱脚
锚栓支承托座
柱
水平加劲肋
锚栓支承托座加劲肋
底板
锚栓

c) 露出式柱脚
柱
底板
锚栓
锚栓支承加劲肋

d) 露出式柱脚
锚栓支承托座
柱
水平加劲肋
锚栓支承托座加劲肋
底板
锚栓

e) 埋入式柱脚
顶部加强箍筋
垂直纵向主筋
圆柱头焊钉
锚栓
一般箍筋
底板

f) 包脚式柱脚
顶部加强箍筋
垂直纵向主筋
圆柱头焊钉
锚栓
一般箍筋
底板

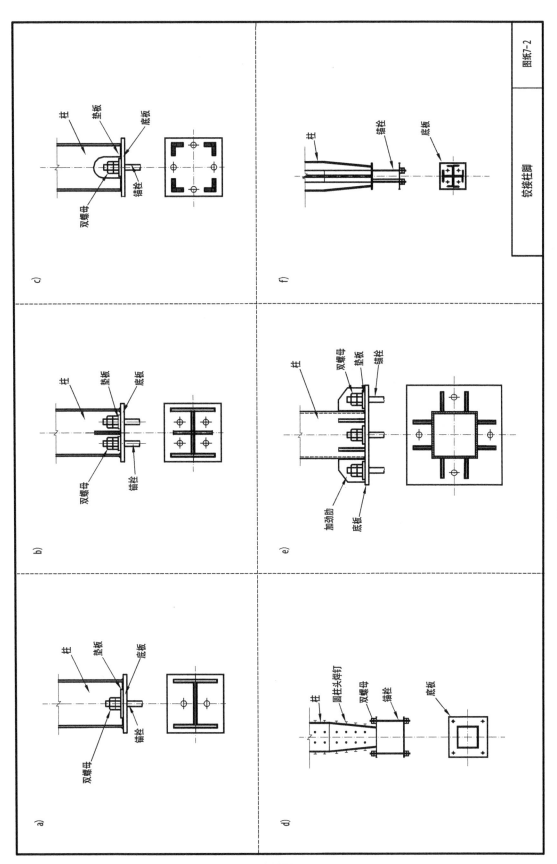

第7章

多层及高层钢结构施工图识读

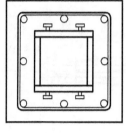

箱形截面钢柱的情况

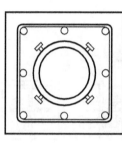

H形截面钢柱的情况

圆管形截面钢柱的情况

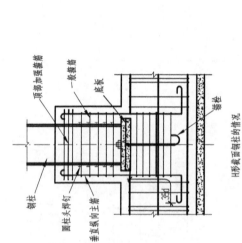

H形截面钢柱时的情况

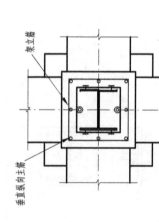

包脚式柱脚的配筋

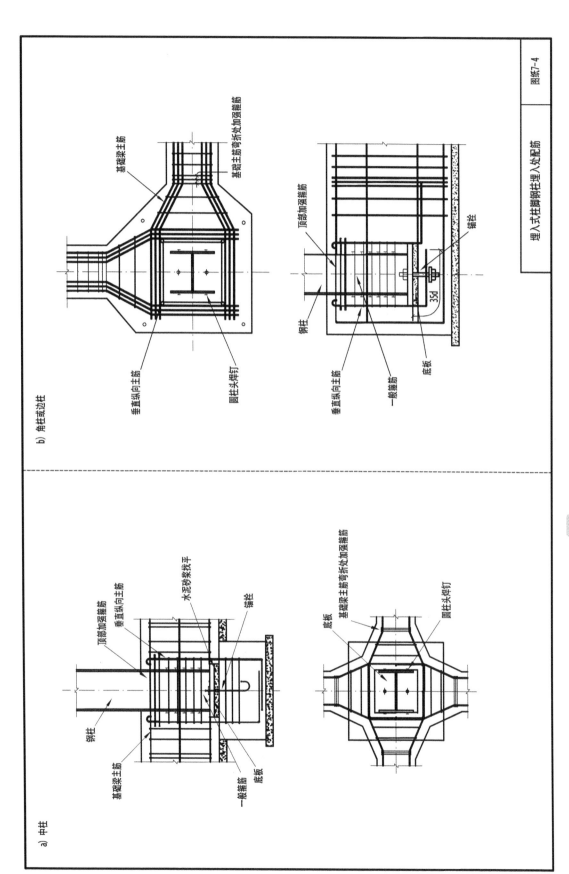

b) 角柱或边柱

基础梁主筋

基础梁主筋弯折处加强箍筋

顶部加强箍筋

钢柱

锚栓

3d

垂直纵向主筋

圆柱头焊钉

垂直纵向主筋

一般箍筋

底板

a) 中柱

顶部加强箍筋

垂直纵向主筋

水泥砂浆找平

锚栓

钢柱

基础梁主筋

一般箍筋

底板

底板

基础梁主筋弯折处加强箍筋

圆柱头焊钉

第7章

多层及高层钢结构施工图识读

179

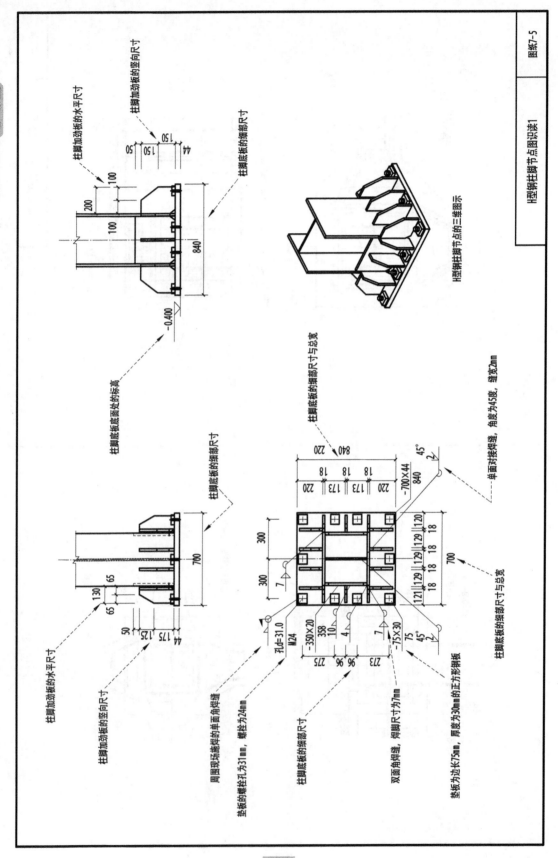

柱脚加劲板的水平尺寸

柱脚加劲板的竖向尺寸

柱脚底板的细部尺寸

柱脚底板底面处的标高

H型钢柱脚节点的三维图示

柱脚加劲板的水平尺寸

柱脚加劲板的竖向尺寸

柱脚底板的细部尺寸

周围现场焊的单面角焊缝

垫板的螺栓孔为31mm，螺栓为24mm

柱脚底板的细部尺寸

双面角焊缝，焊脚尺寸为7mm

垫板为边长75mm、厚度为30mm的正方形钢板

柱脚底板的细部尺寸与总宽

单面对接焊缝，角度为45度，缝宽2mm

柱脚底板的细部尺寸与总宽

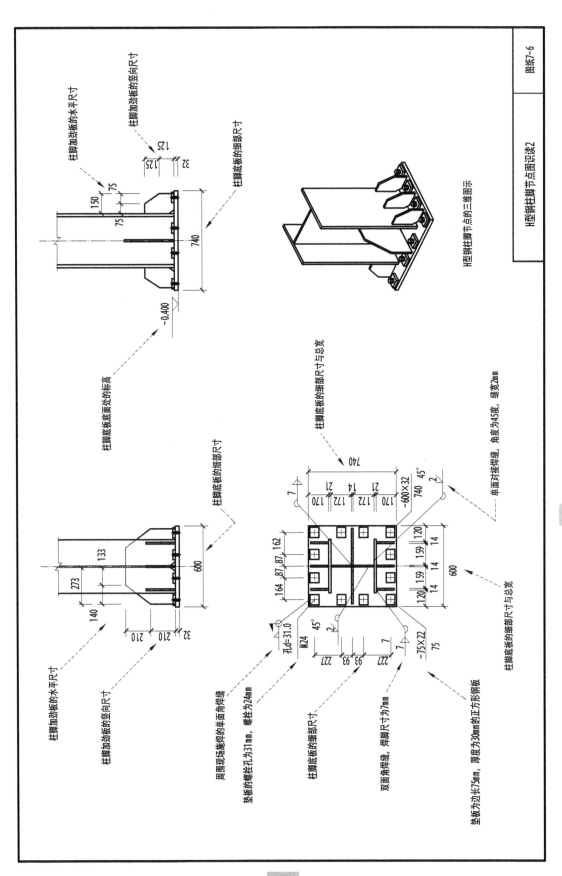

H型钢柱脚节点图识读2

H型钢柱脚节点的三维图示

柱脚加劲板的水平尺寸

柱脚加劲板的竖向尺寸

柱脚底板的细部尺寸

柱脚底板底面处的标高

柱脚底板的细部尺寸

柱脚加劲板的水平尺寸

柱脚加劲板的竖向尺寸

柱脚底板的细部尺寸与总宽

单面对接焊缝，角度为45度，缝宽2mm

周围现场施焊的单面角焊缝

垫板的螺栓孔为31mm，螺栓为24mm

柱脚底板的细部尺寸

双面角焊缝，焊脚尺寸为7mm

柱脚底板的细部尺寸与总宽

垫板为边长75mm，厚度为30mm的正方形钢板

第7章

多层及高层钢结构施工图识读

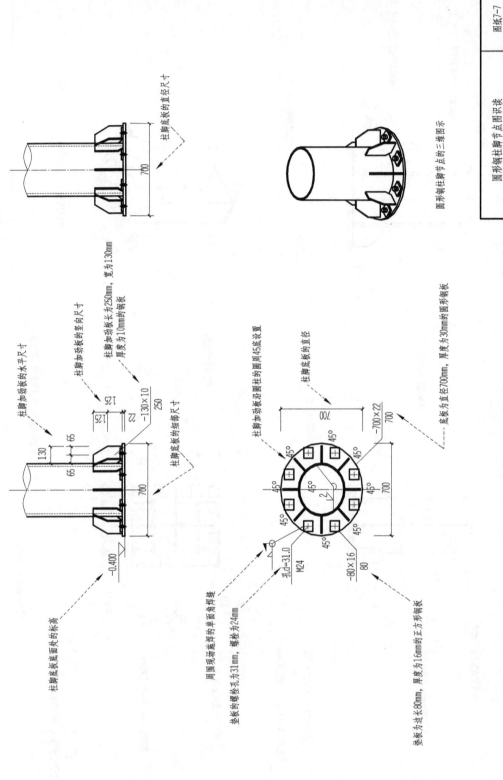

柱脚底板的直径尺寸

圆形钢柱脚节点的三维图示

柱脚加劲板的水平尺寸

柱脚加劲板的竖向尺寸

柱脚加劲板长为250mm，宽为130mm，厚度为10mm的钢板

-130×10

250

柱脚底板的细部尺寸

柱脚加劲板沿圆柱的圆周45度设置

柱脚底板的直径

底板为直径700mm，厚度为30mm的圆形钢板

-700×22

45°

M24
孔,d=31.0

周围现场施焊的单面角焊缝

垫板的螺栓孔为31mm，螺栓为24mm

-80×16

垫板为边长80mm，厚度为16mm的正方形钢板

柱脚底板底面处的标高

-0.400

圆形钢柱脚节点图识读

图纸7-7

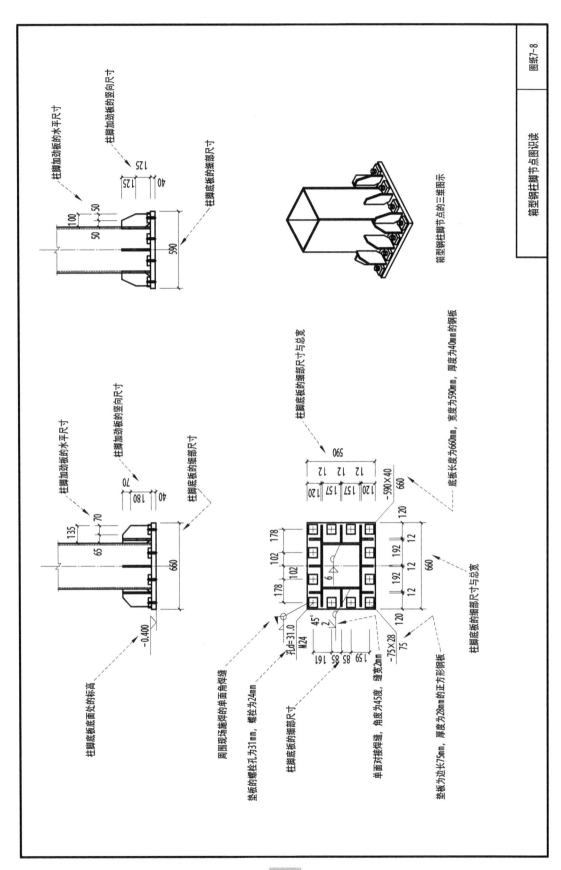

柱脚加劲板的水平尺寸

柱脚加劲板的竖向尺寸

柱脚底板的细部尺寸

箱型钢柱脚节点的三维图示

底板长度为660mm，宽度为590mm，厚度为40mm的钢板

柱脚加劲板的水平尺寸

柱脚加劲板的竖向尺寸

柱脚底板的细部尺寸

柱脚底板的细部尺寸与总宽

柱脚底板底面处的标高

周围现场施焊的单面角焊缝

垫板的螺栓孔为31mm，螺栓为24mm

柱脚底板的细部尺寸

单面对接焊缝，角度为45度，缝宽2mm

垫板为边长75mm，厚度为20mm的正方形钢板

柱脚底板的细部尺寸与总宽

十字型钢柱柱脚节点图识读

柱脚加劲板的水平尺寸

柱脚加劲板的竖向尺寸

柱脚底板的细部尺寸

125
125
32

100
50
50
640

十字型钢柱柱脚节点的三维图示

柱脚底板的细部尺寸与总宽

640
12
120 182 182 120
12 12
-640×32
660
45°
2

7

178
102
102
178

192 192
12 12
660
12
7

120

单面对接焊缝,角度为45度,缝宽2mm

70
180
32

110
70
40
70
120
660

柱脚底板的细部尺寸

+160×400
-0.400

十字型截面钢板的尺寸

柱脚底板底面的标高

孔d=31
M24

1.6=31

173 97 97 173

-75×22
75
45°
2

120

同圈现场施焊的单面角角焊缝

垫板的螺栓孔为31mm,螺栓为24mm

柱脚底板的细部尺寸

对接焊缝的符号

垫板为边长75mm,厚度为22mm的正方形钢板

柱脚底板的细部尺寸与总宽

第3节 多层及高层钢结构的柱子构造

柱子的拼接可以采用全螺栓连接(图纸 7-10)、栓—焊混合连接(图纸 7-10)、全焊接连接(图纸 7-11)。柱的拼接分为工厂拼接和工地拼接两种情况。工厂拼接时宜全部采用焊接连接,同时注意同一截面的焊缝不宜过多,避免产生过大的应力集中的情况。工地拼接时,接头应位于弯矩较小处。

钢柱之间的连接常采用坡口电焊连接。主梁与钢柱间的连接,一般上、下翼缘用坡口电焊连接,而腹板用高强螺栓连接。

图 7-6～图 7-8 示出了几种不同形式的柱子拼接方式。

图 7-6 H 形截面柱

图 7-7 圆管形截面柱

图 7-8 箱形截面柱与十字形截面柱底连接

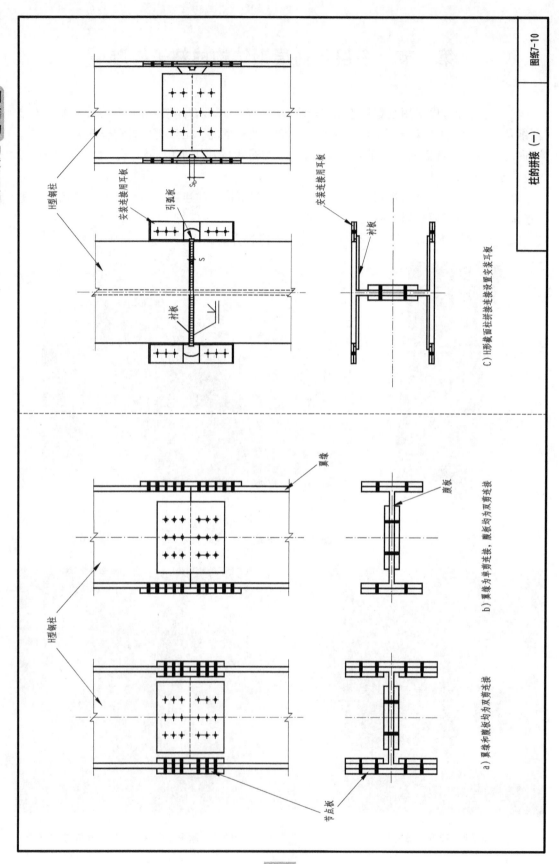

c) H形截面柱拼接连接设置安装耳板

b) 翼缘为单剪连接,腹板均为双剪连接

a) 翼缘和腹板均为双剪连接

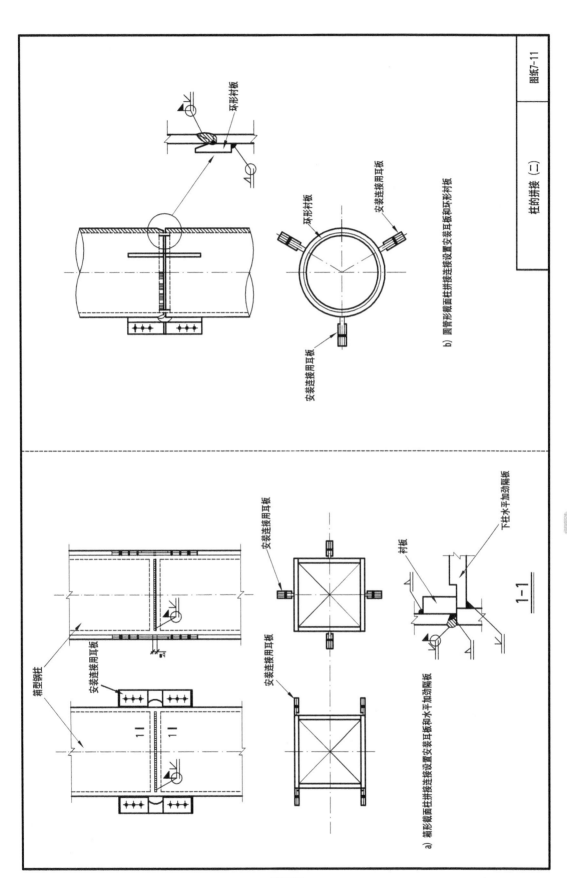

a) 箱形截面柱拼接连接设置安装耳板和水平加劲隔板

b) 圆筒形截面柱拼接连接设置安装耳板和环形衬板

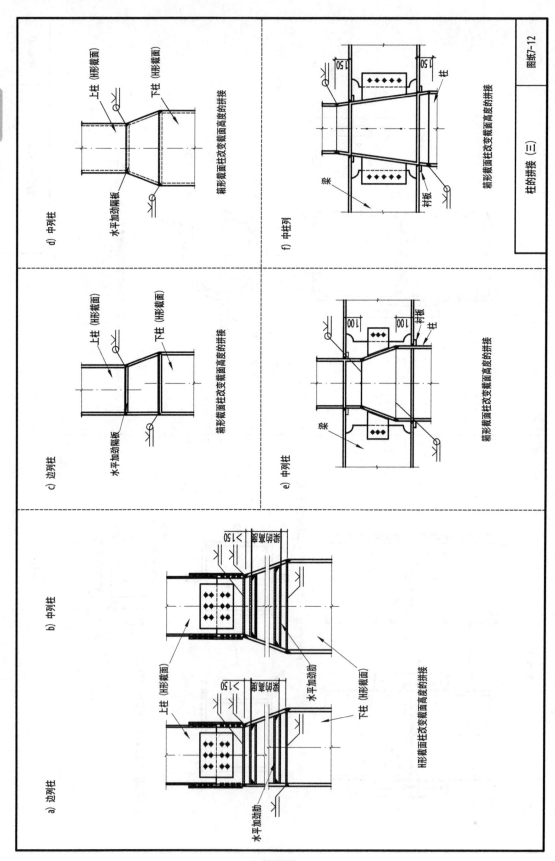

d) 中列柱

上柱 (I形截面)

下柱 (I形截面)

水平加劲隔板

箱形截面柱改变截面高度的拼接

f) 中柱列

150

150

柱

梁

衬板

箱形截面柱改变截面高度的拼接

c) 边列柱

上柱 (I形截面)

下柱 (I形截面)

水平加劲隔板

箱形截面柱改变截面高度的拼接

e) 中列柱

100

100

衬板

柱

梁

箱形截面柱改变截面高度的拼接

b) 中列柱

上柱 (I形截面)

≥150

水平加劲肋

下柱 (I形截面)

I形截面柱改变截面高度的拼接

a) 边列柱

水平加劲肋

≥150

I形截面柱改变截面高度的拼接

柱的拼接 (三)

图纸7-12

箱形截面柱与十字形截面柱的连接

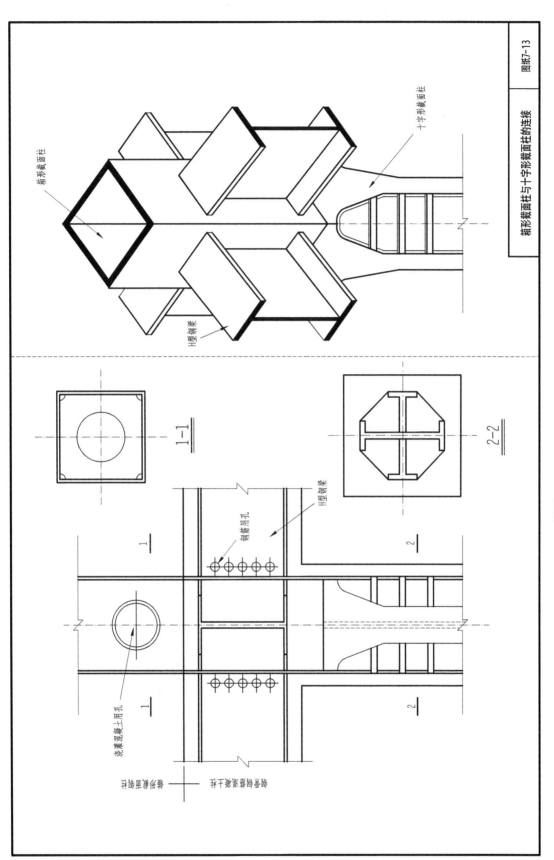

箱形截面柱

十字形截面柱

H型钢梁

1-1

2-2

H型钢梁

钢筋用孔

浇灌混凝土用孔

焊接封底钢衬垫

下于焊接的窗衬垫

第7章

多层及高层钢结构施工图识读

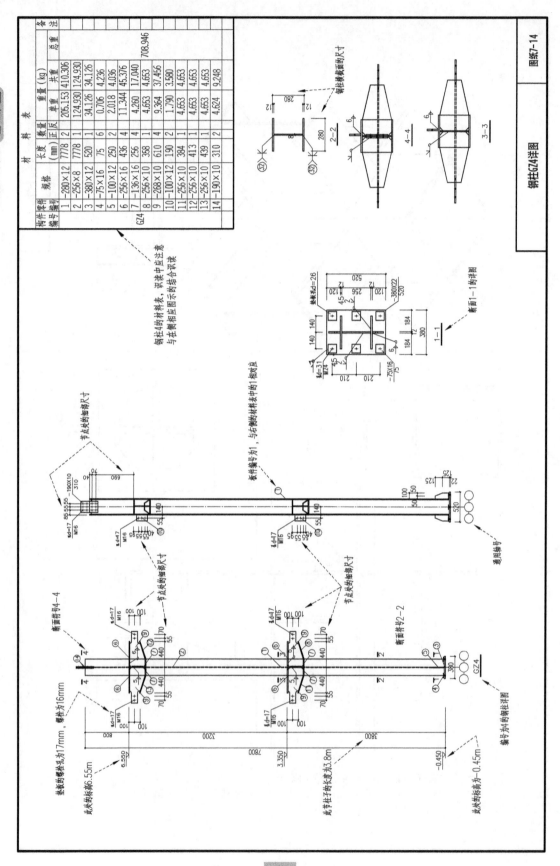

材 料 表

构件零件编号零件编号	规格	长度(mm)	数量正反	重量（kg）单重	共重	总重	备注
1	-280×12	7778	1	205.153	410.306		
2	-256×8	7778	1	124.930	124.930		
3	-380×12	520	1	34.126	34.126		
4	-75×16	75	6	0.706	4.236		
5	-100×12	250	2	2.018	4.036		
6	-256×16	436	4	11.344	45.376		
GZ4	7	-136×16	256	4	4.260	17.040	708.946
8	-256×10	358	4	4.653	37.456		
9	-268×10	610	4	9.364			
10	-100×12	190	2	1.790	3.580		
11	-256×10	384	1	4.653	4.653		
12	-256×10	413	1	4.653	4.653		
13	-256×10	439	1	4.653	4.653		
14	-190×10	310	2	4.624	9.248		

钢柱4的材料表，识读中应注意与左侧相应图示的结合识读

钢柱GZ4详图

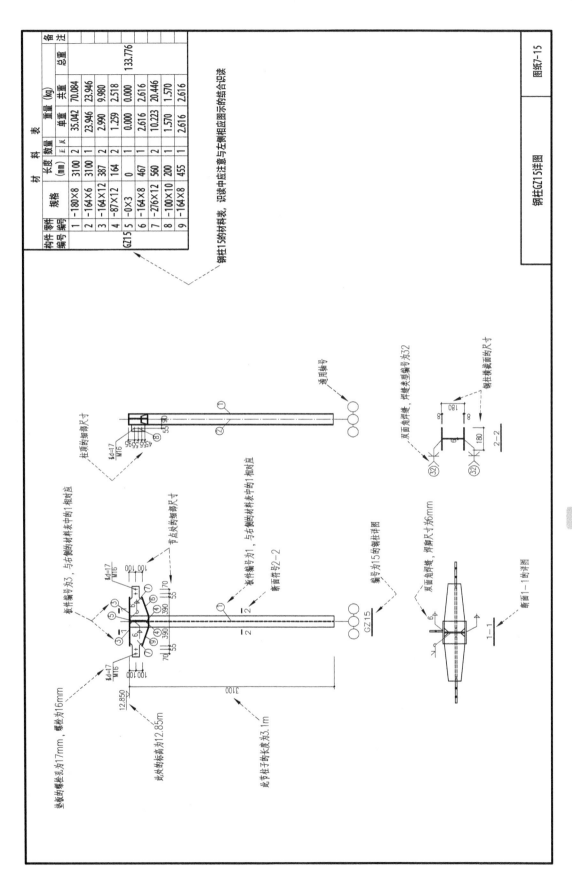

材　料　表

构件编号	零件编号	规格	长度(mm)	数量		重量(kg)		备注
				正页	对页	单重	共重	
GZ15	1	∟180×8	3100	2		35.042	70.084	
	2	∟164×6	3100	1		23.946	23.946	133.776
	3	∟164×12	387	2		2.990	9.980	
	4	∟87×12	164	2		1.259	2.518	
	5	∟0×3	0	1		0.000	0.000	
	6	∟164×8	467	1		2.616	2.616	
	7	∟276×12	560	2		10.223	20.446	
	8	∟100×10	200	1		1.570	1.570	
	9	∟164×8	455	1		2.616	2.616	

钢柱15的材料表，识读中应注意与左侧相应图示的结合识读

钢柱GZ15详图

第4节 多层及高层钢结构的梁构造

一、梁的拼接

梁的拼接依施工条件的不同分为工厂拼接和工地拼接。

1.工厂拼接

工厂拼接为受到钢材规格或现有钢材尺寸限制而做的拼接(图纸 7-16)。翼缘和腹板的工厂拼接位置最好错开,并应与加劲肋和连接次梁的位置错开,以避免焊缝集中。在工厂制造时,常先将梁的翼缘板和腹板分别接长,然后再拼装成整体,可以减少梁的焊接应力。翼缘和腹板的拼接焊缝一般都采用正面对接焊缝,在施焊时用引弧板。

2.工地拼接

工地拼接是受到运输或安装条件限制而做的拼接(图纸 7-17)。此时需将梁在工厂分成几段制作,然后再运往工地。对于仅受到运输条件限制的梁段,可以在工地地面上拼装,焊接成整体,然后吊装;而对于受到吊装能力限制而分成的梁段,则必须分段吊装,在高空进行拼接和焊接。工地拼接一般应使翼缘和腹板在同一截面或接近同一截面处断开,以便于分段运输。

将梁的上下翼缘板和腹板的拼接位置适当错开,可以避免焊缝集中在同一截面。这种梁段有悬出的翼缘板,运输过程中必须注意防止碰撞损坏。对于铆接梁和较重要的或受动力荷载作用的焊接大型梁,其工地拼接常采用高强度螺栓连接。

采用高强度螺栓连接的焊接梁的工地拼接(图纸 7-18)。在拼接处同时有弯矩和剪力的作用。设计时必须使拼接板和高强度螺柱都具有足够的强度,满足承载力要求,并保证梁的整体性。

二、梁与梁的连接

主次梁相互连接的构造与次梁的计算简图有关,如图 7-9 所示。次梁可以简支于主梁,也可以在和主梁连接处做成连续的,如图 7-10、图 7-11 所示。就主次梁相对位置的不同,连接构造可以区分为叠接和侧面连接(图纸 7-19)。

图 7-9 梁与梁的连接

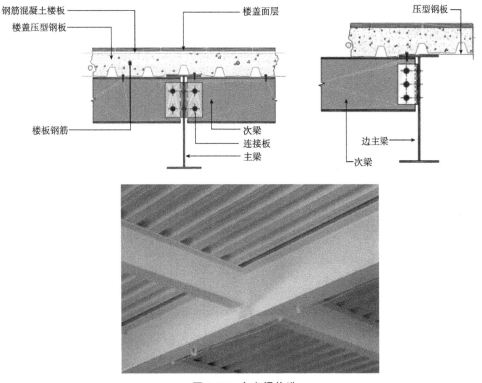

图 7-10 主次梁构造

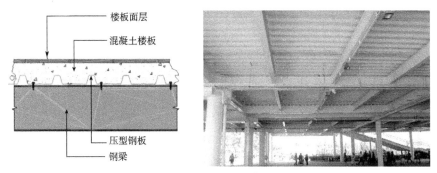

图 7-11 楼盖构造

1. 次梁为简支梁

①叠接：次梁直接放在主梁上，用螺栓或焊缝固定其相互位置，不需计算。为避免主梁腹板局部压力过大，在主梁相应位置应设支承加劲肋。优点是叠接构造简单、安装方便。缺点是主次梁所占净空大，不宜用于楼层梁系。

②侧面连接：(图纸 7-18、21)为几种典型的主次梁连接。

2. 次梁为连续梁

①叠接：次梁连续通过，不在主梁上断开。当次梁需要拼接时，拼接位置可设在弯矩较小处。主梁和次梁之间可用螺栓或焊缝固定它们之间的相互位置。

②侧面连接：连续连接的要领是将次梁支座压力传给主梁，而次梁端弯矩则传给邻跨次梁，相互平衡。

第7章

多层及高层钢结构施工图识读

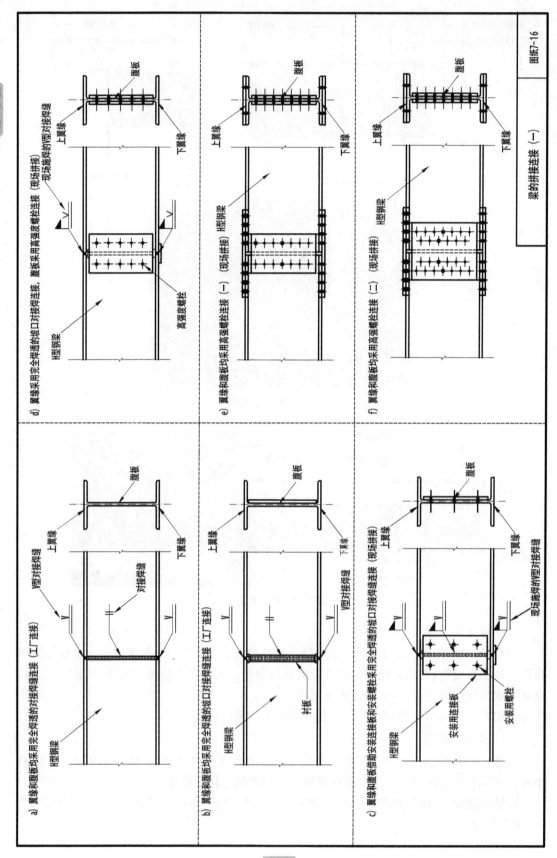

梁的拼接连接（一）

图纸7-16

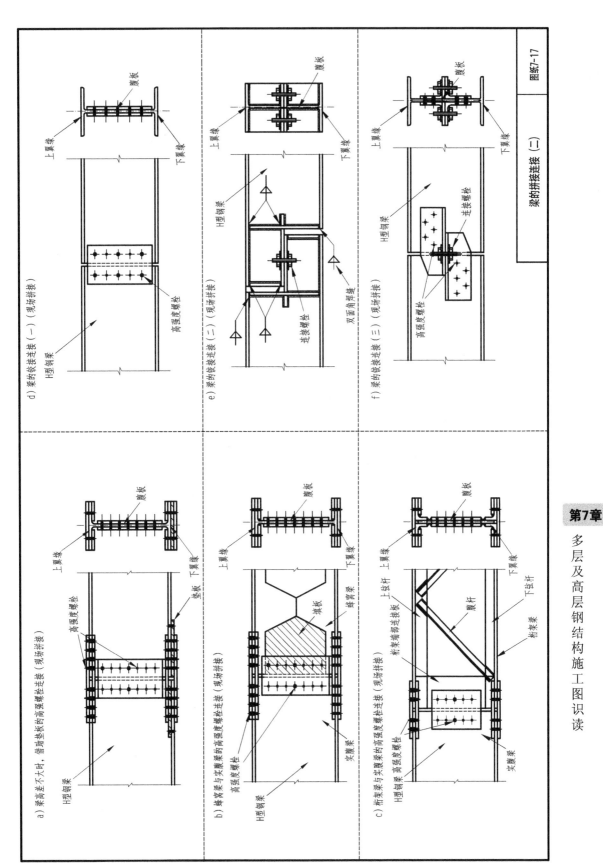

d) 梁的铰接连接（一）（现场拼接）

e) 梁的铰接连接（二）（现场拼接）

f) 梁的铰接连接（三）（现场拼接）

a) 梁高差不大时，借助垫板的高强螺栓连接（现场拼接）

b) 蜂窝梁与实腹梁的高强度螺栓连接（现场拼接）

c) 桁架梁与实腹梁的高强度螺栓连接（现场拼接）

第7章

多层及高层钢结构施工图识读

钢结构 构造与识图

a) 铰接连接

b) 铰接连接

c) 铰接连接

d) 铰接连接

e) 刚性连接

f) 刚性连接

g) 刚性连接

节点板

主梁

次梁

加劲板

高强螺栓

图纸7-18

次梁两端与主梁的连接

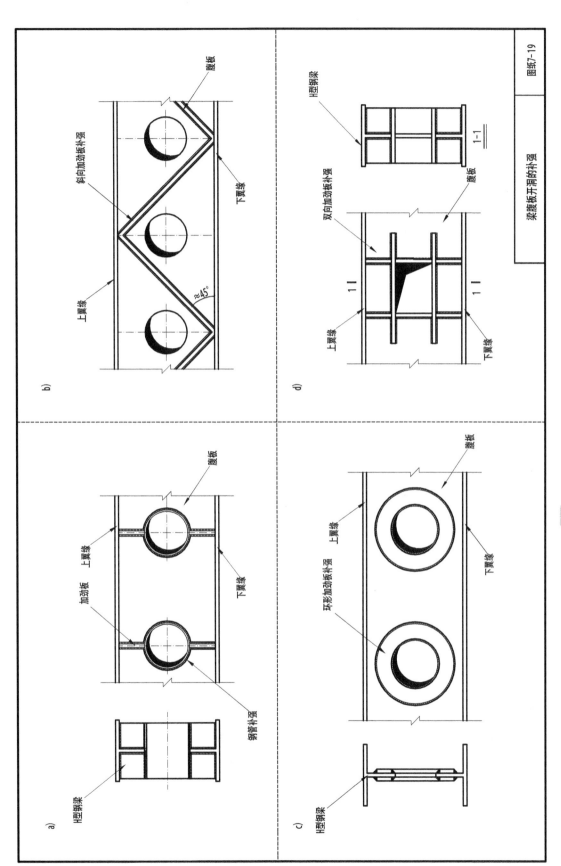

第7章

多层及高层钢结构施工图识读

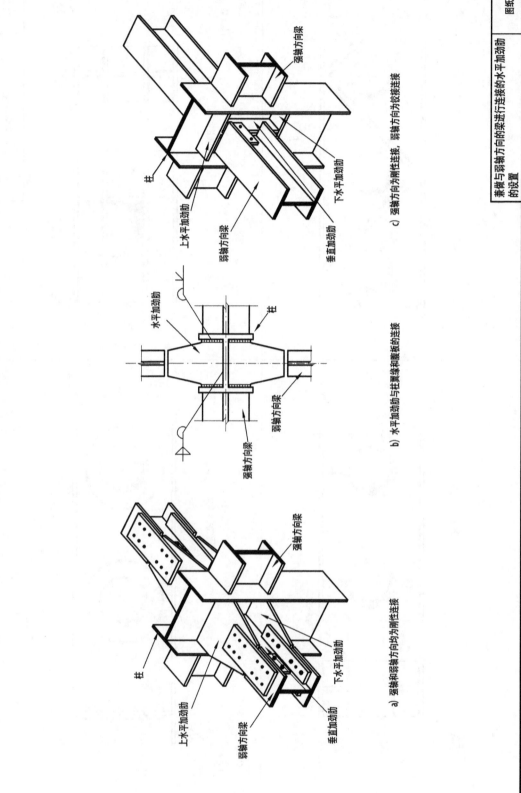

c) 强轴方向为刚性连接, 弱轴方向为铰接连接

强轴方向梁

下水平加劲肋

垂直加劲肋

弱轴方向梁

上水平加劲肋

柱

b) 水平加劲肋与柱翼缘和腹板的连接

水平加劲肋

柱

弱轴方向梁

强轴方向梁

a) 强轴和弱轴方向均为刚性连接

强轴方向梁

下水平加劲肋

上水平加劲肋

弱轴方向梁

垂直加劲肋

柱

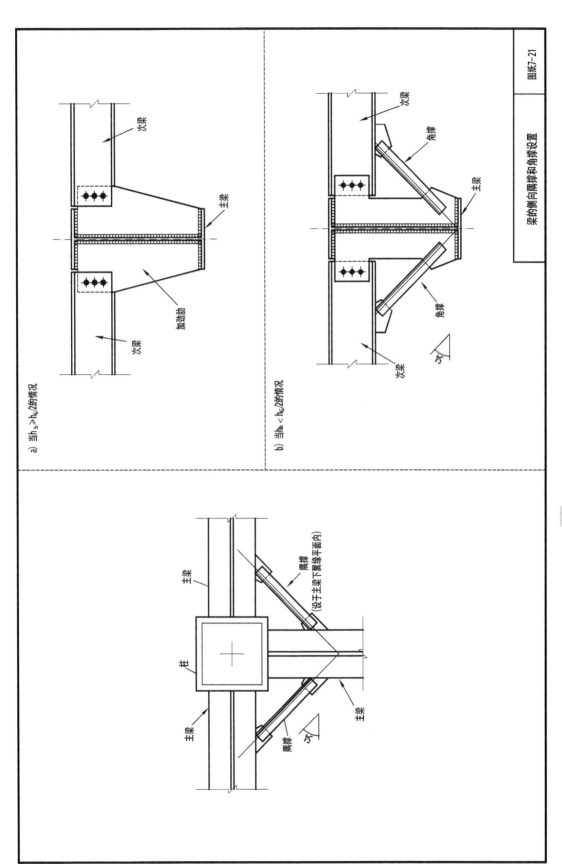

梁的侧向隔撑和角撑设置

a) 当 $h_b \geqslant h_G/2$ 的情况

b) 当 $h_b < h_G/2$ 的情况

次梁

主梁

加劲肋

次梁

次梁

角撑

主梁

角撑

次梁

主梁

隔撑

（设于主梁下翼缘平面内）

柱

主梁

主梁

隔撑

第7章

多层及高层钢结构施工图识读

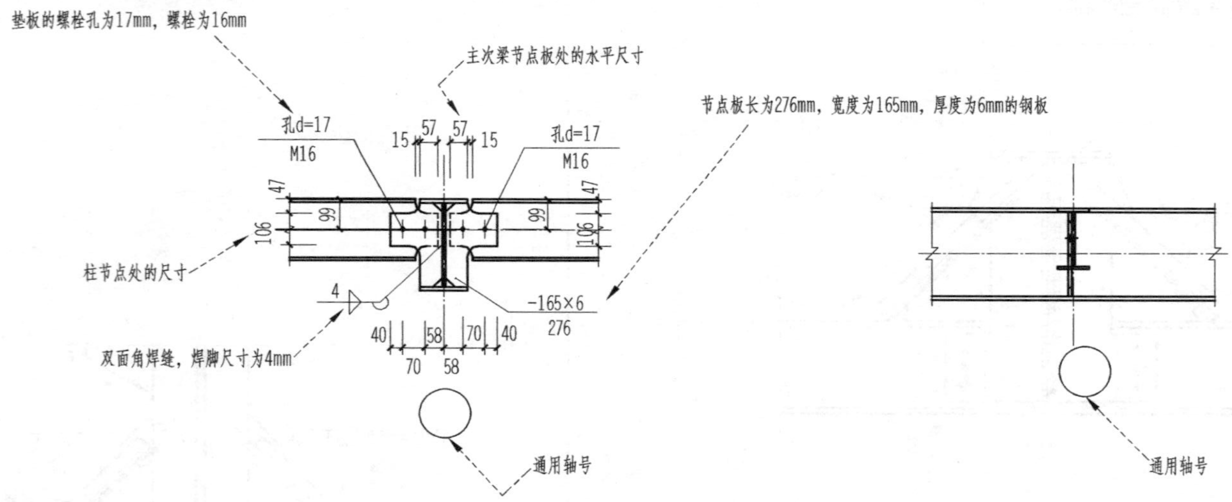

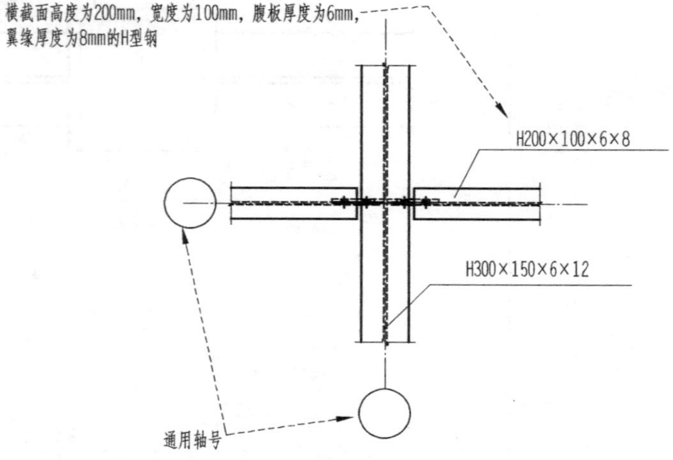

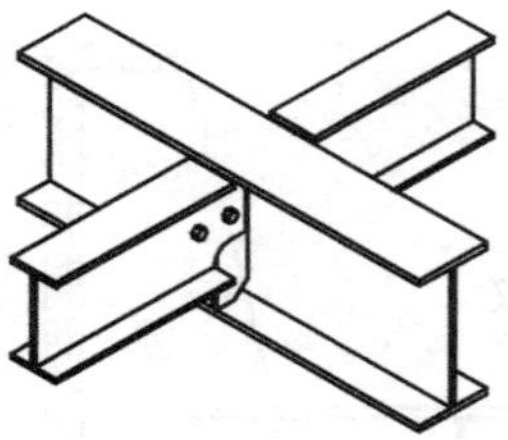

垫板的螺栓孔为17mm，螺栓为16mm
主次梁节点板处的水平尺寸
节点板长为276mm，宽度为165mm，厚度为6mm的钢板
孔d=17
M16
孔d=17
M16
15
57
57
15
47
66
106
47
66
106
柱节点处的尺寸
4
-165×6
276
40
58
70
40
70
58
双面角焊缝，焊脚尺寸为4mm
通用轴号
通用轴号

横截面高度为200mm，宽度为100mm，腹板厚度为6mm，
翼缘厚度为8mm的H型钢
H200×100×6×8
H300×150×6×12
通用轴号

主次梁节点的三维图示

主次梁节点识读示例	图纸7-22

第5节　多层及高层钢结构的梁柱节点构造

按连接转动刚度的不同分类：刚性连接、柔性连接、半刚性连接。

刚性连接形式又分为完全焊接、完全栓接、栓焊混合连接；柔性连接采用角钢、端板、支托。

1.完全焊接

如图 7-12，梁翼缘与柱翼缘间采用全熔透坡口焊缝，并按规定设置衬板，由于框架梁端垂直于工字形柱腹板，柱在梁翼缘对应位置设置横向加劲肋，要求加劲肋厚度不应小于梁翼缘厚度。

图 7-12　刚性连接

2.完全栓接

如图 7-13，所有的螺栓都采用高强摩擦型螺栓连接，当梁翼缘提供的塑性截面模量小于梁全截面塑性截面模量的 70% 时，梁腹板与柱的连接螺栓不得少于两列；即便计算只需一列时，仍应布置两列。

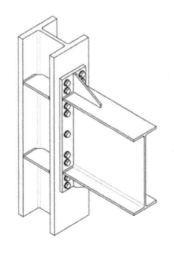

图　7-13

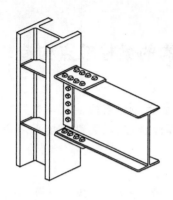
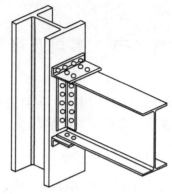

图 7-13　完全栓接

3. 栓焊连接（图 7-14）

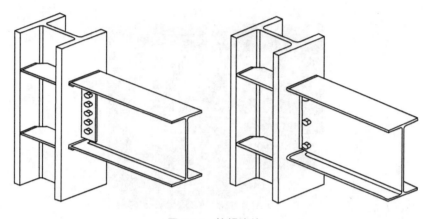

图 7-14　栓焊连接

4. 采用角钢和端板的柔性连接

它们的共同特点是将连接角钢或端板偏上放置，这样做的好处是：由于上翼缘处变形较小，对梁上楼板影响较小。

5. 半刚性连接

竖向荷载下可看作梁简支于柱，水平荷载下起刚性节点作用，适于层数不多或水平力不大的建筑，半刚性连接必须有抵抗弯矩的能力，但无需像刚性连接那么大，如图 7-15 所示。

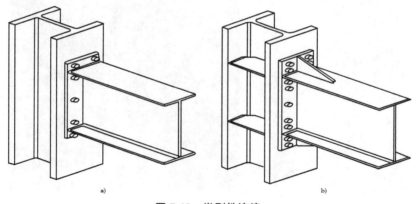

a)　　　　　　　　　　　　　　　　　b)

图 7-15　半刚性连接

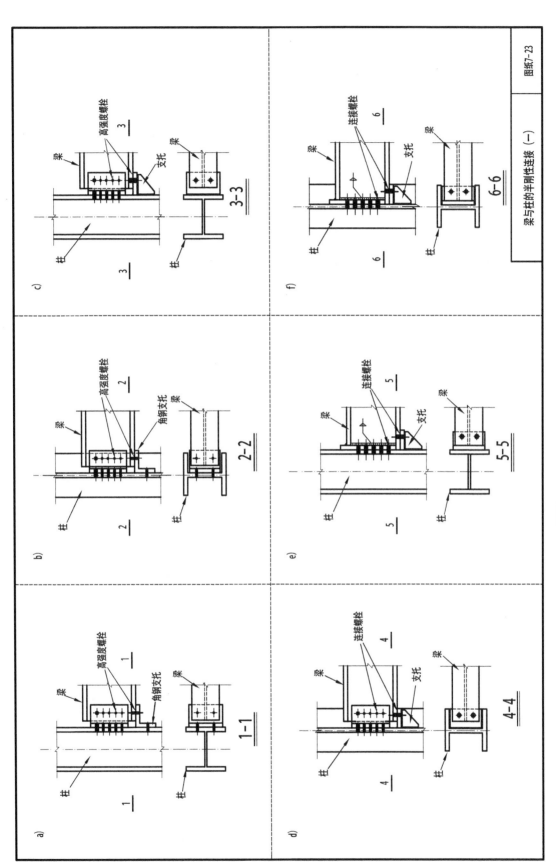

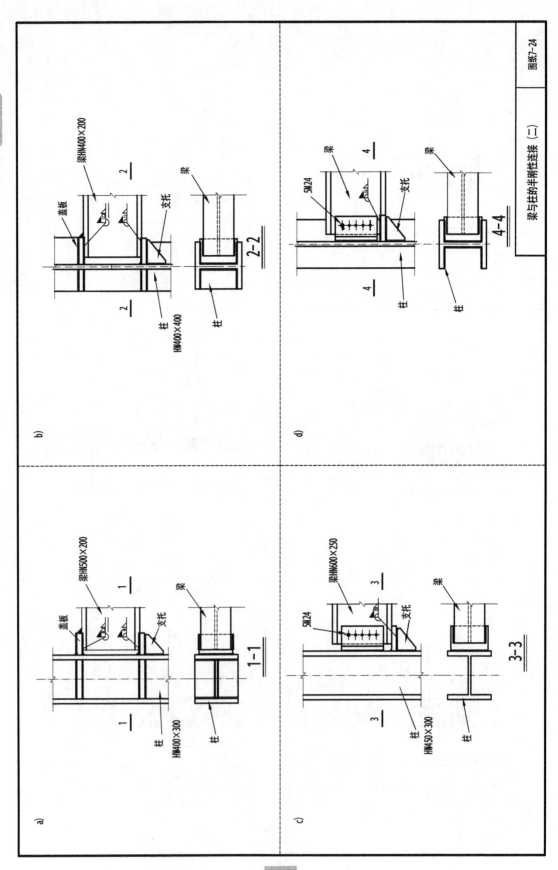

b)

梁HN400×200

盖板

支托

2-2

柱
HW400×400

梁

柱

a)

梁HN500×200

盖板

支托

1-1

柱
HW400×300

梁

柱

d)

5M24

梁

支托

4-4

柱

梁

柱

c)

5M24

梁HN600×250

支托

3-3

柱
HW450×300

梁

柱

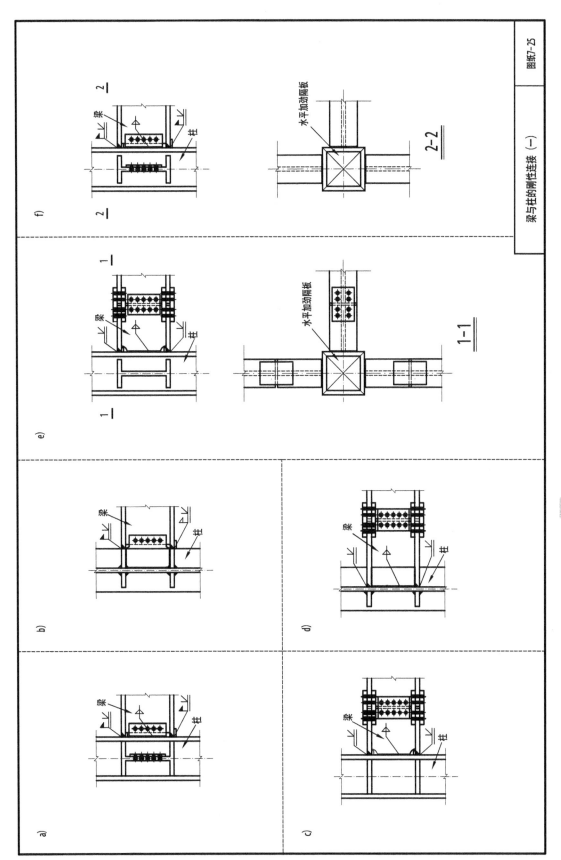

第7章

多层及高层钢结构施工图识读

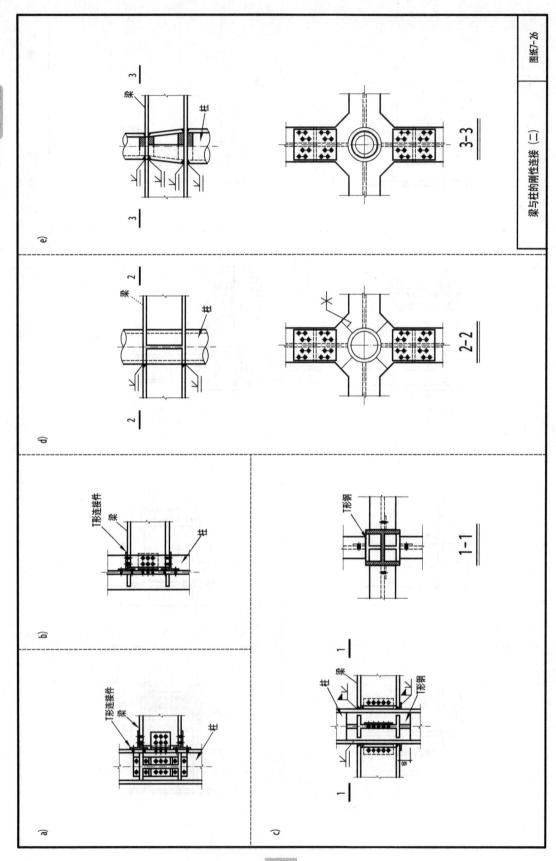

梁与柱的刚性连接（二）

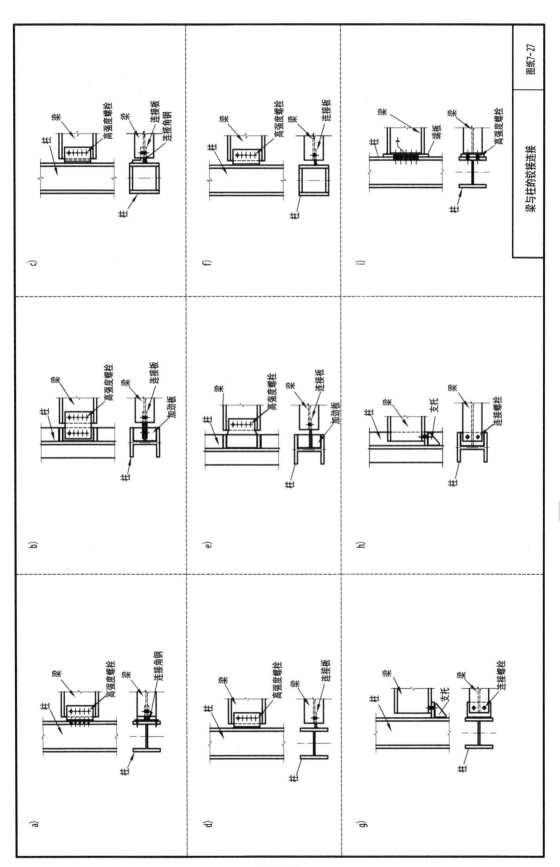

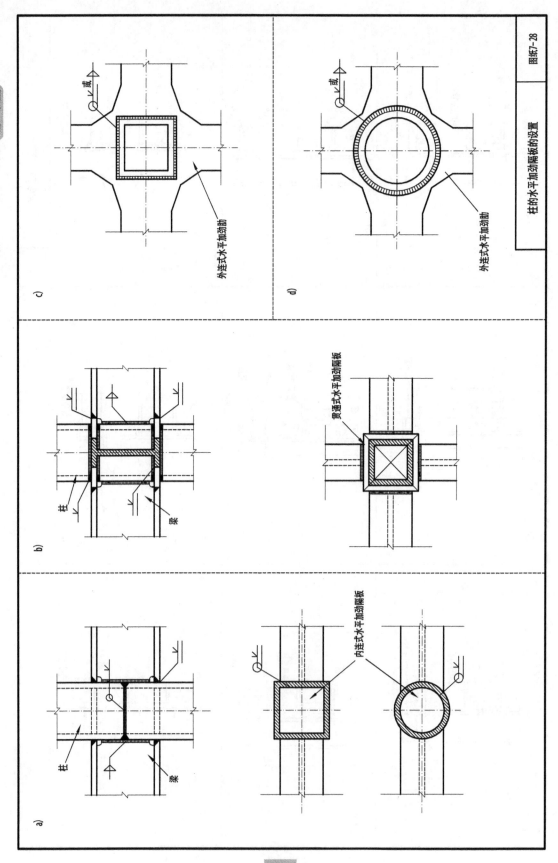

柱的水平加劲隔板的设置

图纸7-28

梁柱节点识读示例1

第7章

多层及高层钢结构施工图识读

围焊现场施焊，带有垫块至翼缘的单面角焊缝，焊缝类型编号为46

柱连接处到梁柱节点的尺寸

通用轴号

节点板的螺栓孔为17mm，螺栓直径为16mm

节点板波长240mm，宽度为100mm，厚度为12mm的钢板

横截面高度为280mm，宽度为280mm，腹板厚度为8mm，翼缘厚度为12mm的H型钢

双面角焊缝，焊脚尺寸为6mm

围焊现场施焊，带有垫板的V形对接焊缝，焊缝类型编号为44

节点板的螺栓孔为17mm，螺栓直径为16mm

节点板波长170mm，厚度为10mm的钢板

横截面高度为350mm，宽度为175mm，腹板厚度为8mm，翼缘厚度为16mm的H型钢

梁柱节点的三维图示

通用轴号

209

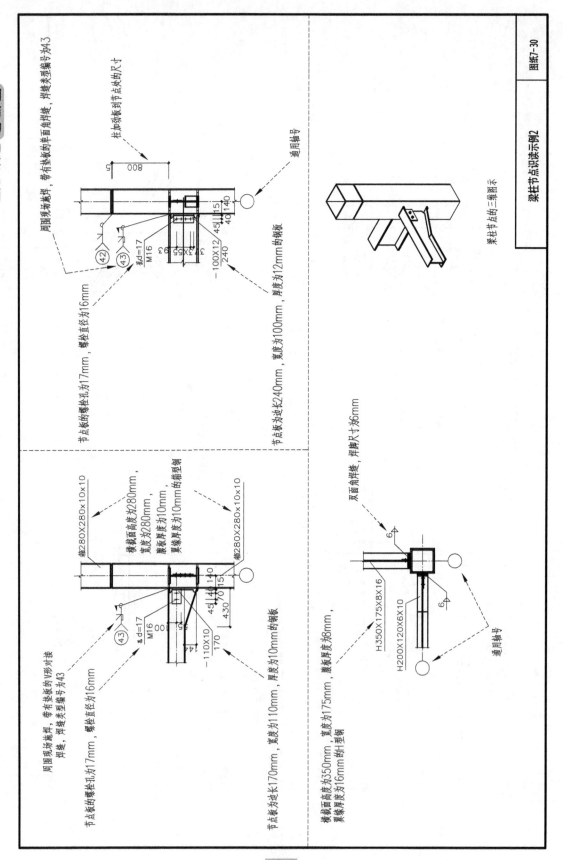

周围现场焊接，带有垫板的单面角焊缝，焊缝类型编号为43

柱加劲板到节点处的尺寸

800

通用轴号

节点板的螺栓孔为17mm，螺栓直径为16mm

M16
孔d=17

3×X55=9

240
-100X12 | 15
40 140

节点板边长240mm，宽度为100mm，厚度为12mm的钢板

梁柱节点的三维图示

双面角焊缝，焊脚尺寸为6mm

H350X175X8X16
H200X120X6X10

通用轴号

梁柱节点识读示例2

板280X280x10×10

槽截面高度为280mm，宽度为280mm，腹板厚度为10mm，翼缘厚度为10mm的槽型钢

板280X280x10×10

周围现场焊接，带有垫板的V形对接焊缝，焊缝条型编号为43

M16
孔d=17

-110X10
170

45 4 140
70 15
430

节点板的螺栓孔为17mm，螺栓直径为16mm

节点板为边长170mm，宽度为110mm，厚度为10mm的钢板

槽截面高度为350mm，宽度为175mm，腹板厚度为8mm，翼缘厚度为16mm的H型钢

通用轴号

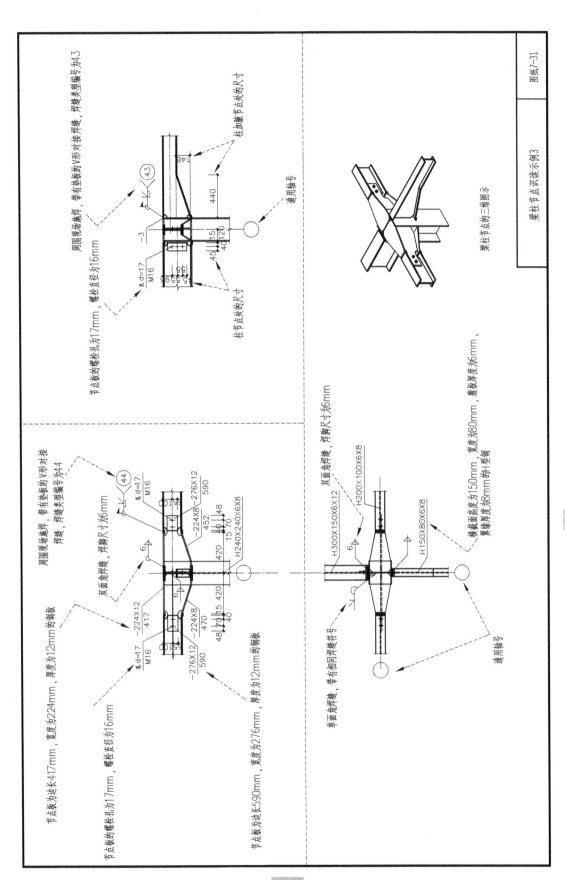

柱加腋节点处的尺寸

周围现场施焊，带有坡板的V形对接焊缝，焊缝类型编号为43

节点板的螺栓孔为17mm，螺栓直径为16mm

柱节点处的尺寸

通用轴号

梁柱节点的三维图示

周围现场施焊，带有坡板的V形对接焊缝，焊缝类型编号为44

节点板的长度为417mm，宽度为224mm，厚度为12mm的钢板

双面角焊缝，焊脚尺寸为6mm

节点板的螺栓孔为17mm，螺栓直径为16mm

节点板的长度为590mm，宽度276mm，厚度为12mm的钢板

双面角焊缝，焊脚尺寸为6mm

H300X150X6X12

H200X100X6X8

H150X80X6X8

H240X240X6X8

横截面高度为150mm，宽度为80mm，腹板厚度为6mm，翼缘厚度为8mm的H型钢

单面角焊缝，带有相同焊缝符号

通用轴号

通用轴号

第7章

多层及高层钢结构施工图识读

211

第6节 多层与高层钢结构的支撑构造

一、水平支撑(图 7-16)

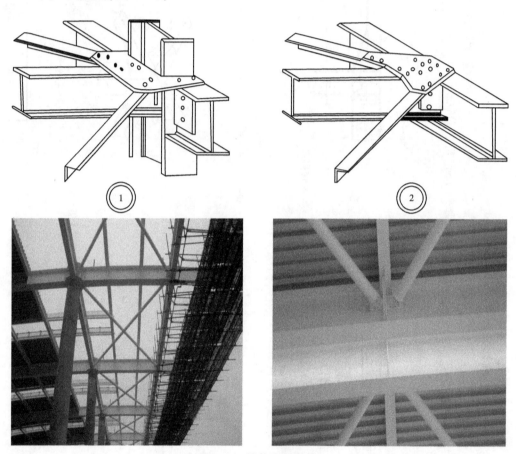

图 7-16 楼盖水平支撑

二、竖向支撑

包括中心支撑和偏心支撑如图 7-18、7-19 所示。布置方法:可在建筑物纵向的一部分柱间布置,也可在横向或纵横两向布置;在平面上可沿外墙布置,也可沿内墙布置,如图 7-20 所示。

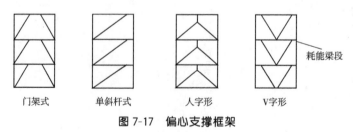

| 门架式 | 单斜杆式 | 人字形 | V字形 |

耗能梁段

图 7-17 偏心支撑框架

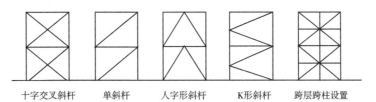

十字交叉斜杆　　　单斜杆　　　人字形斜杆　　　K形斜杆　　　跨层跨柱设置

图 7-18　中心支撑类型

图 7-19　竖向支撑实例

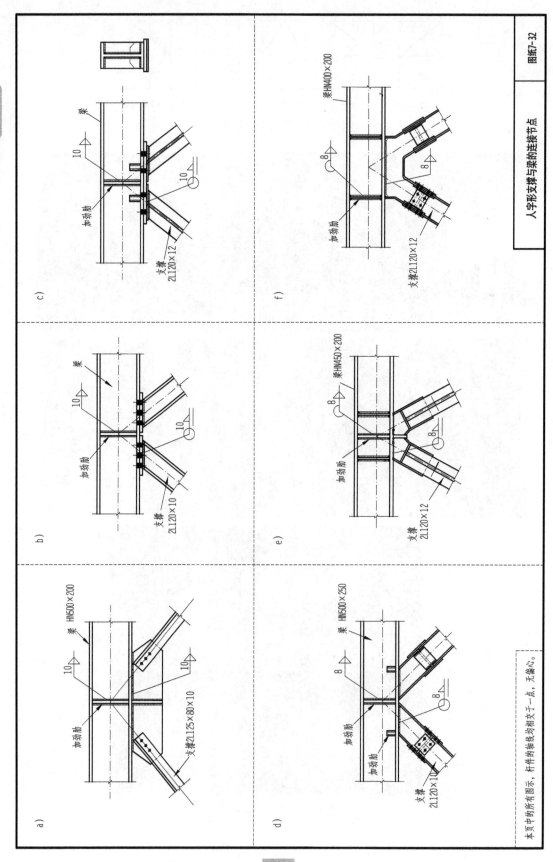

图纸7-32

人字形支撑与梁的连接节点

本页中的所有图示，杆件的轴线均相支于一点，无偏心。

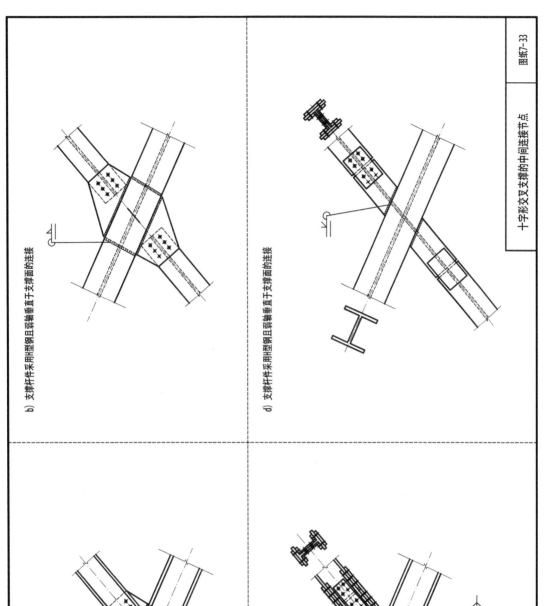

a) 支撑杆件采用双槽钢组合截面的连接

b) 支撑杆件采用型钢且腹板垂直于支撑面的连接

c) 支撑杆件采用H型钢的连接

d) 支撑杆件采用型钢且腹板垂直于支撑面的连接

第7章

多层及高层钢结构施工图识读

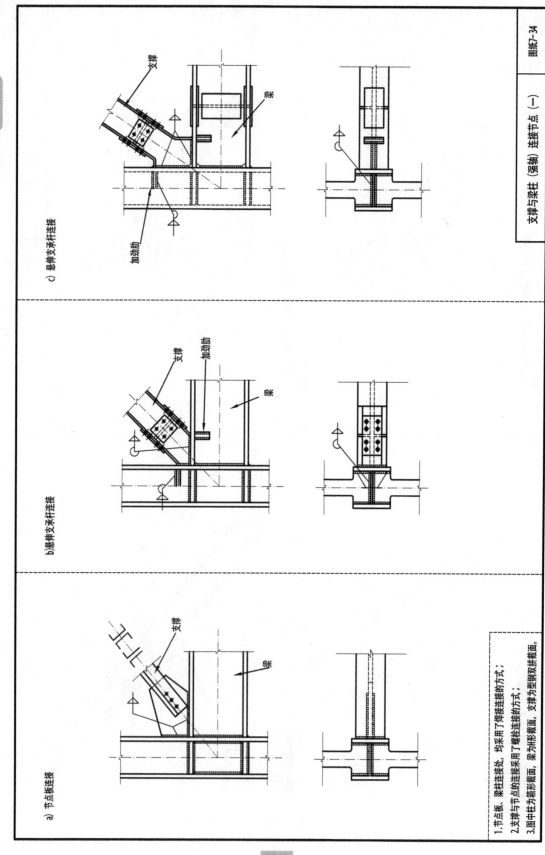

钢结构 构造与识图

支撑与梁柱（强轴）连接节点 连接节点（一）

图纸7-34

c) 悬伸支承杆连接

支撑
梁
加劲肋

b)悬伸支承杆连接

支撑
加劲肋
梁

a) 节点板连接

支撑
梁

1.节点板、梁柱连接处，均采用了焊接连接的方式；
2.支撑与节点的连接采用了螺栓连接的方式；
3.图中柱为箱形截面，梁为H形截面，支撑为型钢双拼截面。

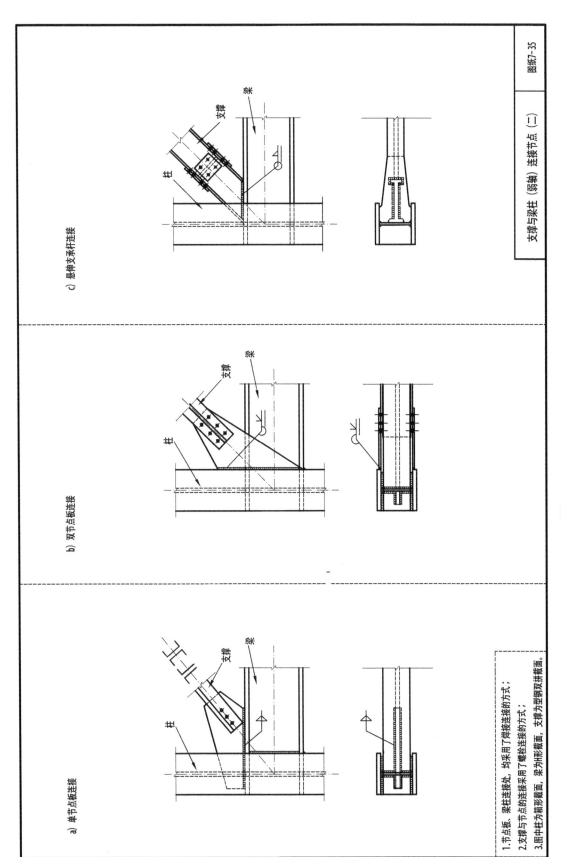

c) 悬伸支承杆连接

b) 双节点板连接

a) 单节点板连接

1. 节点板、梁柱连接处，均采用了焊接连接的方式；
2. 支撑与节点的连接采用了螺栓连接的方式；
3. 图中柱为箱形截面，梁为H形截面，支撑为型钢双拼截面。

第7章

多层及高层钢结构施工图识读

a) 单节点板连接

b) 双节点板连接

c) 悬伸支承杆连接

1. 节点板、梁柱连接处,均采用了焊连接的方式;
2. 支撑与节点连接采用了螺栓连接的方式,支撑为H型双拼截面;
3. 图中柱为箱形截面,梁为H形截面,支撑为H型双拼截面。

支撑与梁柱(箱形梁)连接节点

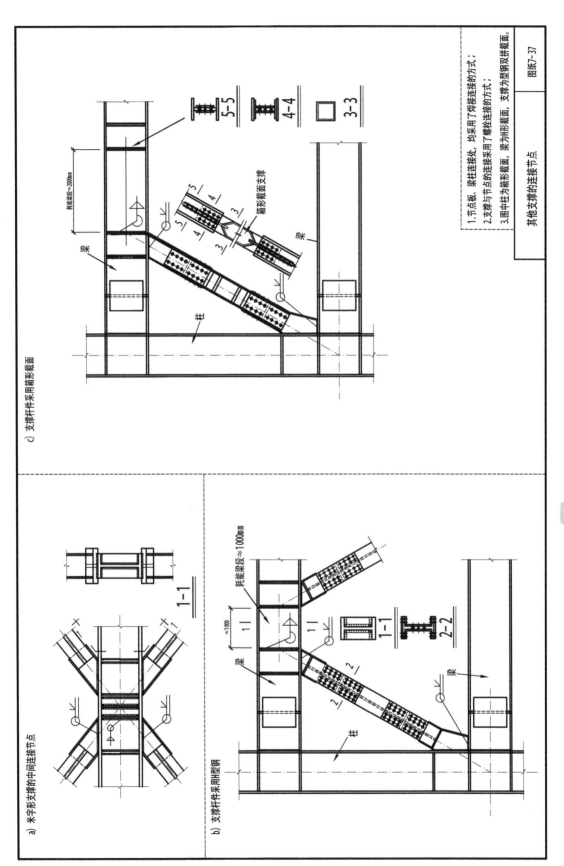

c) 支撑杆件采用箱形截面

a) 米字形支撑的中间连接节点

b) 支撑杆件采用型钢

耗能梁段≈2000mm

耗能梁段≈1000mm

柱

梁

箱形截面支撑

5-5
4-4
3-3

1-1

1-1
2-2

其他支撑的连接节点

图纸7-37

1.节点板、梁柱连接处，均采用了焊接连接的方式；
2.支撑与节点的连接采用了螺栓连接的方式；
3.图中柱为箱形截面，梁为箱形截面，支撑为H型钢双拼截面。

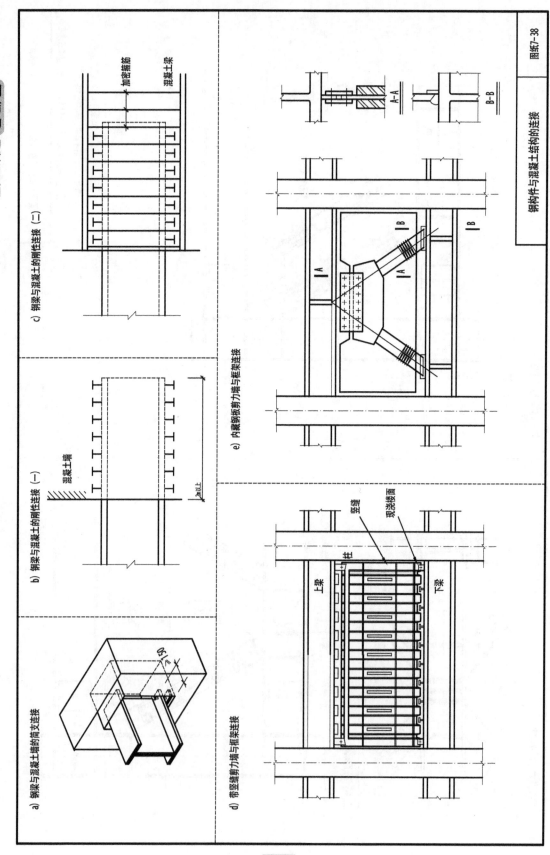

a) 钢梁与混凝土墙的简支连接

b) 钢梁与混凝土的刚性连接（一）

c) 钢梁与混凝土的刚性连接（二）

d) 带竖缝剪力墙与框架连接

e) 内藏钢板剪力墙与框架连接

结构设计总说明

一、概述

1.设计依据的规范：

(1)《建筑结构可靠度设计统一标准》(GB 50068-2001)；
(2)《建筑抗震设计规范》(GB 50011-2001)；
(3)《建筑结构荷载规范》(GB 50009-2001)；
(4)《钢结构设计规范》(GB 50017-2003)；
(5)《钢结构工程施工质量验收规范》(GB 50205-2001)；
(6)《建筑钢结构焊接技术规程》(JGJ81-2002)；
(7)《钢结构高强度螺栓连接的设计、施工及验收规程》(JGJ 82-1991)；
(8)《碳素结构钢》(GB T700-2006)；
(9)《混凝土结构设计规范》(GB 50010-2001)；
(10)《砌体结构设计规范》(GB 50003-2001)；
(11)《建筑地基基础设计规范》(GB 50007-2002)；
(12)《建筑地基处理技术规范》(JGJ-79-2002)；
(13)《湿陷性黄土地区建筑规范》(GB 50025-2004)；

2.抗震要求：本工程建筑抗震设防分类为丙类，抗震设防烈度为8度，场地类别为Ⅲ类，设计基本地震加速度0.20g，设计地震分组为第一组。

3.本设计未考虑冬季施工措施,施工单位应根据有关施工规范自定。施工单位在整个施工过程中,应严格遵守国家现行规定的各项施工及验收规范。

4.本工程结构说明未提及的部分：见（陕02G 01-1）砌体结构构造详图。

5.建筑物结构的设计使用年限为50年，建筑结构的安全等级为二级。

6.本工程混凝土环境类别:基础为二(b)，其他均为一类,基础中纵向受力钢筋保护层厚度为40mm，其他构件受力钢筋保护层厚度按《混凝土结构施工图平面整体表示方法制图规则和构造详图》03G101-1第33页确定。

7.本图未经有关部门审查不得施工。

8.本图标准尺寸单位：标高为米；其他均为毫米

9.本工程砖混结构施工质量控制为B级。

10.未经技术鉴定或设计许可不得改变结构的用途和使用环境。

二、设计荷载参数

1.屋面活荷载：0.50kN/m^2
2.楼面活荷载：3.5kN/m^2；
3.基本风压：0.35kN /m^2；
4.基本雪压：0.20kN/m^2

三、混凝土与砌体部分

1.材料：（所有材料必须符合现行规范对质量的要求）

(1) 混凝土强度等级：圈梁、构造柱C20；
(2) 钢筋ϕ为HPB235钢筋，ϕ为HRB335（20MnSi）级钢筋;
(3) 焊条：
E43系列焊HPB235钢筋，HPB235钢筋与HRB335钢筋，Q235钢；
E50系列焊HRB335钢筋；
(4) 砌体：
±0.000以下墙体采用MU10普通实心砖，M7.5水泥砂浆砌筑；
±0.000以上墙体采用MU10KP1型非承重空心砖，M7.5混合砂浆砌筑。

2.钢筋混凝土结构：

(1) 梁受力钢筋的搭接：
a.受力钢筋的接头应设置在受力较小处,对承受均布荷载的梁,板上部钢筋在跨度两端各1/3跨度范围内和下部钢筋在跨中1/2跨度范围内不应设置塔接接头。
b.受力钢筋的接头应相互错开,任一搭接接头中心至1.3L_{aE}的区段内接头面积的允许百分率:受拉区为25%，受压区为50%。

3.砖砌体部分：

(1) 砖砌体上的门、窗洞口、其他洞口，过梁均选用陕02G05图集，荷载等级为一级。
(2) 砌体抗震构造措施：
a.钢柱与墙体拉结按本图大样施工。
b.后砌隔墙,当墙高大于4m时在墙高中部或门顶设置与柱连接的钢筋混凝土圈梁,圈梁宽同墙厚,圈梁高200mm,配筋4φ12,φ6@200；纵筋与钢柱焊接。
c.后砌隔墙,当墙长大于5m时在中部增设钢筋混凝土构造柱,柱宽同墙厚,柱高240mm,配筋：4φ12,φ6@200；纵筋与上下中钢梁焊接。
d.后左砌隔墙与顶部梁、板拉结构造见陕02G 02第46页有关大样。
e.女儿墙构造柱构造见陕02G01-1第25页有关大样,柱宽同墙厚,柱高240mm,配筋4φ14φ6@200；纵筋与钢梁焊接,压顶做法按建筑图做。

四、钢结构部分：

（一）材料

1.本工程钢结构梁、框架柱、支撑均采用Q235B，其化学成分及力学性能应符合GBIT700-2006、GB/T1591-1994有关标准的要求。

2.钢材材质应符合以下规定：
(1) 钢材的抗拉强度实测值与屈服强度实测值的比值不应小于1.2；
(2) 钢材应有明显的屈服台阶，且伸长率应大于20%；
(3) 钢材应有良好的可焊性和合格的冲击韧性。

3.焊接材料按下表选用

焊接方法	钢号	焊接材料	备注
手工焊	Q235B Q345B	E4303,E4301 E5016	
埋弧 自动焊	Q235B Q345B	H08A，HJ431 HJ431，H10Mn_2	
CO_2 气体保护焊	Q235B Q345B	H08A，HJ431 HJ431,镀铜 H08Mn_2Si	气体纯度：99.7% 含水率：≤0.05

a.手工焊的焊条应符合现行国家标准《碳钢焊条》(GB/T5117—1995) 的规定。
b.埋弧自动焊或半自动焊的焊丝应符合现行国家标准《熔化焊用钢丝》GB/T14957—1994的规定。

4.主构件焊栓连接时均采用10.9级摩擦型高强螺栓，高强螺栓采用大六角高强度螺栓连接，其性能应满足（GB1228-84~GB1231-84）标准的规定，性能等级为10.9级。

5.钢架柱底与基础连接采用Q235锚栓，其技术条件和机械性能应符合现行国家标准《六角头螺栓-A级和B级》(GB5782—2000)，《六角头螺栓-C级》(GB5780—2000)和《紧固、螺钉和螺柱》(GB 3098.1—2000)的规定。

（二）制作与安装

1.钢结构的制作与安装应符合《钢结构工程施工验收规范》(GB 50205-2001)中的有关规定。

2.焊接质量的检验等级
a.框架梁、柱腹板，翼缘的对接焊缝以及翼缘与传力端板间的连接焊缝均须采用全熔透焊缝及采用引弧板；梁与柱现场对接焊缝均采用全熔透，其焊缝质量等级均为二级；其他焊缝为三级
b.H形截面各板件的主材拼接应避免在同一截面上发生,应相互错开200mm以上。

3.螺栓孔径：螺栓直径$M\leq16$mm，孔径比栓杆直径大1mm，$M>16$mm时大1.5mm（特别注明者除外）

4.横梁与柱子及梁与梁连接部位不允许涂刷油漆和有油污，摩擦面摩擦系数应达到0.45以上。

（三）其他

1.钢构件在表面抛光除锈后（达到Sa$2\frac{1}{2}$级），涂防锈漆二道，面漆待定。应满足《涂装前钢材表面锈蚀等级和除锈等级》(GB 8923-88) 的规定,高强螺栓连接的摩擦面，埋入混凝土的钢构件表面及构件坡口全熔透部位均不允许涂刷油漆或有油污。

2.本工程砖墙与钢柱应设拉筋；具体见详图。

3.设计图中所注标高均为相对标高。

4.本图纸未注明焊缝尺寸均为较薄板厚且满焊。

5.建筑耐火等级详见建筑图（钢结构构件表面按防火等级要求刷防火涂料）。

6.所有构件均需放样下料，以确保制作的构件尺寸准确利于安装。

7.未尽事项参照有关规范执行。

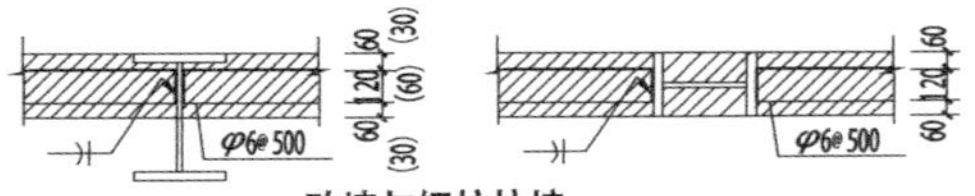

砖墙与钢柱拉接

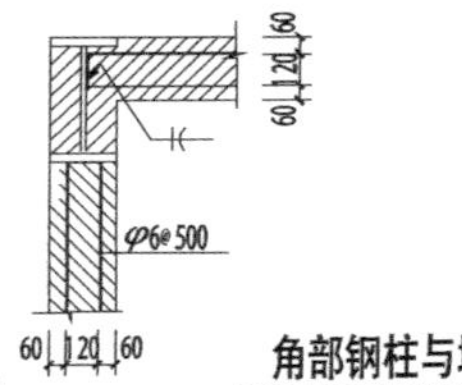

角部钢柱与墙体拉结大样

识图要点:本页图是钢结构设计总说明,主要有工程结构的设计施工规范的名称、荷载的种类与取值、材料选用和施工要求、钢结构构造、制造和安装涂装说明等。识读中应着重看图纸的荷载取值,材料要求、加工制造要求、油漆和除锈等。

识图顺序:1.看本图的标题栏,了解图纸和名称,设计单位与人员等信息。2.看本施工图中的设计依据,施工中应该遵守的技术规范和规程的名称,并应注意规范和规程的颁布年份,及时更新版本。3.看材料选用和施工要求、钢结构构造、制造和安装、涂装说明等具体要求。

******建筑设计院有限公司 证书编号：10****-SY				建设单位	******有限公司	设计号	2009-01
				工程名称	***车间	设计阶段	施工图
批　准		专业负责		图纸内容：		图　号	结施-08
审　定		复　核		钢结构设计施工说明		比　例	1:100
审　核		设　计				日　期	09.06
项目负责		制　图					

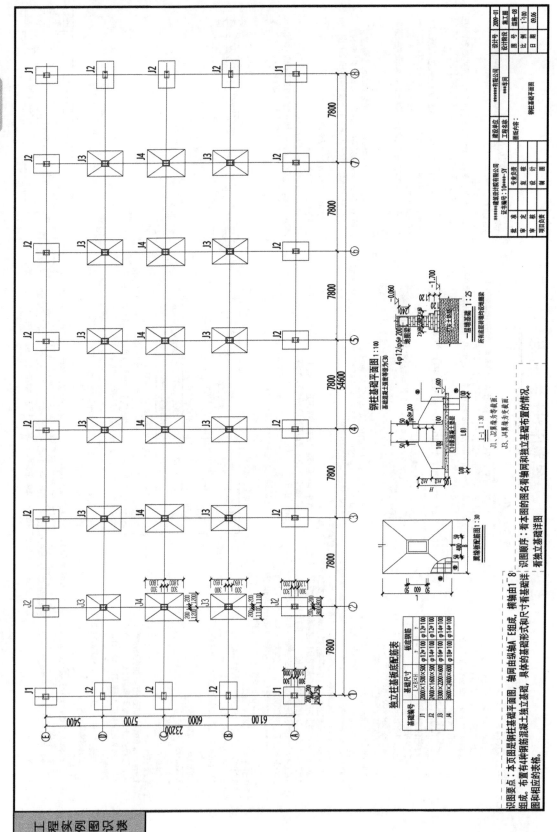

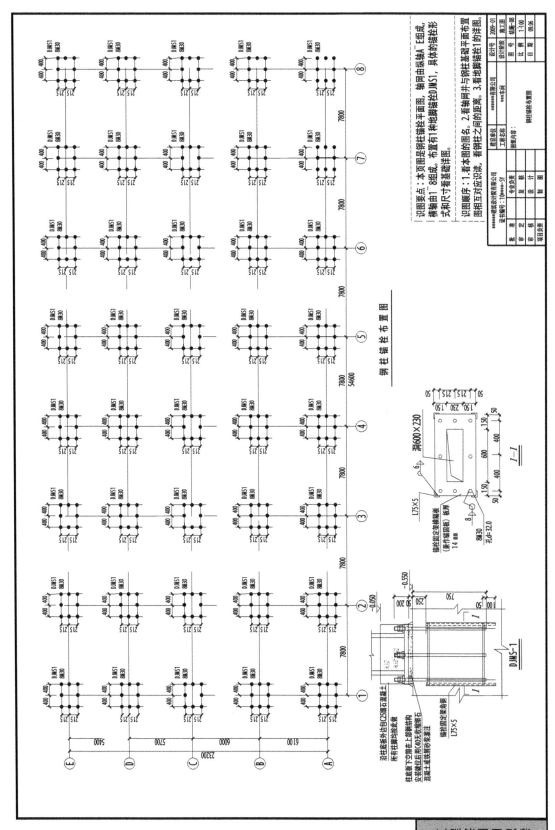

钢柱锚栓布置图

识图要点：1.本页图是钢柱锚栓平面图，轴网由纵横轴A E组成，横轴由1~8组成。布置有1种地脚螺栓的JMS1，具体的螺栓形式和尺寸看基础详图。
识图顺序：1.看本图的图名。2.看钢网井与钢柱基础平面布置图相对应识读。3.看钢柱之间的距离。看钢地脚螺栓1的详图。

1—1

DJMS-1

沿柱底板外边包口C端右混凝土所有柱灌均浇此缝

此底板下空隙在上部钢结构安装定位后用C40无收缩细石混凝土或高强无收缩砂浆灌注

螺栓固定角钢L75×5

******建筑设计教育有限公司
证书编号：10****SY

*****建筑设计教育有限公司
工程名称 ***车间
图纸内容 钢柱锚栓布置图

设计编号 2009-01
设计
图集号 钢集-08
比例 1:100
日期 00.06

第7章

多层及高层钢结构施工图识读

工程实例图识读

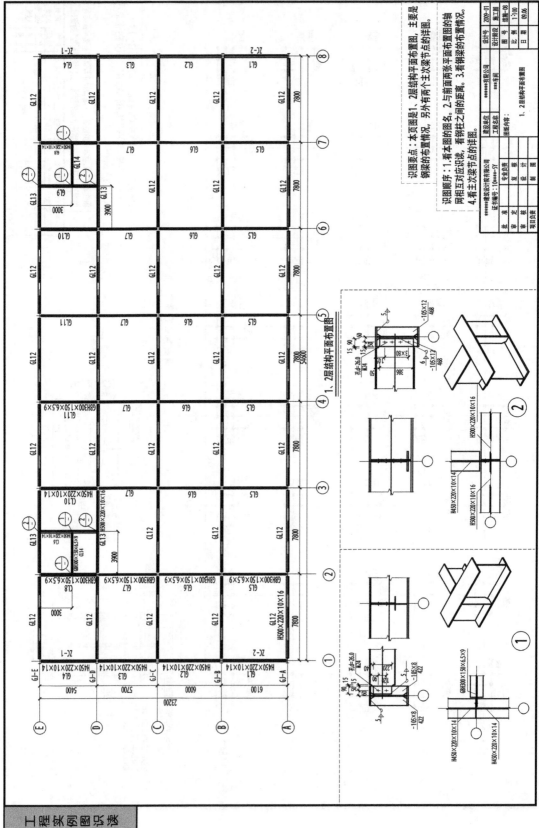

工程实例图识读

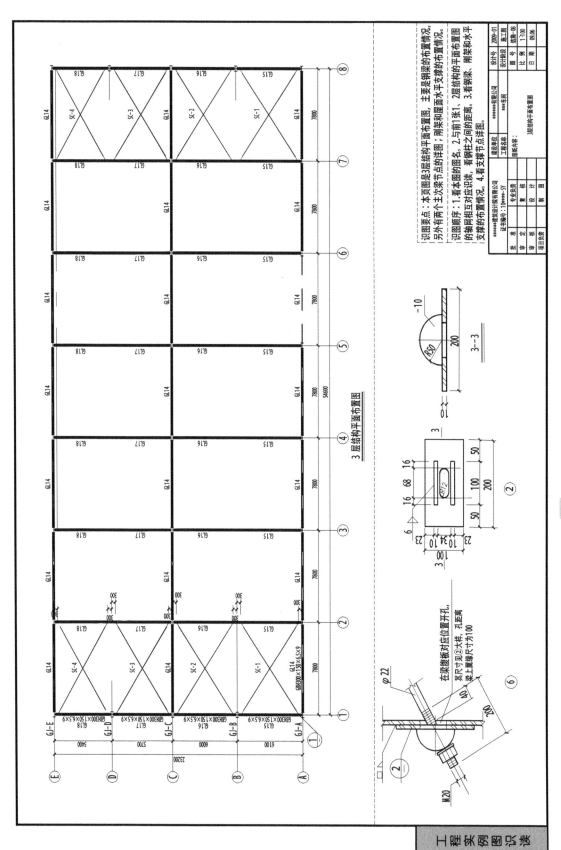

工程实例图识读

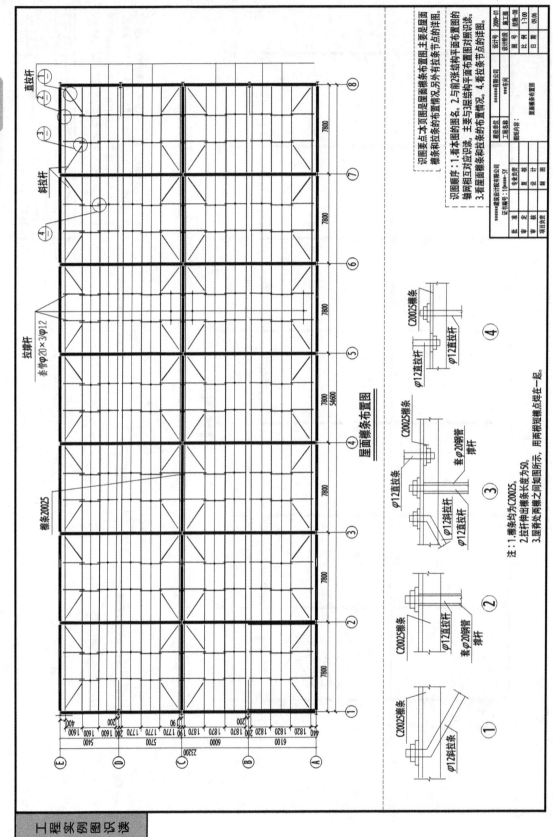

屋面檩条布置图

直拉杆

斜拉杆

拉撑杆
套管φ20×3φ12

檩条20025

C20025檩条

φ12直拉杆
套φ20钢管撑杆

①

C20025檩条

φ12直拉杆
套φ20钢管撑杆

②

φ12直拉杆
φ12斜拉杆
φ12直拉杆

③

C20025檩条

φ12直拉杆

④

注：1.檩条均为C20025。
2.拉杆伸出檩条长度为50。
3.屋脊处两根短檩点焊在一起，用两根短檩焊接点如图所示，用两根短檩点焊在一起。

识图要点：本页图是屋面檩条布置图主要是定屋面檩条和拉条的布置情况，另外有拉条节点的详图。

识图顺序：1.看本图的图名。2.与前2张结构平面布置图的轴网相互对应识读，主要与3层结构平面布置图对照识读。3.看屋面檩条和拉条的布置情况。4.看拉条节点的详图。

*****建筑设计教育有限公司

证书编号：1.0***-SY

专业负责 | 复 核 | 张工程
审 定 | 校 核 | 专业负责
审 核 | 设 计 | ***车间
项目负责 | 制 图 | 屋面檩条布置

建设单位 | *****车间
工程名称 | 屋面檩条布置图
图纸内容：

设计号 | 2009-01
设计编号 | 总施-08
图 号 |
比 例 | 1:100
日 期 | 09.06

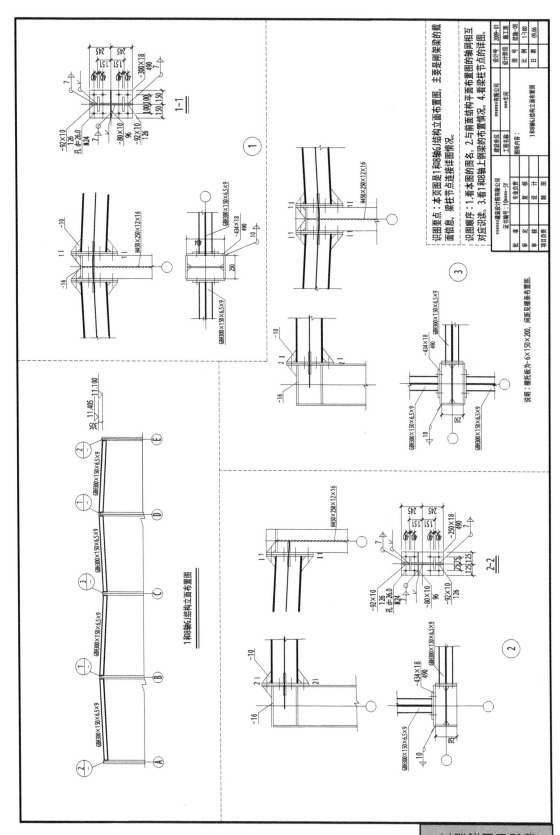

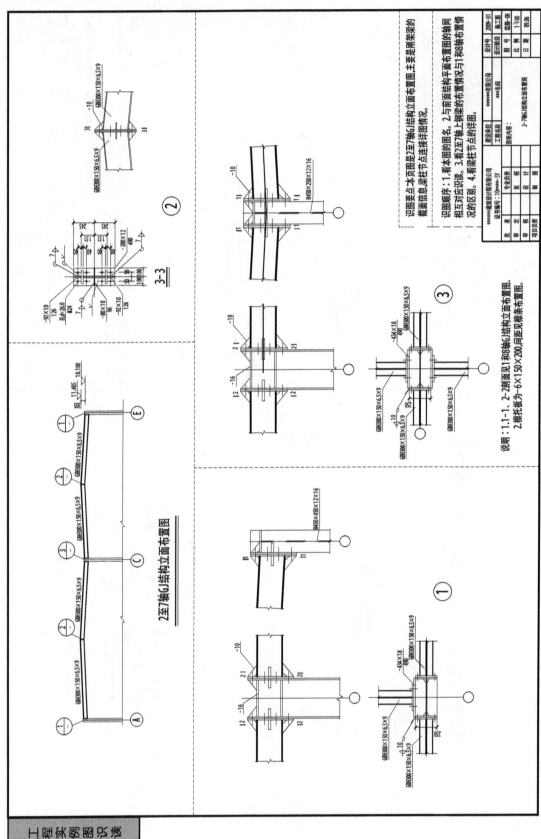

2至7轴GJ结构立面布置图

3-3

②

③

①

①

说明：1.1-1、2-2剖面见1和8轴GJ结构立面布置图。
2.梁托板为–6×150×200,间距见第条布置图。

识图要点本页图是2至7轴GJ结构立面布置图主要是刚架梁的截面信息梁主要是刚架梁的布置情况。

识图顺序：1.看本图的图名。2.与前面结构平面布置图的轴网相互对应识读。3.看2至7轴上钢梁的布置情况与1和8轴布置情况。4.看梁柱节点的详图。

建设单位：*****建筑设计所有限公司
工程名称：***某园
图纸内容：2-7轴GJ结构立面布置图

证书编号：10****-SY

批准　　　专业负责
审定　　　复　核
审核　　　设　计
　　　　　制　图
项目负责

设计号　　2009-01
设计阶段　施工图
图号　　　结施-08
比例　　　1:100
日期　　　09.06

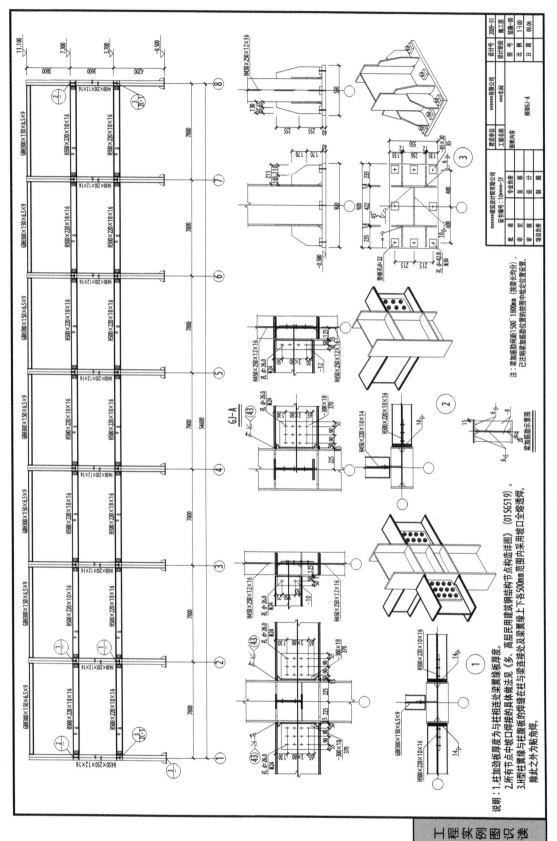

说明：1.柱加劲肋板厚度为与柱相连处梁翼缘板厚度。
2.所有节点中坡口焊接的具体做法见《多、高层民用建筑钢结构节点构造详图》（01SG519）。
3.H型柱翼缘与柱腹板的焊缝板在梁连接处上下各500mm范围内采用坡口全熔透焊，
除此之外为贴角焊。

229

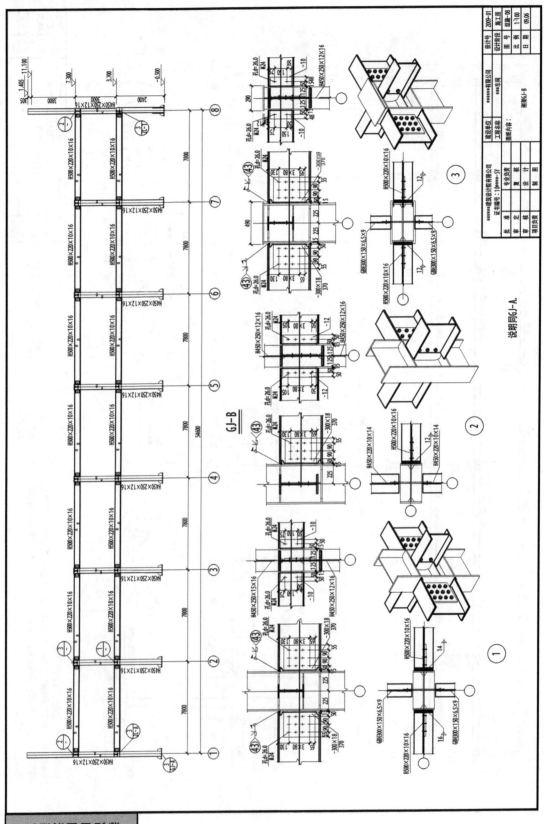

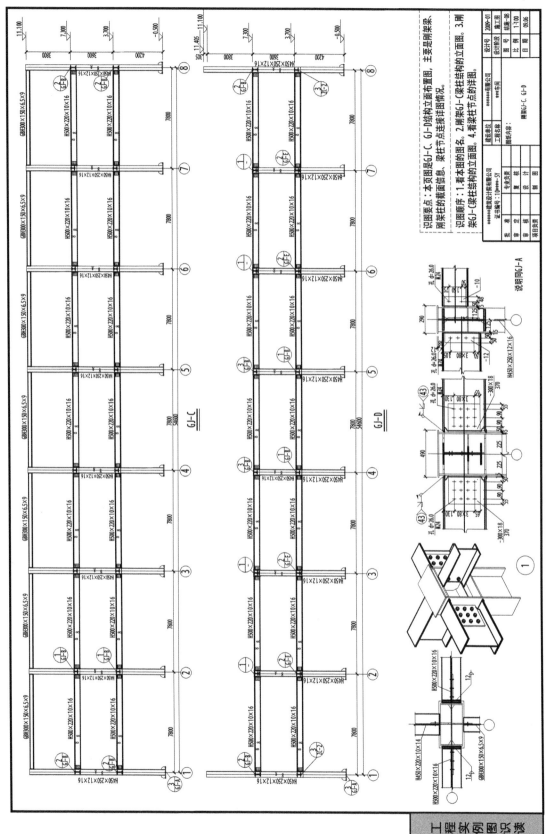

第7章

多层及高层钢结构施工图识读

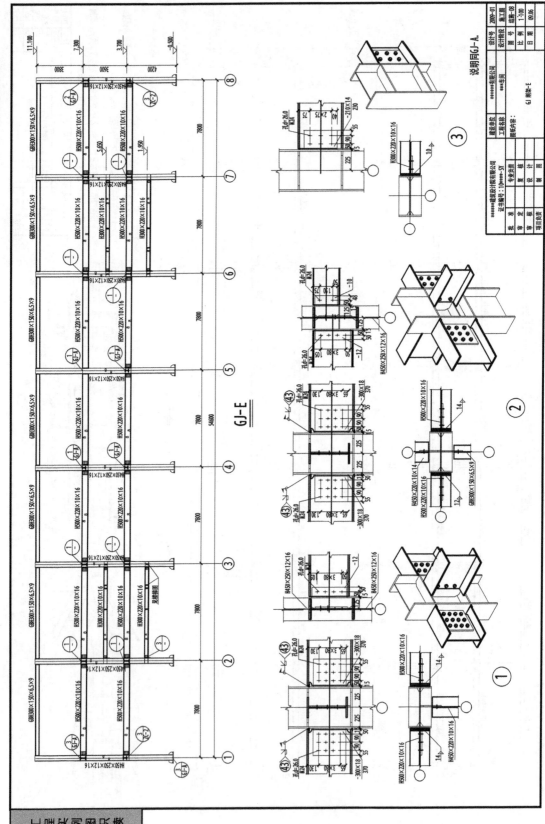

GJ-E

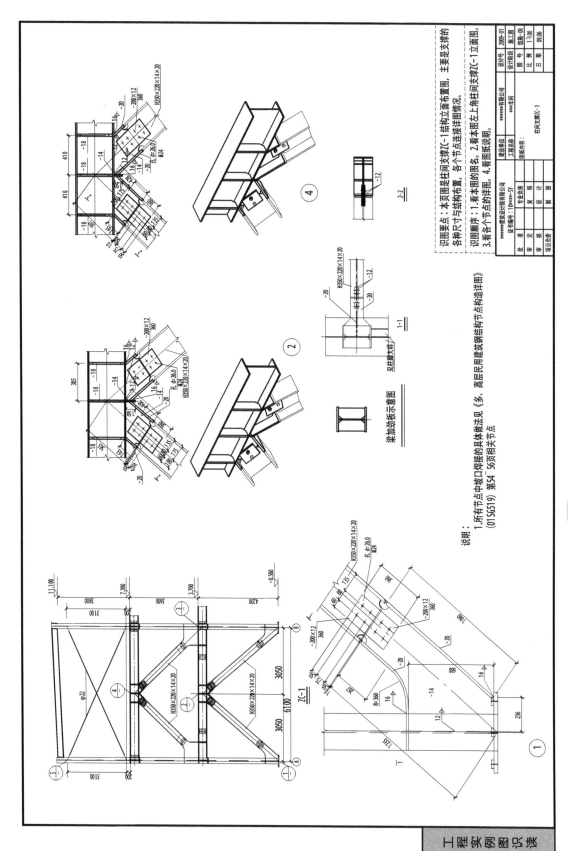

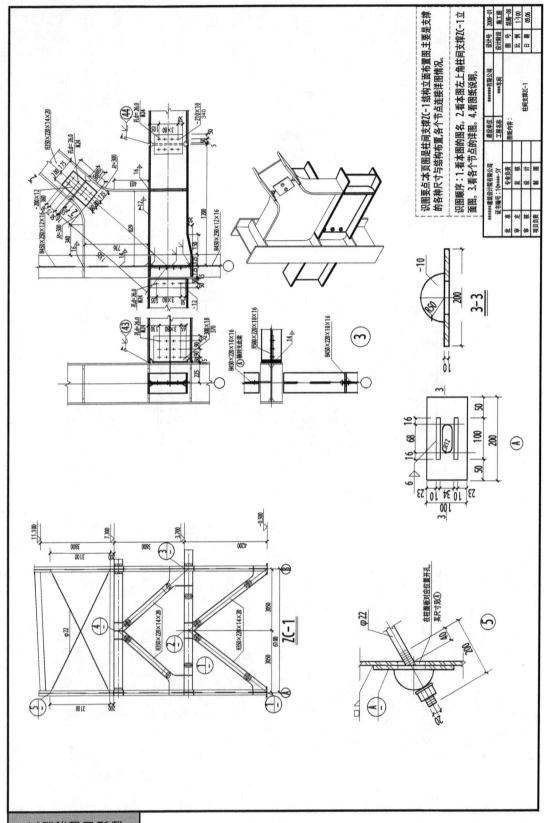

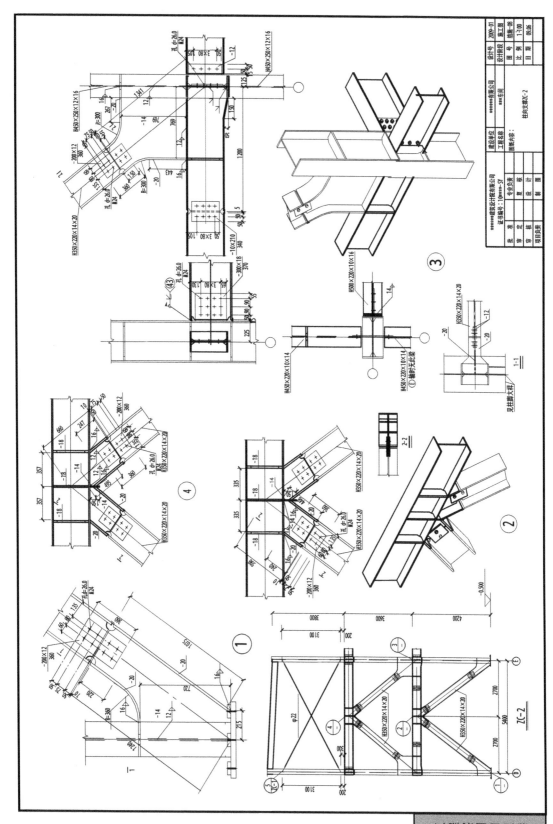

第8章　网架网壳工程施工图识读

主要内容：网架结构的常见形式和连接节点，网架的特点，网架施工图实例识读。

目标：了解网架结构的常见形式和连接节点，网架施工图的正确识读。

重点：网架施工图的正确识读。

技能点：网架结构的常见形式和连节点，网架施工图的正确识读。

第1节　网架结构概述

一、网格结构定义

网格结构是由多根杆件按照某种有规律的几何图形通过节点连接起来的空间结构。网格结构可以分为网架和网壳（图 8-1）。

网架——平板型、双层网架、多层网架。

网壳——曲面型、单层网壳、双层网壳。

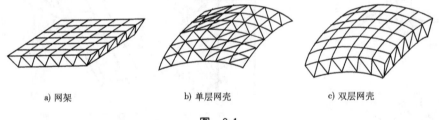

　　a) 网架　　　　　　　　b) 单层网壳　　　　　　　c) 双层网壳

图　8-1

二、网壳与网架是有本质的区别

前者空间受力，单层为刚接节点，也可为双层、多层壳；网架以铰接节点来传递荷载。

从几何拓扑方面来说，我们可以这样理解：网架是板的格构化形式，网壳是壳的格构化形式。网架不一定就是平面的，也可以是曲面的，关键是它的厚跨比。如果网架的厚（高）跨比比较大，具有板（包括平面板和曲面板）的受力性能，那么仍就称之为网架。而壳体一般是比较薄的，也就是说，厚跨比很小，在整体受力方面接近于壳的特性，这时我们称其格构化形式为网壳。网壳是一般是曲面的，尤其是单层网壳，否则我们不好保证其结构的几何不变性。此二者均为空间网格结构。

三、网架结构的形式

1.平面桁架形式

这个体系的网架结构是由一些相互交叉的平面桁架组成,一般应使斜腹杆受拉,竖杆受压,斜腹杆与弦杆之间夹角宜在 40°～60°。该体系的网架有以下四种,如图 8-2、图 8-3 所示。

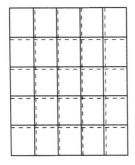 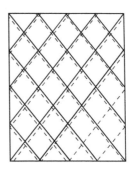

两向正交正放网架　　　　　　　　两向正交斜放网架

图　8-2

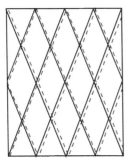 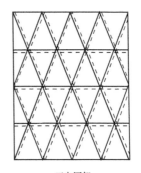

两向斜交斜放钢架　　　　　　　　三向网架

图　8-3

2.四角锥体系

四角锥体系网架的上、下弦均呈正方形(或接近正方形的矩形)网格,相互错开半格,使下弦网格的角点对准上弦网格的形心,再在上下弦节点间用腹杆连接起来,即形成四角锥体系网架。四角锥体系网架有如下图几种形式,如图 8-4～图 8-6 所示。

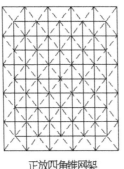 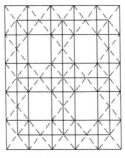

正放四角锥网架　　　　　　　　正放抽空四角锥网架

图　8-4

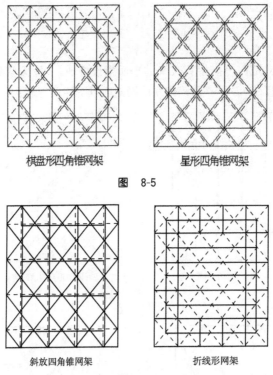

棋盘形四角锥网架　　　　　　星形四角锥网架

图　8-5

斜放四角锥网架　　　　　　折线形网架

图　8-6

3.三角锥体系

这类网架的基本单元是一倒置的三角锥体。锥底的正三角形的三边为网架的上弦杆，其棱为网架的腹杆。随着三角锥单元体布置的不同，上下弦网格可为正三角形或六边形，从而构成不同的三角锥网架。三角锥体系网架有以下几种形式，如图8-7、图8-8所示。

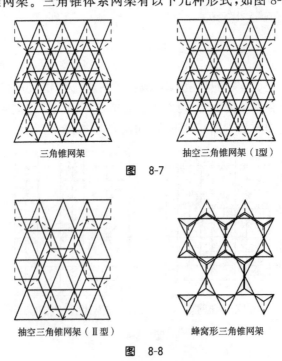

三角锥网架　　　　　　抽空三角锥网架（Ⅰ型）

图　8-7

抽空三角锥网架（Ⅱ型）　　　　　　蜂窝形三角锥网架

图　8-8

四、网架支承形式

1.周边支承

周边支承网架是目前采用较多的一种形式,所有边界节点都搁置在柱或梁上,传力直接,网架受力均匀。当网架周边支承于柱顶时,网格宽度可与柱距一致;当网架支承于圈梁时,网格的划分比较灵活,可不受柱距影响,如图 8-9 所示。

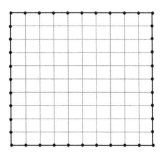 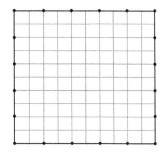

图 8-9

2.三边支承,一边开口或两对边支承

在矩形平面的建筑中,由于考虑扩建的可能性或由于建筑功能的要求,需要在一边或两对边上开口,因而使网架仅在三边或两对边上支承,另一边或两对边为自由边。自由边的存在对网架的受力是不利的,为此应对自由边作出特殊处理。一级可在自由边附近增加网架层数或在自由边加设托梁或托架。对中、小型网架,亦可采用增加网架高度或局部加大杆件截面的办法予以加强,如图 8-10、图 8-11 所示。

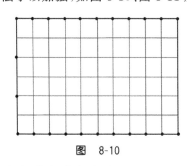 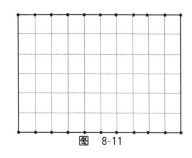

图 8-10   图 8-11

3.四点支承和多点支承

由于支承点处集中受力较大,宜在周边设置悬挑,以减小网架跨中杆件的内力和挠度,如图 8-12 所示。

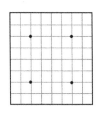 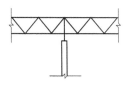

图 8-12

4.周边支承与点支承相结合

在点支承网架中,当周边没有围护结构和抗风柱时,可采用点支承与周边支承相结合的形式。这种支承方法适用于工业厂房和展览厅等公共建筑,如图 8-13 所示。

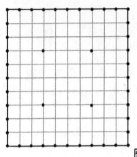 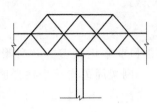

图 8-13

五、网架结构的优越性

(1)空间工作,传力途径简捷。

(2)重量轻,经济指标好。

(3)刚度大,抗震性能好。

(4)施工安装简便。

(5)网架杆件和节点定型化、商品化生产。

(6)网架的平面布置灵活。

第2节　网架结构识图

一、网架结构平面布置图识图(图 8-14,图 8-15)

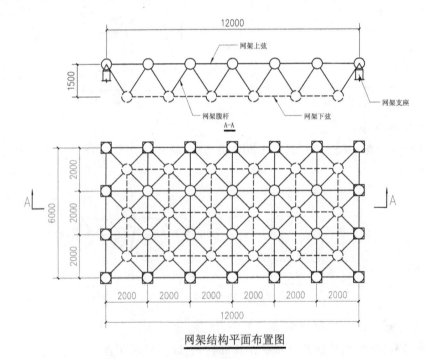

网架结构平面布置图

图　8-14

图 8-15

二、网架安装图识图

1. 网架上弦安装图（图 8-16）

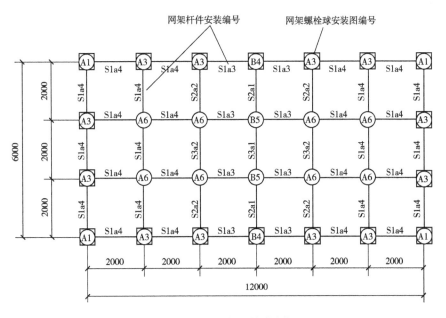

网架上弦构件安装图

图 8-16

2. 网架下弦安装图（图 8-17）

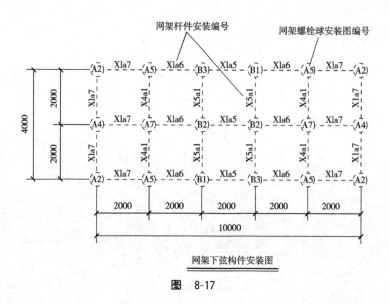

网架下弦构件安装图

图 8-17

3. 网架腹杆安装图（图 8-18）

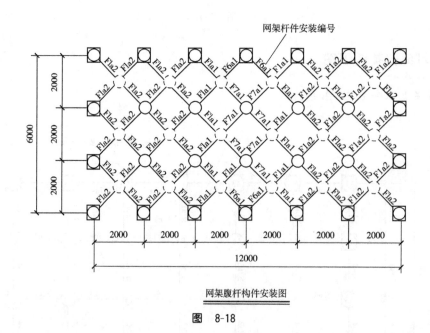

网架腹杆构件安装图

图 8-18

图中杆件上所标为安装杆件编号，其中，S 代表上弦杆，X 代表下弦杆，F 代表腹杆，字母后面紧跟的一个数字表示杆件的规格，杆件具体规格详见表 8-1 杆件明细表；图中圆圈中所标编号为螺栓球规格，字母表示螺栓球规格，A 为 100，B 为 120 等，后面的数字为不同种类。

三、网架配件识图

1. 封板杆件制作详图（图 8-19）

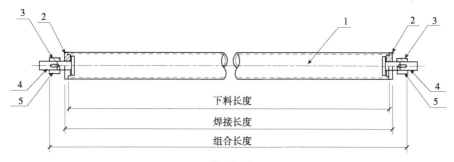

图 8-19

1-杆件；2-封板；3-套筒；4-高强螺栓；5-紧固螺钉

2. 锥头杆件制作详图（图 8-20）

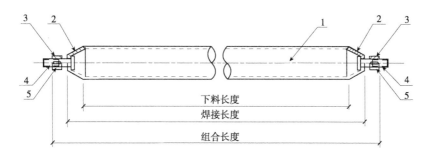

图 8-20

1-杆件；2-锥头；3-套筒；4-高强螺栓；5-紧固螺钉

3. 网架杆件明细表（表 8-1）

网架杆件明细表

杆件编号	规　格	理论长度 （mm）	组合长度 （mm）	焊接长度 （mm）	下料长度 （mm）	数　量	杆重 （kg）	高强螺栓
Fla1	60×3.50	2062	1932	1862	1847	12	111	2M20
Fla2	60×3.50	2062	1972	1902	1887	48	454	2M20
Sla3	60×3.50	2000	1870	1800	1785	8	72	2M20
Sla4	60×3.50	2000	1910	1840	1825	28	256	2M20
Xla5	60×3.50	2000	1830	1760	1745	3	26	2M20
Xla6	60×3.50	2000	1870	1800	1785	6	54	2M20
Xla7	60×3.50	2000	1910	1840	1825	10	91	2M20
S2a1	75.5×3.75	2000	1830	1760	1646	2	22	2M20
S2a2	75.5×3.75	2000	1910	1840	1726	4	47	2M20
S3a1	88.5×4.00	2000	1830	1760	1646	1	14	2M20
S3a2	88.5×4.00	2000	1910	1840	1726	2	30	2M20
X4a1	114×4.00	2000	1910	1840	1706	4	76	2M24
X5a1	140×4.50	2000	1830	1760	1606	4	99	2M30
F6a1	159×6.00	2062	1892	1792	1628	4	151	2M36
F7a1	159×8.00	2062	1892	1772	1608	8	394	2M39
总计			30248			144	1897	

网架网壳工程施工图识读

图中,理论长度为螺栓球中心到螺栓球中心的长度,其他长度可以参见图 8-19,图 8-20。

网架杆件有如下规格:48×3.5;60×3.5;75×3.75;88.5×4;114×4;140×4.5;159×6;159×8;159×10;159×12;168×12;168×14;168×16;219×12;219×14;219×16;219×20 等。

网架杆件的材质为 Q235B 及 Q345B。

4.网架螺栓球识图

在图 8-21 中,基准孔应该是垂直纸面向里的;A2 是球的编号,BS100 代表球径是100mm,工艺孔 M20 代表基准孔直径为 20mm;为了更好的传递压力,与杆件相连的球面需削平,为了方便统一制作,一般一种球径都有一个相应的削平量,比如说图中的 100mm 球径的球面均削 5mm。后面的"水平角"与"倾角"应该表示的很明白了,"水平角"表示此孔与球中心线在纸面上的角度,"倾角"表示此孔与纸面的夹角。

网架螺栓球有如下规格:

BS100,BS110,BS120,BS130,BS140 BS150,BS160,BS180,BS200,BS220,BS240,BS260,BS280,BS300 等。

螺栓球材质为 45 号钢或不锈钢,如图 8-22 所示(当为不锈钢网架或包不锈钢网架时)。

图 8-21 中的角度理解如表 8-2。

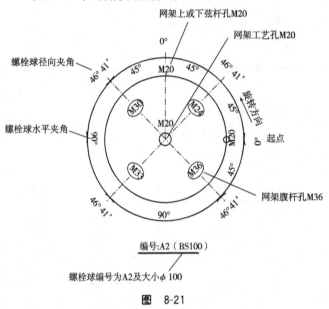

图 8-21

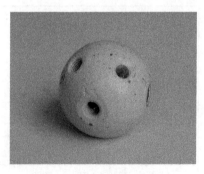

图 8-22

表 8-2

螺孔号	劈面量	螺孔径	水平角	倾角
1	5mm	M20	0°	0°
2	5mm	M24	45°	46°41′
3	5mm	M20	90°	0°
4	5mm	M30	135°	46°41′
5	5mm	M33	225°	46°41′
6	5mm	M36	315°	46°41′

5. 网架锥头识图

内外平行度为0.1mm

圆度为0.1mm

其余

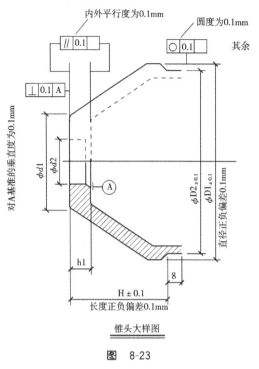

锥头大样图

图 8-23

图 8-24

注:锥头的形式如图8-23,图中 $D1$ 为相应管径的外径大小,$D2$ 为内径大小,$h1$ 为锥头底厚,$d1$ 为锥头端头大小,$d2$ 为相应螺栓孔大小,H 为锥头长度;如 $\phi159\times6$,螺栓为 M36 的锥头尺寸表示如下:$D1/H/h1$:159/86/30 锥头的尺寸根据不同厂家的配件库各不相同,如图 8-24 所示。锥头材质为 Q235B 及 Q345B。

6. 网架封板识图

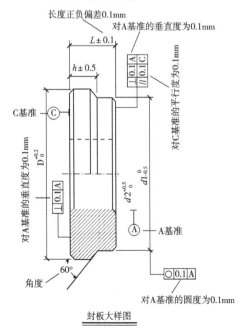

封板大样图

图 8-25

图 8-26

注:封板的形式如上图 8-25,图中 D 为相应管径的外径大小,h 为封板底厚,$d1$ 为封板大小内径大小,$d2$ 为相应螺栓孔大小,L 为封板长度;如 φ60×3.5,螺栓为 M20 的封板尺寸表示如下:$D×h/L/M$: 60×10/20/M20。封板的尺寸根据不同厂家的配件库各不相同,如图 8-26 所示。封板材质为 Q235B 及 Q345B。

7. 网架套筒识图

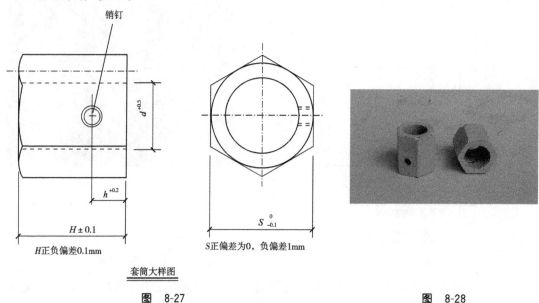

销钉

套筒大样图

图 8-27　　　　　　　　　　　　　　图 8-28

注:套筒的形式如上图 8-27,图中 H 为长度,S 为对边尺寸,d 为相应螺栓孔径,外形如图 8-28。

表示如下:$d/H/S$(内孔直径/长度/对边尺寸),如 M24 的套筒:25.5/35/36。

表 8-3

封　板			锥　头			套　筒		
$D×h/L$	数量	重量(kg)	$D1/H/h1$	数量	重量(kg)	$d1/H/S$ 内孔/长/对边	数量	重量(kg)
60/8/15	230	76				21.5/35/32	230	55
			75/57/15	12	12	21.5/35/32	12	3
			88/57/15	6	8	21.5/35/32	6	1
			114/67/20	8	17	25.5/35/36	8	2
			140/77/20	8	28	31.5/35/46	8	4
			159/82/30	8	42	37.5/50/55	8	8
			159/82/30	16	88	40.5/60/55	16	20
	230	76		58	195		288	94

表 8-3 为封板、锥头、套筒的材料表表示方法,具体尺寸,如何表示可与图 8-23、图 8-25 及图 8-27 相对照理解。

第3节 网架配件连接的识图

1. 高强度螺栓与螺栓球的连接（锥头）

(1)高强度螺栓未与螺栓球拧紧的状态（图8-29,图8-30）

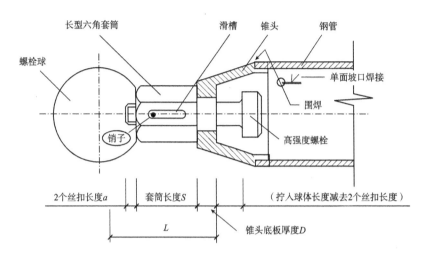

高强度螺栓未与螺栓球拧紧的状态

正视图

图 8-29

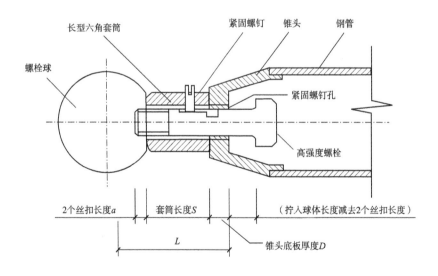

高强度螺栓未与螺栓球拧紧的状态

剖视图

图 8-30

（2）高强度螺栓与螺栓球拧紧的状态（图 8-31，图 8-32）

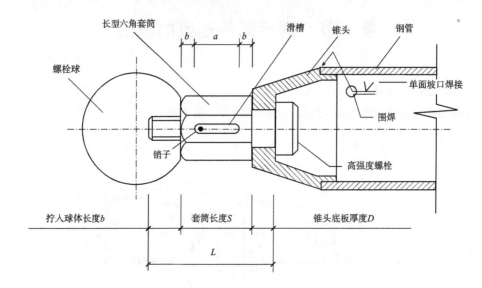

高强度螺栓与螺栓球拧紧的状态

正视图

图 8-31

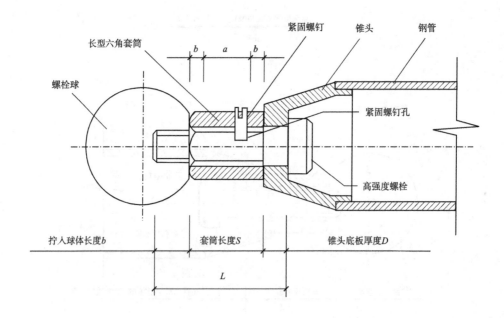

高强度螺栓与螺栓球拧紧的状态

剖视图

图 8-32

2.高强度螺栓与螺栓球的连接(封板)

(1)高强度螺栓未与螺栓球拧紧的状态(图8-33,图8-34)

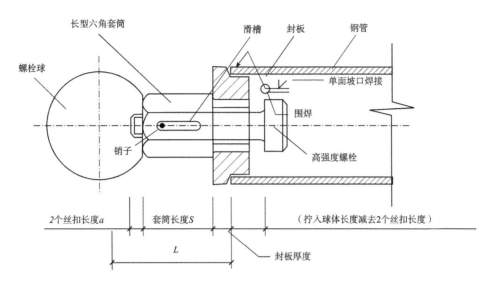

高强度螺栓未与螺栓球拧紧的状态

正视图

图 8-33

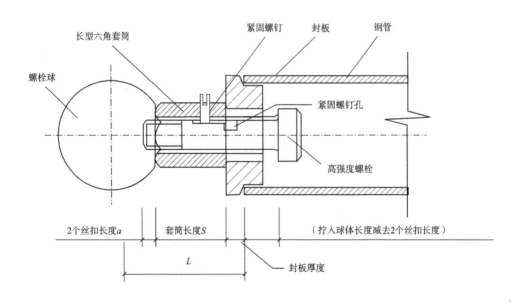

高强度螺栓未与螺栓球拧紧的状态

剖视图

图 8-34

（2）高强度螺栓与螺栓球拧紧的状态（图 8-35，图 8-36）

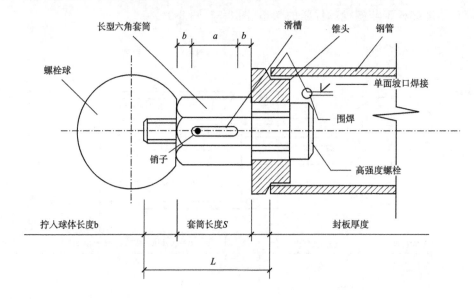

高强度螺栓与螺栓球拧紧后的状态

正视图

图 8-35

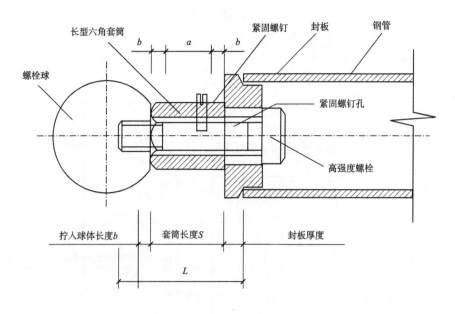

高强度螺栓与螺栓球拧紧后的状态

剖视图

图 8-36

3.网架整体结构连接(图 8-37、图 8-38)

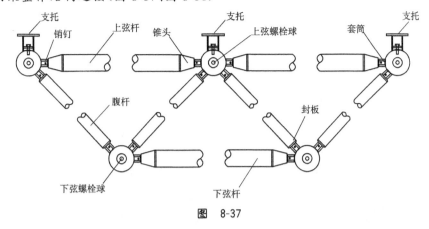

图 8-37

图 8-38

4.网架局部结构连接(图 8-39~图 8-42)

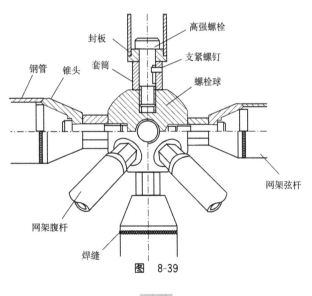

图 8-39

图 8-40

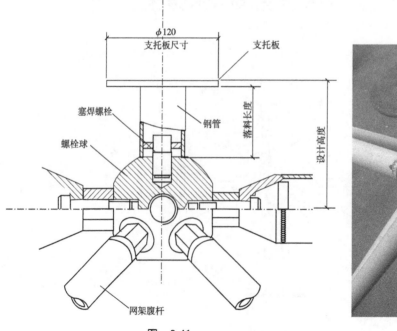

图 8-41

图 8-42

第4节 网架支座的识图

1. 钢管支座图（图 8-43）

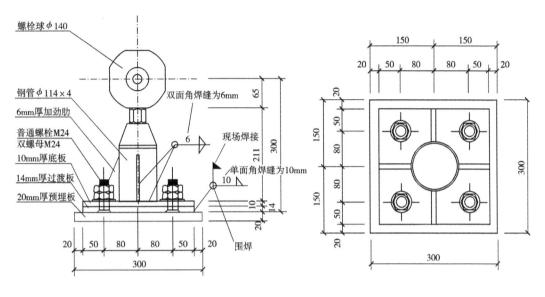

钢管支座

图 8-43

2. 板式橡胶支座图（图 8-44）

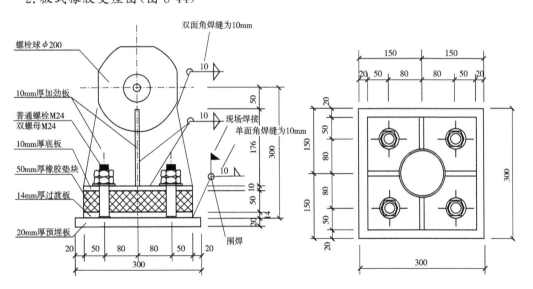

板式橡胶支座

图 8-44

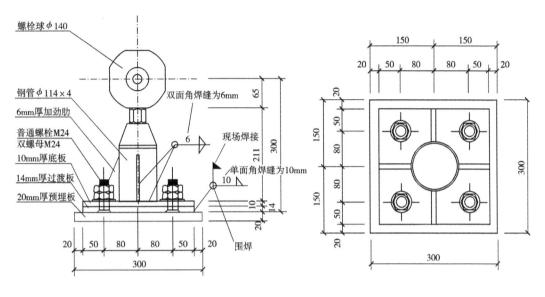

253

3. 板式支座图（图 8-45）

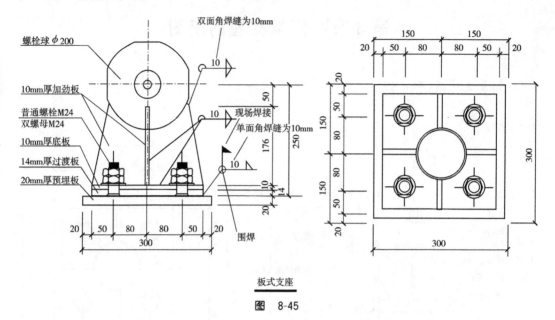

板式支座

图 8-45

第 5 节　网架与屋面板连接的识图

1. 网架侧封连接节点图（图 8-46）

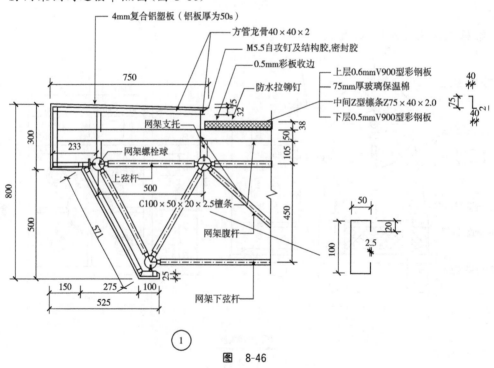

①

图 8-46

2. 网架檐口连接节点图 (图8-47)

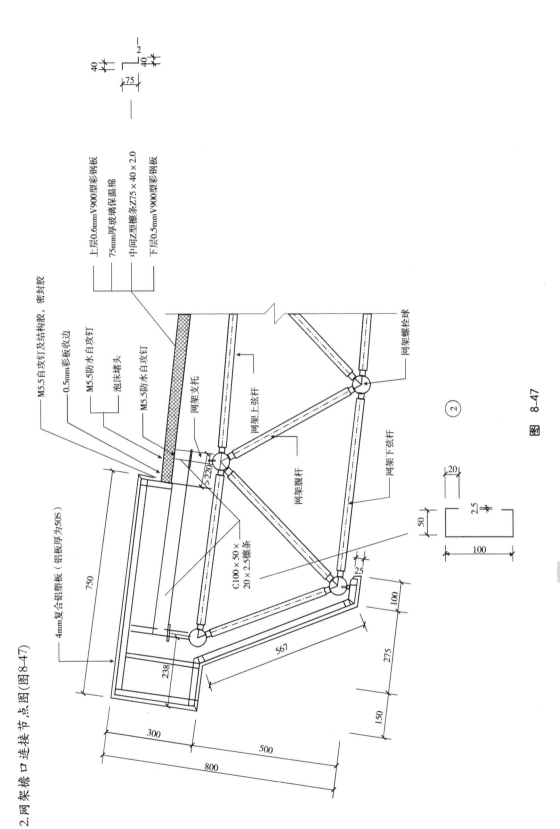

上层0.6mmV900型彩钢板
75mm厚玻璃保温棉
中间Z型型檩条Z75×40×2.0
下层0.5mmV900型彩钢板

M5.5自攻钉及结构胶，密封胶
0.5mm彩板收边
M5.5防水自攻钉
泡沫堵头
M5.5防水自攻钉

4mm复合铝塑板（铝板厚为50S）

网架支托
网架上弦杆
网架腹杆
网架下弦杆
网架螺栓球

C100×50×20×2.5檩条

图 8-47

②

3. 网架中天沟处连接节点图 (图8-48)

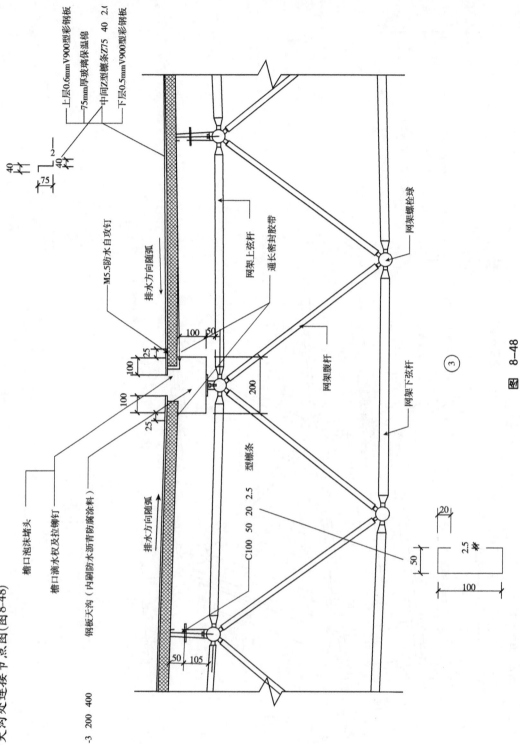

图 8-48

4. 网架边天沟处连接节点图(图8-49)

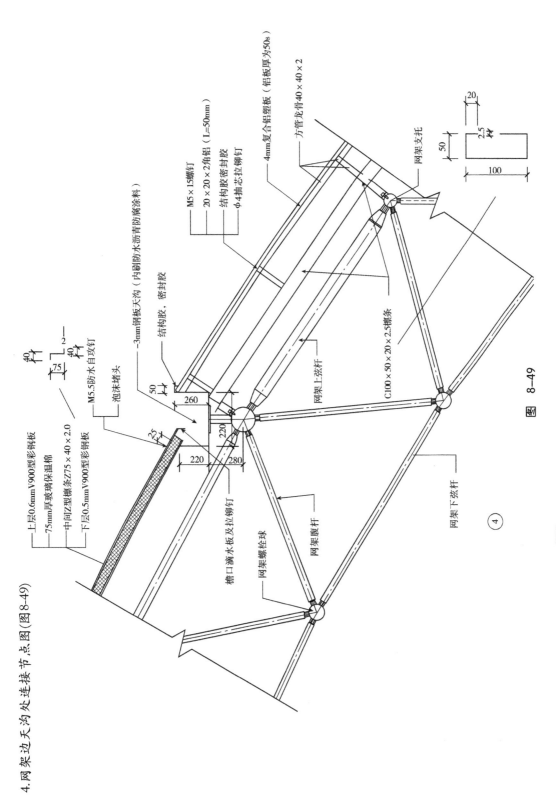

上层0.6mmV900型彩钢板
75mm厚玻璃保温棉
中间Z型檩条Z75×40×2.0
下层0.5mm V900型彩钢板

M5.5防水自攻钉
泡沫堵头

檐口滴水板及拉铆钉
网架螺栓球

网架腹杆
网架下弦杆

—3mm钢板天沟（内刷防水沥青防腐涂料）
结构胶，密封胶

M5×15螺钉
20×20×2角铝（L=50mm）
结构胶密封胶
φ4抽芯拉铆钉

4mm复合铝塑板（铝板厚度为50s）
方管龙骨40×40×2

网架支托

网架上弦杆

C100×50×20×2.5檩条

图 8-49

④

第6节　网架检修马道的识图

1. 网架检修马道正放图（图 8-50，图 8-51）

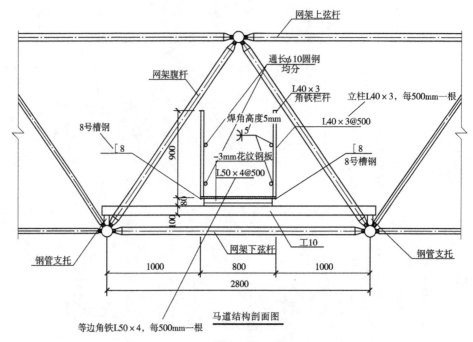

马道结构剖面图

图　8-50

图　8-51

2.网架检修马道悬挂图(图8-52)

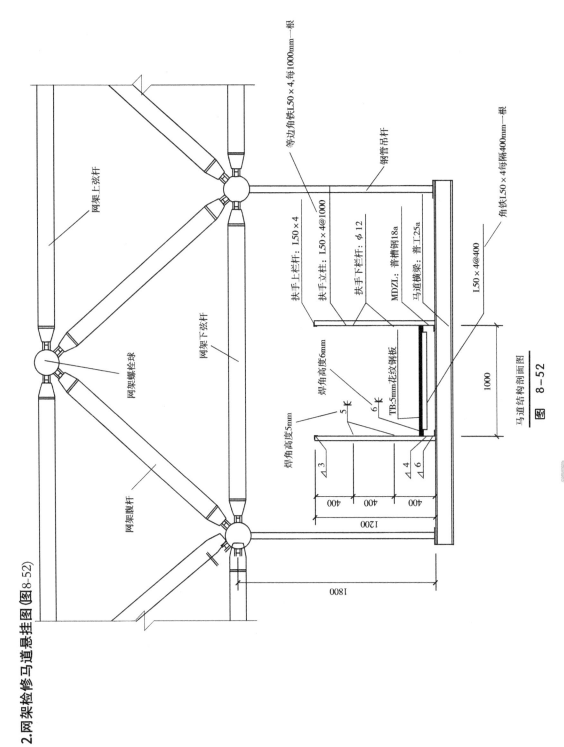

网架上弦杆

等边角铁L50×4,每1000mm一根

钢管吊杆

扶手上栏杆: L50×4
扶手立柱: L50×4@1000
扶手下栏杆: φ12
MDZL: 普槽钢18a
马道横梁: 普工25a

网架下弦杆

网架螺栓球

网架腹杆

焊角高度6mm

焊角高度5mm

TB:5mm花纹钢板

5长

6长

△3

△4
△6

400

400

400

1200

角铁L50×4每隔400mm一根

L50×4@400

1000

马道结构剖面图

图 8-52

1800

第8章

网架网壳工程施工图识读

网架结构工程设计说明

一、概况

1. 本工程网架采用螺栓球节点结构正放四角锥形式。
2. 本网架计算程序采用浙江大学编MST2006辅助设计制造程序计算。

二、规范和设计依据

1. 本网架工程设计与施工遵守以下规范：

(1)《网架结构设计与施工规程》(JGJ 7-91)
(2)《钢结构设计规范》(GB 50017-2003)
(3)《冷弯薄壁型钢结构技术规范》(GB 50018-2002)
(4)《钢结构工程施工质量验收规范》(GB 50205-2001)
(5)《建筑结构抗震设计规范》(GB 50011-2001)
(6)《建筑结构荷载规范》(GB 50009-2001)
(7)《网架结构工程质量检验评定标准》(JGJ 78-91)
(8)《建筑钢结构焊接技术规程》(JGJ 81-2002)

2. 网架设计技术条件：

(1) 网架结构高度为1.50m。
   主要网格尺寸为3.00m×3.00m。
(2) 支承条件：支承条件为上弦多点支承。
(3) 荷载标准：(不含网架自重)
   上弦有荷载中静载为0.30KN/m²；活载：0.50KN/m²；
   下弦有荷载中静载为0.30KN/m²。
   基本风压：0.45KN/m²。
(4) 所有荷载均必须作用在节点，杆件为沿轴向受力不得变形。
(5) 屋面排水坡度随网架弧线。
(6) 设计抗震设防烈度为7度。

三、网架设计主要结果

设计计算最大挠度为30mm，最大支座反力向向150KN。
图中的支座反力均为设计值，皆以KN为单位。

四、材料

1. 钢管材质应符合《碳素结构钢》(GB/T 700-2006)规定的Q235B钢，
   并且合符合(GB 3087-2008)规定的20#无缝钢管。
2. 螺栓球采用(GB/T 699-1999)规定的45号钢锻造，表面应光滑无裂纹缺无过烧无底点。

工程实例图识读

3. 高强螺栓采用《钢网架螺栓球节点用高强度螺栓》
   GB/T 16939-1997规定的40铬钢，成品不允许任何脱位。在任何部位
   或任何计算程序采用的评淬火变纹，调质后的高强螺栓性能等级必须符合
   《钢结构用高强度螺栓(普通螺栓公差)》GB/T 1228-2006规定的10.9s，表面强度
   达HRC32-36，螺纹应符合GB/T 196-2003中的6g级。
   表面需发黑处理并涂防锈油。
4. 封板、锥头材质应符合GB/T 700-2006规定的Q235钢，套筒材质应符合 GB/T
   700-2006规定的Q235钢材质应符合《低合金高强度结构钢》GB/T 1591-2008规定的16Mn钢或，《优质碳素结构钢》GB/T 699-1999规定
   的45号钢。封板、锥头及套筒外观应不得有毛刺、过锐及氧化皮。
5. 紧定螺钉采用40铬钢或45号钢。

6. 焊条

(1) 母材为Q235钢时，采用E4303型电焊条，焊条性能应符合
   《碳钢焊条》GB/T 5117-1995的规定。
(2) 母材为Q235钢与45号钢焊接时采用E5016型电焊条，焊接前
   对母材进行预热至150~200℃。
(3) 当采用二氧化碳气体保护焊时，则焊丝应符合《气体保护电
   弧焊用碳钢、低合金钢焊丝》GB/T 8110-2008。

7. 网架所用材料均应有出厂合格证明书及质量证明书，并应按规
   定比例复检合格后方可使用。

六、焊缝

1. 网架杆管与两端封板接头之间的对接焊接加工无须用封管自
   动切割剖口加工成下料坡口(30°)，再采用二氧化碳气体保护
   焊工艺法NZ3-2X500S型网架杆件双头自动焊接机床上完成。
2. 为了使焊缝根部焊透，组装固定焊点和第一皮焊缝所用杆束直
   径应≤0.32m，焊接端的定位间隙：管壁厚度<10m，为2m。
3. 网架杆件的焊接质量应达到《钢结构工程施工质量验收规范》
   GB 50205-2001所规定的一级焊缝标准。

七、网架表面防腐蚀

网架除锈后，工厂涂环氧富锌底漆二度，环氧云铁防锈漆一度。
喷射除锈及其他物品需装在网架现场作用在球节点上，所有构件
聚酯脂面漆或瓷化磁漆放置涂一度。

八、所有构件及其他需装在网架现场所有球节点上，对所有杆件应进行施工及验收。

九、未尽事宜以国家现行有关规范进行施工及验收。

图号	RK101A-1-4-200
项目名称	某继续有限公司某某某某顶
图名	网架结构工程设计说明

识图要点：本网架结构工程设计说明，
注明了计算软件，规范和设计依据，
以及网架设计前要求种类及大小，网架
分格尺寸、结构高度等，材料的选用
和制作及施工技术要求。同条来说明等。

审定 APPROVED			项目负责人 CHIEF DESIGNER		校对 CHECKED		项目编号 PROJECT NO.		结构工程	A版
审核 AGREED			专业负责人 SPECIALITY SPONSOR		设计 DESIGNED		版本号 REV NO.			
			制图 DRAWING				日期 DATE		2005.07	审工图
专业 SPECIALITY	结构		审核 CHECKED				比例 SCALE	1:700		

某继续设计有限公司

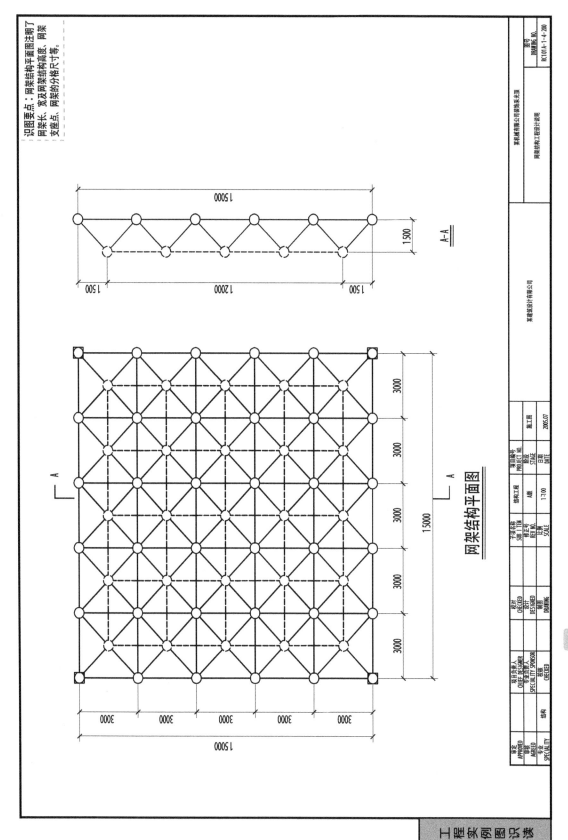

识图要点：网架结构平面图注明了网架长、宽及网架结构高度，网架支座点，网架的分格尺寸等。

网架结构平面图

A-A

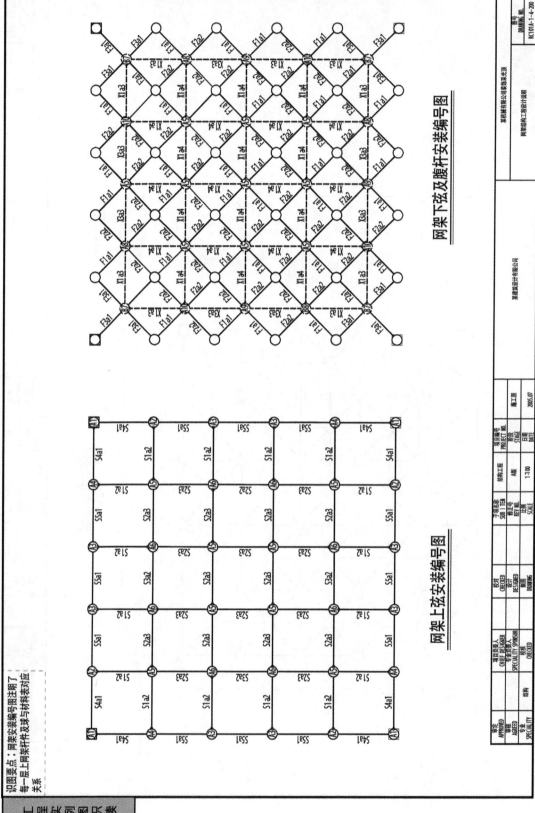

网架下弦及腹杆安装编号图

网架上弦安装编号图

识图要点：网架安装编号图注明了每一层上网架杆件及球与材料表对应关系

工程实例图识读

图号 DRAWING NO. RC101A-1-4-200

某机械有限公司某综合车间

网架结构工程施工说明

某建筑设计有限公司

项目编号 PROJECT NO.
阶段 STAGE 施工图
日期 DATE 2005.07

子项名称 SUB ITEM
单项工程 A栋
图纸号 REF NO.
比例 SCALE 1:100

审定 CHECKED
审核 DESIGNED 设计
制图 DRAWING

项目负责人 CHIEF DESIGNER
专业负责人 SPECIALITY SPONSOR
校核 CHECKED

审定 APPROVED
审核 AGREED
专业 SPECIALITY 结构

网架杆件明细表

杆件编号	规格	理论长度	组合长度	焊接长度	下料长度	数量	杆重	高强螺栓
F1a1	48×3.50	2915	2823	2753	2729	32	344	2M20
S1a2	48×3.50	3000	2908	2838	2814	16	178	2M20
X1a3	48×3.50	3000	2900	2830	2806	8	89	2M20
X1a4	48×3.50	3000	2908	2838	2814	24	266	2M20
F2a1	60×3.50	2915	2815	2745	2721	4	55	2M20
F2a2	60×3.50	2915	2823	2753	2729	52	711	2M20
S2a3	60×3.50	3000	2908	2838	2814	20	282	2M20
F3a1	75.5×3.75	2915	2815	2735	2643	12	216	2M24
S3a2	75.5×3.75	3000	2908	2828	2736	4	75	2M24
X3a3	75.5×3.75	3000	2908	2828	2736	8	149	2M24
S4a1	89×4.00	3000	2908	2838	2726	8	188	2M20
S5a1	114×4.00	3000	2908	2828	2716	12	363	2M24
总计		35660				200	2915	

网架球节点材料表

代号	球径	数量	重量（kg）	单边劈面量	工艺螺孔
A	BS100	57	241	4	M20
B	BS120	4	29	6	M20
总计		61	270		

识图要点：网架材料表注明了网架杆件的制作尺寸、配件数量、规格等。

高强螺栓 封板 锥头 套筒 销钉明细表

高强螺栓						封板			锥头			套筒			销钉		
杆件编号	杆件截面	高强螺栓	L	数量	重量（kg）	D/L/H	数量	重量（kg）	D/L/H	数量	重量（kg）	内孔/长/对边	数量	重量（kg）	销钉	数量	重量（kg）
1	48×3.50	M20	73	160	40	48/12/16	160	40				21/35/34	160	45	M6	160	0
2	60×3.50	M20	73	152	38	60/12/16	152	55				21/35/34	152	43	M6	152	0
3	75.5×3.75	M24	82	48	20				75/46/16	48	58	25/40/41	48	22	M6	48	0
4	89×4.00	M20	73	16	4				89/56/16	16	27	21/35/34	16	4	M6	16	0
5	114×4.00	M24	82	24	10				114/56/16	24	60	25/40/41	24	11	M6	24	0
总计				400	112		312	95		88	145		400	125		400	1

审定 APPROVED		项目负责人 CHIEF DESIGNER		校对 CHECKED		子项名称 SUB ITEM	结构工程	项目编号 PROJECT NO.		某建筑设计有限公司	某机械有限公司装饰采光顶	
审核 AGREED		专业负责人 SPECIALITY SPONSOR		设计 DESIGNED		修正号 REV NO.	A版	阶段 STAGE	施工图		网架结构工程设计说明	图号 DRAWING NO.
专业 SPECIALITY	结构	校核 CHECKED		制图 DRAWING		比例 SCALE	1:100	日期 DATE	2005.07			RC101A-1-4-200

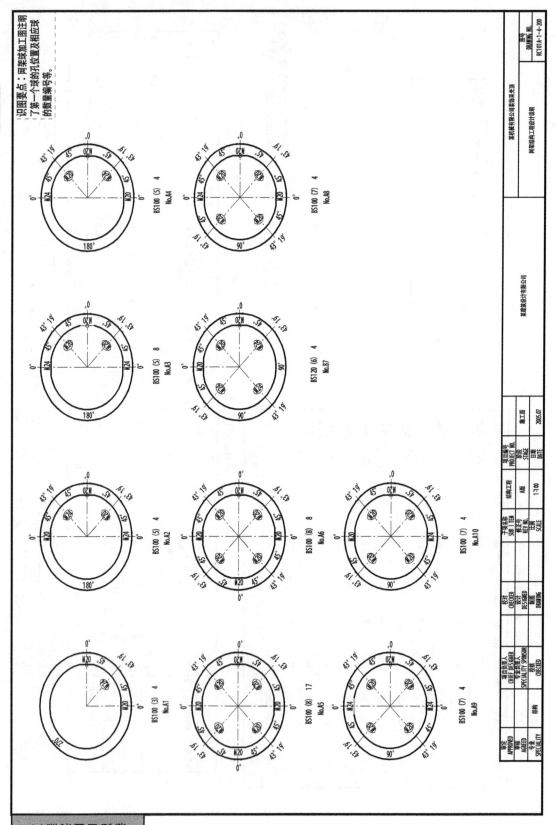

第9章 管桁架结构工程施工图识读

主要内容:管桁架结构的常见形式和连接节点,管桁架的特点,管桁架施工图实例识读。
目标:了解管桁架结构的常见形式和连接节点,管桁架施工图的正确识读。
重点:管桁架施工图的正确识读。
技能点:管桁架结构的常见形式和连节点,管桁架施工图的正确识读。

第1节 管桁架结构形式与分类的认识

一、管桁架结构形式

管桁架结构是基于桁架结构的,因此管桁架结构形式与桁架的形式基本相同,其外形与它的用途有关。一般分为三角形(图 9-1,图 9-2,图 9-3)、梯形(图 9-4)、平行弦(图 9-5,图 9-6)及拱形桁架(图 9-7)。

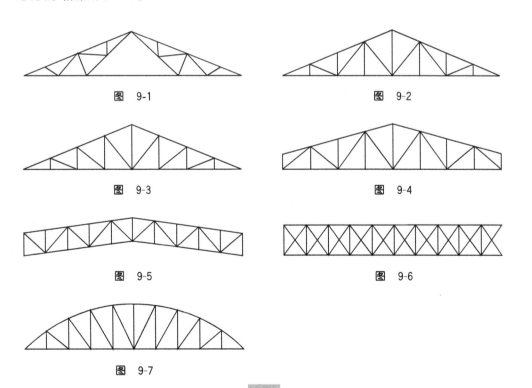

图 9-1

图 9-2

图 9-3

图 9-4

图 9-5

图 9-6

图 9-7

二、管桁架结构的分类

(1)管桁架结构根据受力特性和杆件布置不同,分为平面管桁架结构和空间管桁架结构。如图9-8平面桁架及图9-9正三角空间桁架及图9-10倒三角空间桁架。

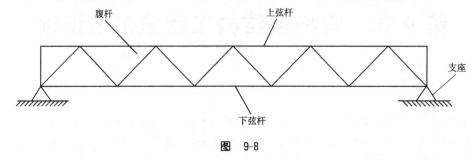

图 9-8

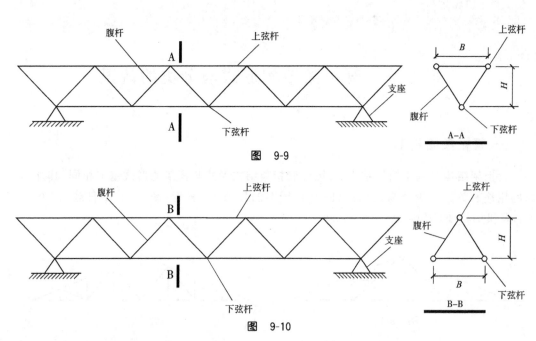

图 9-9

图 9-10

(2)按连接构件的截面形式可分为:圆形、矩形、方形等,如图9-11所示。

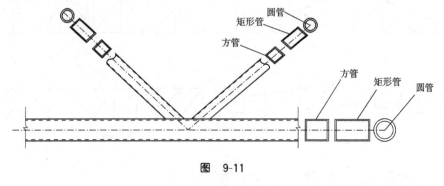

图 9-11

(3)按桁架的外形可分为:直线型与曲线型管桁架结构,如图9-7及图9-8所示。

第 2 节　管桁架的节点形式

1. X 形节点 (图 9-12)

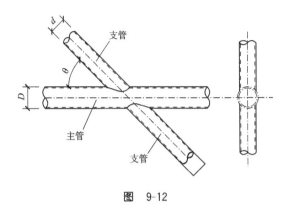

图　9-12

2. T 形 (或 Y 形) 节点 (图 9-13,图 9-14)

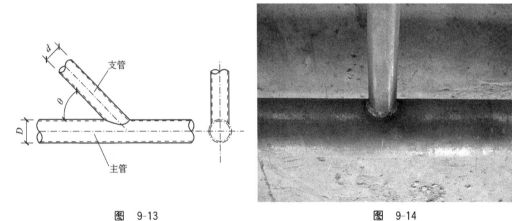

图　9-13

图　9-14

3. K 形节点 (图 9-15,图 9-16)

图　9-15

图　9-16

第9章

管桁架结构工程施工图识读

267

4. TT 形节点（图 9-17）

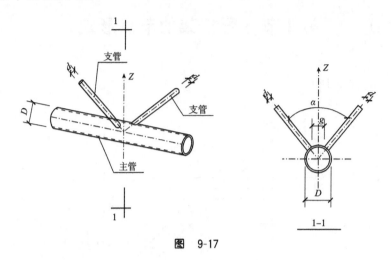

图 9-17

5. KK 形节点（图 9-18，图 9-19）

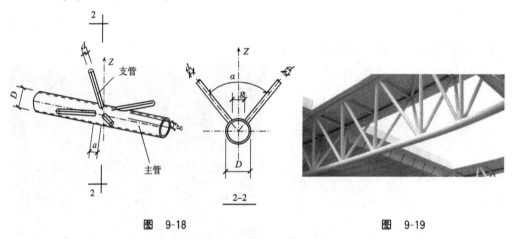

图 9-18　　　　　　　　　　　图 9-19

第 3 节　管桁架相贯线焊接

钢管端部的相贯线焊缝位置沿支管周边分为：A（趾部）、B（侧面）、C（跟部）三个区域（见图 9-20）。A 区采用对接坡口焊缝，B 区采用带坡口的角焊缝，弦管与腹管的 A 区、B 区，焊缝质量等级二级；C 区采用角焊缝，B、C 区相接处焊缝应圆滑过渡（见图 9-21，图 9-22，图 9-23，图 9-24，图 9-25）；当支杆厚度小于 6mm 时可不切坡口，采用周圈角焊缝。

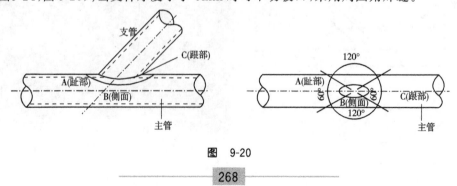

图 9-20

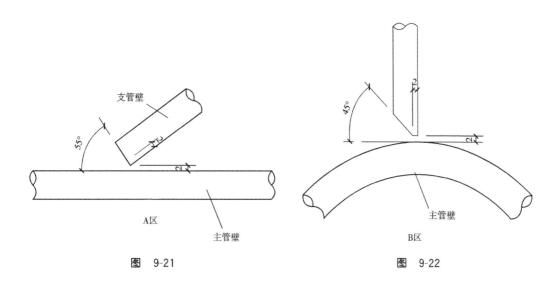

图　9-21

图　9-22

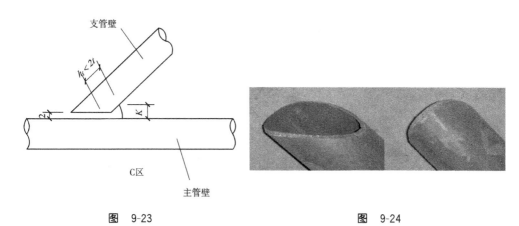

图　9-23

图　9-24

图　9-25

第4节　管桁架连接接点识图

1. 法兰连接（图 9-26～图 9-31）

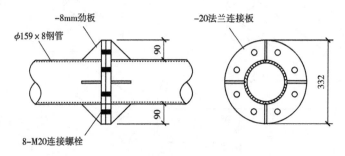

图　9-26

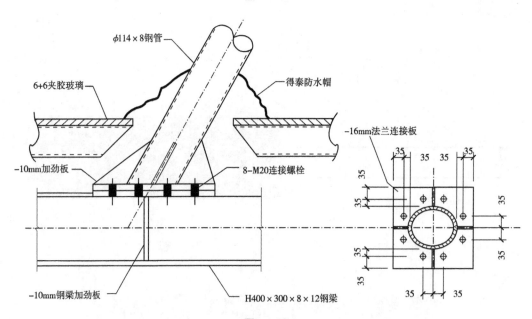

图　9-27

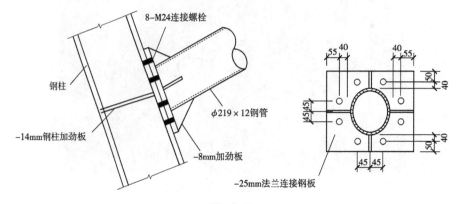

图　9-28

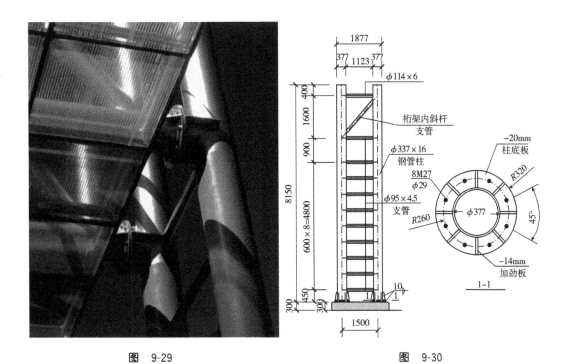

图 9-29

图 9-30

图 9-31

2. 销钉连接(图 9-32~图 9-43)

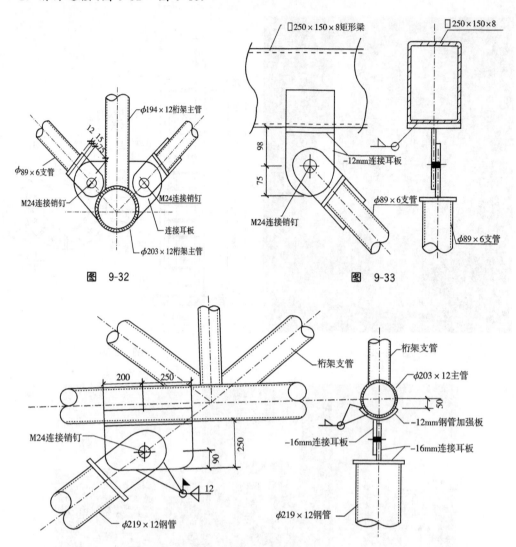

图 9-32

图 9-33

图 9-34

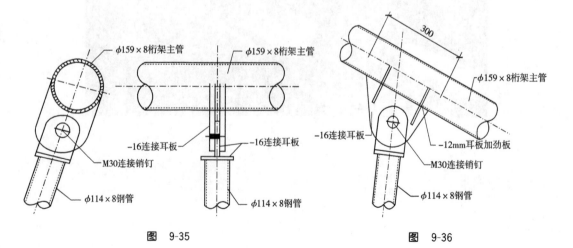

图 9-35

图 9-36

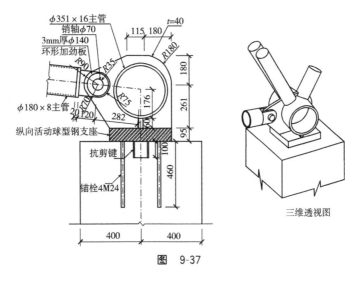

φ351×16主管
销轴φ70
3mm厚φ140
环形加劲板
φ180×8主管
纵向活动球型钢支座
抗剪键
锚栓4M24

三维透视图

图 9-37

图 9-38

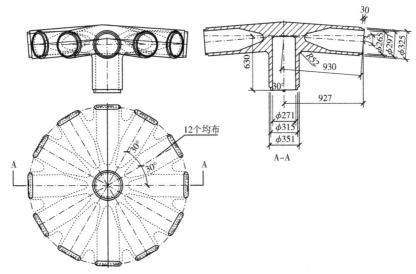

12个均布

A–A

图 9-39 铸钢节点大样图

图 9-40

图 9-41

图 9-42

图 9-43

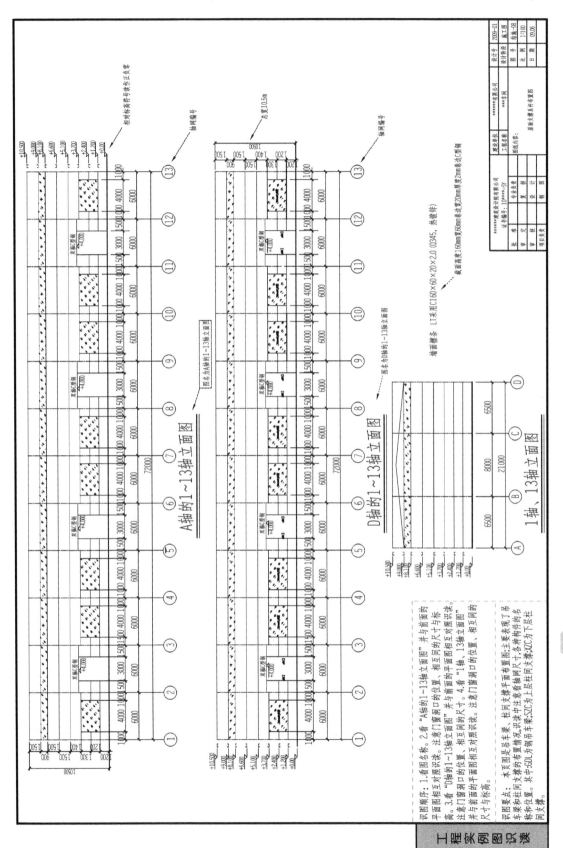

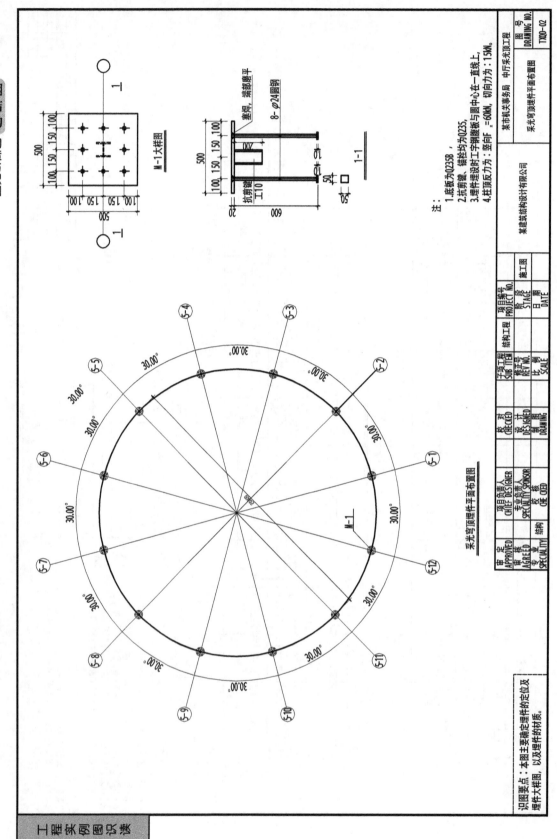

M-1大样图

1-1

采光穹顶埋件平面布置图

注：
1. 底板为Q235，
2. 抗剪键、锚栓均为Q235。
3. 埋件埋设时工字钢腹板与圆中心在一直线上，
4. 柱顶反力方为：竖向F $_z$=60kN，切向力方为：15kN。

塞焊，端部磨平
8- φ24圆钢

抗剪键
工10

审定 APPROVED	项目负责人 CHIEF DESIGNER	校对 CHECKED	子项工程 SUB ITEM	项目编号 PROJECT NO.			某市机关事务局 中庭采光顶工程
审核 AGREED	专业负责人 SPECIALITY SPONSOR	设计 DESIGNED	修正号 REV NO.	阶段 STAGE	施工图		
专业 SPECIALITY		制图 DRAWING	比例 SCALE	日期 DATE		某建筑结构设计有限公司	采光穹顶埋件平面布置图
		校核 CHECKED				结构工程	图号 DRAWING NO. TXD0-02

识图要点：本图主要确定埋件的定位及埋件大样图，以及埋件的材质。

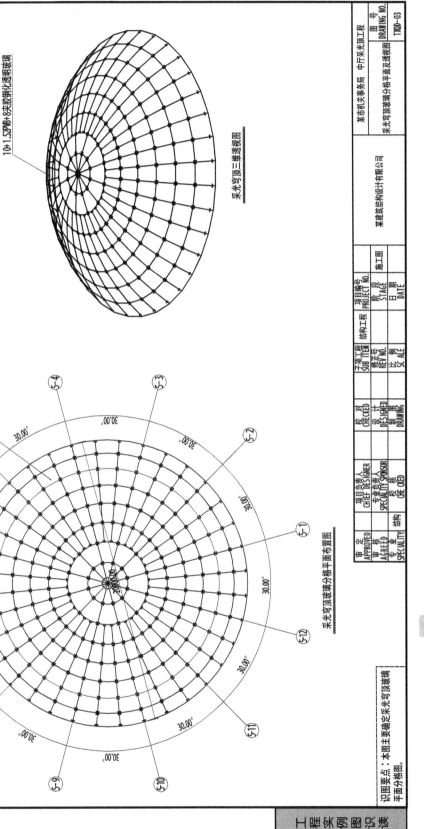

采光穹顶三维透视图

10+1.52PVB+8夹胶钢化透明玻璃

采光穹顶玻璃分格平面布置图

10+1.52PVB+8夹胶钢化透明玻璃

识图要点：本图主要确定采光穹顶玻璃平面分格图。

某市机关事务局 中厅采光顶工程

采光穹顶玻璃分格平面及透视视图

图号 DRAWING NO. TA00-03

某建筑结构设计有限公司

审定 APPROVED			项目负责人 CHIEF DESIGNER		校对 CHECKED		子项工程 SUB ITEM	项目编号 PROJECT NO.
审核 AGREED			专业负责人 SPECIALTY SPONSOR		设计 DESIGNED		结构工程	阶段 STAGE 施工图
专业 SPECIALITY	结构		校核 CHECKED		制图 DRAWING		修正号 REV NO.	日期 DATE
							比例 SCALE	

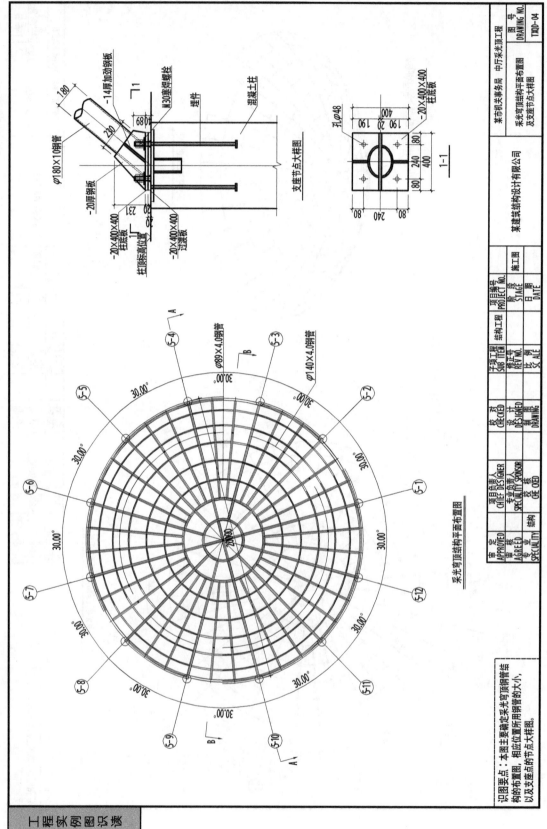

支座节点大样图

1-1

采光穹顶结构平面布置图

识图要点：本图主要端定采光穹顶钢管结构的布置图，相应位置的所用钢管的大小，以及支座节点的节点大样图。

审定 APPROVED		项目负责人 CHIEF DESIGNER		校对 CHECKED		子项工程 SUB ITEM		项目编号 PROJECT NO.		某市机关事务局	中厅采光顶工程	图号
审核 AGREED		专业负责人 SPECIALITY SPONSOR		设计 DESIGNED		结构工程		阶段 STAGE	施工图			DRAWING NO.
专业 SPECIALITY	结构	设计 CHECKED		绘图 DRAWING		修正号 REV NO.		日期 DATE		某建筑结构设计有限公司	采光穹顶结构平面布置图 及支座节点大样图	TXD0-04
						比例 SCALE						

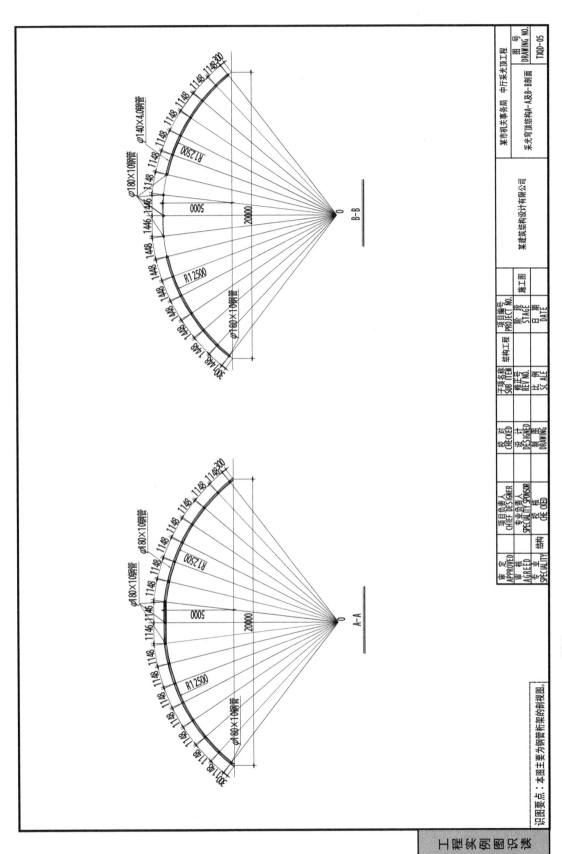

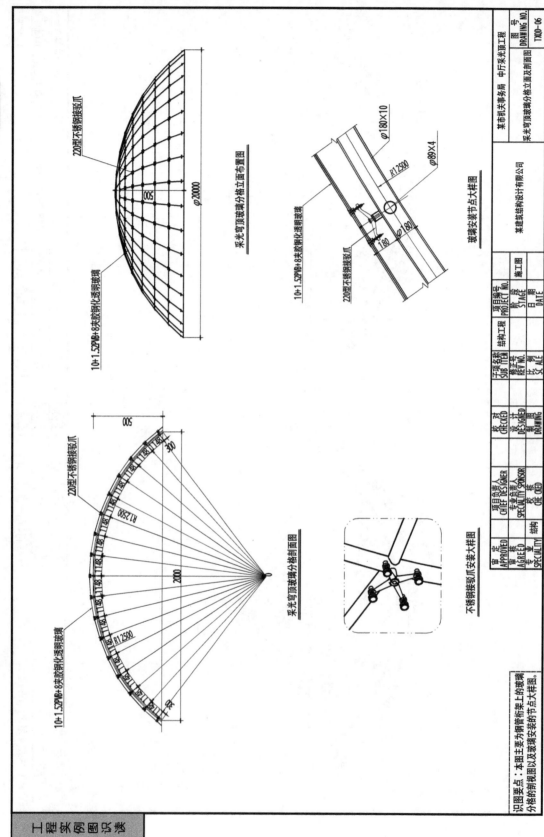

钢结构

图识与识读

工程实例图识读

参 考 文 献

[1] 中华人民共和国国家标准.03G102 钢结构设计制图深度和表示方法[S].北京:中国建筑标准设计研究院,2003.

[2] 中华人民共和国国家标准.GB 50017—2003 钢结构设计规范[S]北京:中国计划出版社,2003.

[3] 中华人民共和国国家标准.GB/T 50001—2001 房屋建筑制图统一标准[S].北京:中国计划出版社,2002.

[4] 中国标准化协会标准.CECS 102—2002 门式刚架轻型房屋钢结构技术规程(附条文说明)[S].

[5] 中华人民共和国国家标准.GB/T 700—2006 碳素结构钢[S].北京:中国标准出版社,2007.

[6] 中华人民共和国国家标准.GB/T 1591—2008 低合金高强度结构钢[S].北京:中国标准出版社,2009.

[7] 中华人民共和国国家标准.GB/T 11263—2005 热轧 H 型钢和剖分 T 型钢[S].北京:中国标准出版社,2005.

[8] 中华人民共和国国家标准.GB/T 706—2008 热轧型钢[S].北京:中国标准出版社,2009.

[9] 中华人民共和国国家标准.GB/T 3274—2007 碳素结构钢和低合金结构钢热轧厚钢板和钢带[S].北京:中国标准出版社,2007.

[10] 中华人民共和国国家标准.GB/T 5313—1985 厚度方向性能钢板[S].北京:中国标准出版社,1986.

[11] ZAMIL STEEL Technical Manual, SUQDI ARABIA Pre-Engineered Buildings Division January 1999.